中国科学院科学出版基金资助出版

民用飞机运营支持丛书

民用飞机航材工程与管理

冯蕴雯　马红亮　魏严锋　薛小锋　等　编著

科学出版社

北　京

内 容 简 介

航材工程与管理作为民用飞机(民机)后勤供应保障的重要环节,对民机安全可靠经济运行至关重要。本书在民机科研项目支持下,结合作者多年理论研究和工作实践,系统介绍民机航材工程与管理工作内容,总结了民机航材工程和航材支援两大方面的研究。全书共 10 章。第 1 章对民机航材工程与管理相关研究内容进行概述;第 2 章论述民机航材工程与管理研究国内外现状及发展趋势;第 3 章说明民机航材工程与管理涉及的术语、定义、分类、标准规范与体系建立流程;第 4 章总结民机研制阶段航材工程;第 5 章探讨民机运行阶段航材需求预测;第 6 章描述民机航材库存管理数学理论基础;第 7 章针对民机航材库存配置管理进行研究;第 8 章讨论民机航材供应链管理相关内容;第 9 章围绕数字化民机航材支援网络展开探究;第 10 章以新舟系列飞机作为案例,探究航材工程与管理技术方法工程化应用。

本书面向航空领域航材工程与管理的科技工作者,同时适用于高等院校航空技术、后勤供应保障及相关专业的师生和研究人员。

图书在版编目(CIP)数据

民用飞机航材工程与管理/冯蕴雯等编著. —北京:科学出版社,2020.11

(民用飞机运营支持丛书)

ISBN 978 – 7 – 03 – 066652 – 9

Ⅰ.①民… Ⅱ.①冯… Ⅲ.①民用飞机—航空材料—研究 Ⅳ.①V25

中国版本图书馆 CIP 数据核字(2020)第 214988 号

责任编辑:徐杨峰/责任校对:谭宏宇
责任印制:黄晓鸣/封面设计:殷 靓

科 学 出 版 社 出版
北京东黄城根北街 16 号
邮政编码:100717
http://www.sciencep.com

南京展望文化发展有限公司排版
苏州市越洋印刷有限公司印刷
科学出版社发行 各地新华书店经销

＊

2020 年 11 月第 一 版 开本:B5(720×1000)
2020 年 11 月第一次印刷 印张:18 3/4
字数:360 000

定价:150.00 元
(如有印装质量问题,我社负责调换)

民用飞机运营支持丛书

专家委员会

主 任 委 员　吴光辉

委　　　员　（按姓名笔画排序）

白　杰　李　军　吴希明　周凯旋　徐庆宏

黄领才　龚海平　董建鸿　薛世俊

编审委员会

主 任 委 员　马小骏

副主任委员　左洪福　杨卫东　徐建新　辛旭东　冯蕴雯

委　　　员　（按姓名笔画排序）

丁宏宇　王允强　石靖敏　卢　斌　冉茂江

丛美慧　吉凤贤　吕　鹭　朱亚东　任　章

刘　虎　刘　昕　关　文　苏茂根　李　怡

佟　宇　宋玉起　徐志锋　诸文洁　黄　蓝

曹天天　常芙蓉　崔章栋　梁　勇　彭焕春

曾　勇

《民用飞机航材工程与管理》

编 写 人 员

主　编　冯蕴雯　马红亮　魏严锋　薛小锋

参　编　武领军　路　成　李　飞　刘　骞
　　　　王　利　夏　俊　马　楠　刘佳奇
　　　　刘雨昌　陈俊宇　腾　达　潘维煌
　　　　罗　青

　　民用飞机产业是典型的知识密集、技术密集、资本密集的高技术、高附加值、高风险的战略性产业,民用飞机运营支持是民用飞机产业链上的重要环节。2010年,我国工业和信息化部首次在"十二五"民用飞机专项科研领域设立"运营支持专业组",并列入国家五年规划,将民用飞机运营支持与飞机、发动机等并列为独立专业,进行规划研究。2014年,中国民用航空局飞行标准司发布《国产航空器的运行评审》(AC-91-10R1)和《航空器制造厂家运行支持体系建设规范》(MD-FS-AEG006),对主制造商航空器评审和运营支持体系建设提出了明确的要求和指导意见,为民用飞机运营支持专业的建设和发展指明了方向。

　　经过改革开放数十年的发展历程,我国航空工业对市场、客户、成本的概念并不陌生,但由于缺乏固定持续的项目投入,我国在按照国际标准自主研制民用飞机方面,没有走完一个完整的研制生产和商业化运营的过程,运营支持的理论和实践都比较薄弱。随着我国自主研制的大飞机项目的推进,对标国际一流标准,面对市场化和客户化需求,运营支持专业建设的重要性愈加凸显。

　　民用飞机运营支持工作是民用飞机制造业与民航运输业的纽带和桥梁,既要理解和满足客户运营要求,又要满足适航和运行标准,确保客户顺畅安全运营,保障我国民用飞机产品取得技术成功、市场成功和商业成功。运营支持专业具有一定的特殊性:一是服务时间长,随着产品复杂性的提高和市场竞争的激烈化,运营支持已经贯穿于飞机研制、制造、试验试飞、交付运营的全过程;二是技术要求高,服务内容涉及设计、制造、仿真、培训、维修、物流、信息技术及适航管控等多个领域,是一项高技术综合集成、多领域高效协作的复杂系统工程;三是服务范围广,民用飞机在使用过程中必须按照全球化运营要求,对培训、维修、备件服务、运行支援等服务链进行细分和布局,才能满足不同国家和地区,以及不同用户的各种需求;四是带动效益高,运营支持作为一种增值环节,是民用飞机产业化后的重要利润来源,能推动飞行品质的持续改进,推动每一款新型飞机赢得忠实客户并实现市场化运作。

中国商用飞机有限责任公司作为国家大型客机项目的运作实体,已经对标国际一流先进理念,构建了以研发、生产、客服三大平台为主体的公司架构,中国商飞上海飞机客户服务有限公司作为运营支持的主体,建立了对标国际一流的运营支持体系,填补了国内运营支持领域的空白,在该专业领域开展了许多卓有成效的工作。西安飞机工业(集团)有限责任公司作为按照中国民用航空规章第121部运行规范管理的公共航空运输企业中的航空器制造商,目前也建立了自己的客户服务体系。运营支持工作不仅仅是飞机主制造商战略层面的需求,更是民用飞机产业发展的必经之路。

"民用飞机运营支持丛书"作为科学出版社重点图书出版,是我国民用飞机研制过程中的重要内容。该丛书既包括领域内先进的理论方法和技术,也包括"十二五"以来民用飞机运营支持领域第一线的研究成果和工作经验。该丛书的出版将完善民用飞机专业技术体系,为我国民用飞机研制和产业发展提供有力的技术保障。丛书亦可供航空院校的学生及与航空工作相关的专业人士参考。

在此,对在民用飞机运营支持领域默默耕耘的行业开拓者表示敬意,对为该丛书的出版贡献智慧和力量的国内外航空领域专业人士表示谢意!

张彦仲

国务院大型飞机重大专项专家咨询委员会主任委员

中国商飞公司大型客机项目专家咨询组组长

中国工程院院士

二〇一七年三月

丛书总序2

　　民用飞机运营支持专业是一个综合了飞机设计、制造、可靠性与维修性工程、安全工程、适航技术与管理、工业工程、物流工程、信息技术以及系统工程等专业逐渐发展形成的新兴领域,是实现民用飞机制造商产品价值增值、持续发展的关键,也是实现民用飞机运营商安全运营、持续有效创造利润的核心要素。加强民用飞机运营支持体系建设可以提高主制造商的服务水平和保障能力,增强对上下游供应链的控制能力,从而打造主制造商的品牌价值。国外一流的民用飞机主制造商早已意识到运营支持是自身品牌占据市场份额的竞争要素,运营支持的理念、模式、内容和技术不断更新,以为客户提供快速、可靠、低成本、网络化和信息化的服务为目标,建设完备先进的运营支持网络和设施。

　　2010年,我国工业和信息化部首次在"十二五"民用飞机专项科研领域设立"运营支持专业组",并列入国家五年规划。经过"十二五"的预研攻关,我国民用飞机运营支持在多个前沿技术领域取得重要突破,并应用到国产支线飞机、干线飞机、直升机和通用飞机的型号研制工作中。

　　在总结民用飞机运营支持专业"十二五"工作成果和国产民用飞机投入市场运行的实践经验的同时,技术的进步和市场竞争的日益激烈,使得民用飞机运营支持专业领域涵盖的范围不断扩展,全方位、客户化的运营支持价值日益凸显。全新的客户理念推动运营支持专业迅速发展,工作内容涉及了客户培训、技术服务、备件支援、技术出版物和维修工程等多个领域,其范围也已延伸到飞机的研制前期,贯穿于飞机方案论证、产品设计、生产、试验试飞、交付运营的全生命过程。

　　"民用飞机运营支持丛书"涵盖了培训工程、维修工程与技术、运行安全工程与技术、工程数据应用等专业,涉及我国国产民用飞机、直升机和通用飞机运营支持的诸多关键技术。丛书的专家顾问、编委、编写人员由国内民用飞机运营支持领域的知名专家组成,包括我国民用飞机型号总设计师、高校教授、民航局专业人士等。丛书统一部署和规划,既从较高的理论高度关注基础科学问题,又密切结合民用飞机运营支持领域发展的前沿成果,注重相关专业领域的应用技术内容。

该套丛书作为科学出版社"十三五"重点图书出版,体现了国家对民用飞机运营支持体系建设的高度重视,也体现了该领域迎来了前所未有的发展机遇。丛书的出版既可以为从事该领域研究、生产、应用和教学的诸行业专业人员提供系统的参考,又是对该领域发展极好的回顾和总结。作为国内全面阐述民用飞机运营支持体系的首套丛书,该丛书对促进中国民用飞机产业实现后发优势,填补专业领域空白,推动我国航空服务业发展,使我国早日跻身航空大国有着重要的意义。

在此,我谨代表"民用飞机运营支持丛书"专家委员会,向耕耘在运营支持领域的广大工作者们致以敬意。同时,也愿每一位读者从中受益!

中国商用飞机有限责任公司副总经理

C919 大型客机项目总设计师、副总指挥

中国工程院院士

二〇一七年十二月

在民用航空运输领域,航材作为保障飞机安全可靠经济运行的物质基础,有必要对其展开系统深入的综合管理研究。航材工程与管理不仅是民机全寿命周期综合后勤保障不可或缺的工作内容之一,而且是维修工程管理必要环节之一,其主要目的是合理实现民机全寿命周期航材的综合管理,包括民机研制阶段航材工程与民机运行阶段航材支援,确保航材库存能够保持在一个合理的水平。航材工程与管理旨在实现民机全寿命周期航材配置与规划,在满足机队航材需求的前提下,当民机发生故障时能够得到及时的航材供应支持,能够在满足持续适航要求下,有效提升民机的日利用率和签派可靠性,避免飞机停场现象并降低全寿命周期运营支持成本,进而保障民机安全可靠经济的运行。

通常,航材工程与管理按照民机研制阶段和运行阶段可划分为航材工程与航材支援两部分内容,其中,航材工程主要在民机研制阶段开展相关航材内容分析,包括航线可更换单元影响因素分析、航线可更换单元划分及其清单编制、推荐航材清单、航材推荐数量确定、航材支援指南等,为交付新机的安全可靠经济运行提供支持;航材支援主要在民机运行阶段开展相关工作研究,包括民机航材库存配置管理、航材供应链管理、航材支援网络搭建等,为在役型号的航材综合管理提供参照,保障民机全寿命周期最大效能利用。通过航材工程与管理研究,以期能够为国产自主研发民机型号全寿命周期航材保障提供有效参考,合理实现航材库存配置及规划,健全完善国内综合后勤保障体系,对于有效占据有利的民机市场具有重要意义。

全书共10章。第1章概述民机航材工程与管理相关研究内容,包括航材工程与管理综述,以及航材工程与管理研究范畴;第2章论述民机航材工程与管理研究国内外现状,分别从航材工程与航材支援两个方面的相关内容进行阐述;第3章说明民机航材工程与管理涉及的术语、定义、分类、标准规范与体系建立流程,从维修工程的角度梳理航材工程管理相关的术语、定义、标准规范并介绍工程中常用的航材分类方法,为本书后续章节的研究提供参考;第4章开展民机研制阶段航材支援研究,包括航线可更换单元影响因素分析、航线可更换单元划分方法、航线可更换单元清单编制方法、研制阶段航材预测方法、推荐航材清单介绍,以及航材支援指南编制;第5章探讨民机运行阶段航材需求预测,着重介绍基于数据的航材需求预测理论方法,包括航材需求预测分析原理与流程、工程中常用的时间序列法与回归分析法,并通过分析案例探究预测算法的应用;第6章描述民机航材库存管理数学理论基础,包括常用的概率分布、随机过程及排队论、航材库存理论及数学优化方法;第7章针对民机航材库存配置管理进行研究,包括单级及多级修理模式下航材库存配置管理、考虑冗余系统与具有横向供应的航材库存配置管理,并且结合案例分析验证相关方法的有效性;第8章讨论民机航材供应链管理相关内容,概述供应链管理相关内容,介绍航材供应链管理主要技术和管理策略;第9章围绕数字化民机航材支援网络展开探究;第10章以新舟系列飞机作为案例,探究航材工程与管理技术方法工程化应用。

尽管作者慎之又慎,但是受经验能力等多方面限制,书中难免有不妥之处,望广大读者批评指正。

作　者
2020 年 8 月

目 录

CONTENTS

第 1 章　民机航材工程与管理概述

民用飞机(简称民机)产业作为影响全球战略地位的重要产业之一,逐渐受到世界各国的重视。综合后勤保障(integrated logistic support,ILS)对于有效占据未来民机市场至关重要,而航材工程与管理是民机 ILS 不可或缺的关键环节。本章将从全局的角度针对民机航材工程与管理的综述和航材工程与管理研究的范畴两个方面进行论述。综述部分阐述在什么样的背景下进行民机航材工程与管理工作,以及开展民机航材工程与管理的重要性与意义;研究范畴阐述民机全寿命周期航材工程与管理工作内容主线,即研制阶段航材工程体系及运营阶段航材支援体系涉及内容。

1.1　航材工程与管理综述

波音公司在 2012 年对中国民机市场进行了预测,未来 20 年中国民机架次将在现有的基础上新增 5 260 架,总价值将达到 6 700亿美元;而空客公司在 2018 年珠海航展上针对中国民机市场发布了最新预测,中国未来 20 年将需要约 7 400 架新客机与货机,价值1.06 万亿美元,占全球同期新飞机需求总量的 19%;此外,两大民机制造商预言中国在未来的数年间将成为全球飞机需求量第二大的航空市场。

民用航空产业的迅猛发展为我国民机制造业带来了空前的机遇和挑战,然而实践和行动证明我们已经成功抓住了机遇,并为新的挑战做好了充足的准备。近年来,我国按照最新国际适航标准,已经成功研制具有自主知识产权的支线客机 ARJ21(Advanced Regional Jet for 21st Century) 和干线客机 C919(COMAC 919)。其中,ARJ21 飞机于 2008 年完成首飞,2015 年首架 ARJ21 飞机交付成都航空有限公司进入运营阶段,2018 年年底已完成向其交付 10 架的任务,于 2019 年初向天骄航空完成首架交付[1,2];C919 飞机于 2008 年由中国商用飞机有限责任公司开始研制,2017 年完成首飞,将计划于 2021 年完成首架交付投入运营[3]。此外,2017 年中俄国际商用飞机有限责任公司已着手研制宽体客机 CR929(CRAIC 929)。尽管国产民机型号陆续进入运营阶段,但是这仅是万里长征的第一步。若要占据未来民机市场的有利位置,有必要全方位开展民机航材工程与管理研究,为完善民机全寿命周期 ILS 体系奠定基础。

对于民用航空运输领域,为保障飞机的安全可靠运行以及经济正点营运,航材工程与管理是民机全寿命周期 ILS 必不可少的工作。民航业内常称飞飞机就是飞航材,足以说明航材对于飞机的重要性,以及航材工程与管理对于飞机 ILS 体系的关键性[4~7],其主要体现在如下几个方面:适航条款对民机安全性和可靠性提出了相应的要求,为了保障民机满足持续适航要求,需对航材工程体系和航材支援体系进行研究并实现系统化管理[6,8,9];民机作为航空公司营利的工具,航材是保障民机正点可靠营运的物质基础,航材工程及管理是航空公司正常运维管理需要考虑的因素之一[10];从民机制造商角度来说,航材供应保障是主要营利手段之一,健全完善的航材工程与管理体系是其主要卖点之一[11];当前民机市场竞争日益激烈,运营商制造商不仅对产品质量提出了更高的要求,而且要求和被要求提供优质及时的航材保障服务,因而"产品"与"保障"将成为民机市场未来的趋势;对于民航运输业而言,"安全、可靠、经济、正点"是用户选择运营商的动机,其与运营商和制造商的管理与维护相关,而航材工程与管理是其中的重要环节之一。综上所述,航材工程与管理对于民机安全可靠运行起到至关重要的作用,同时在民机全寿命周期 ILS 体系中占有重要地位。

航材是保障民机正常运行和正点营运的重要物质基础之一,为民机维修活动提供服务;航材工程与管理是维修工程中的必要活动之一,为保障民机优质服务奠定基础。然而,在民机实际运营过程中,航材保障方面通常存在如下工程问题[12,13]:某些航材储备量较大,实际上却得不到合理利用,称为呆滞航材,占用大量流动资金;某些航材储备量较小,在需求发生时出现库存短缺,造成飞机停场(aircraft on ground,AOG)现象。造成上述问题的主要原因在于航材工程技术方面储备薄弱、管理体系尚未搭建完善。因此,有必要对航材工程与管理进行系统研究,有效推动民机全寿命周期管理体系的完善。

航材工程与管理相关工作贯穿于民机设计、制造、运营直至退役的整个全寿命周期,自民机研制伊始就将保障要素、保障资源、保障规模等纳入研究范畴,用以实现设计阶段直至民机交付以及民机运营过程中的航材需求预测,指导民机全寿命周期的航材库存管理,支持有效的航材物流链管理,优化航材管理模式以及完善民机全寿命周期航材管理体系。航材工程与管理的目的是以合理的运营支持成本为民机提供较高的保障效能,降低航材库存压力,提升利益攸关方的资金利用率;其终极目标是保障民机安全经济运行、满足持续适航要求。

1.2　航材工程与管理研究范畴

航材工程与管理作为民机全寿命周期管理的必要活动之一,同时也是维修工程管理的必要环节之一,其主要作用是实现民机维修过程中所需航材的合理管理,即民机运营过程中发生故障时能够及时快速地调配航材,且使航材库存保持在一个合理的水平。航材工程与管理的目标是实现民机全寿命周期航材配置与规划,能够满足机队航材的需求,民机故障时能够得到及时的航材供应,在满足持续适航要求的条件下,有效提升民机的日利用率和签派可靠性、避免 AOG 现象和全寿命周期运营支持成本,进而保障民机安全可靠经济的运行。

航材工程与管理从全寿命周期角度可以分为航材工程和航材支援。其中,航材工程主要是自民机概念设计至研制完成阶段,其研究范畴包括航材工程与管理的相关术语、航材定义分类与标准规范、民机研制阶段航材支援等;航材支援主要是自民机交付运营直至退役阶段,其研究范畴包括民机运行阶段航材支援、民机航材库存配置管理、民机航材供应链管理、数字化民机支援网络等。航材工程与管理的研究范畴框架如图 1.1 所示。图中,LRU 为航线可更换单元(line replaceable unit);RSPL 为推荐航材清单(recommended spare parts list)。

由图 1.1 可知,航材工程与管理工作内容主要涉及民机全寿命周期研制阶段的航材工程体系建立和运营阶段的航材支援体系建立,本书将依据这两条主线对航材工程与管理具体工作进行论述,具体相关内容概述如下。

(1)概述民机航材工程与管理的内容,先阐明航材与工程管理研究的背景,论述其工作的重要性和意义,进而梳理航材工程与管理的研究范畴,介绍民机全寿命周期航材工程与管理的工作内容。

(2)结合民机航材工程与管理涉及的具体工作,展开航材工程与管理的国内外研究现状分析,依次对航次工程与航材支援体系、研制阶段航材支援、运行阶段航材支援、航材库存配置管理、航材供应链管理以及航材支援网络的国内外发展现状进行剖析,进而在此基础上对航材工程与管理工作内容进行趋势分析。

(3)首先针对航材工程与管理涉及的相关术语进行介绍,其次对航材术语及定义进行梳理,然后研究航材分类及航材涉及的标准规范,最后开展航材体系建立流程研究,为本书的研究提供统一的术语和定义参考。

(4)探讨航材工程建立所需开展的民机研制阶段航材支援工作,主要包括LRU 影响因素及划分研究、LRU 清单参数类型确定及编制方法、民机研制阶段航材预测、初始 RSPL 参数介绍及航材支援指南。

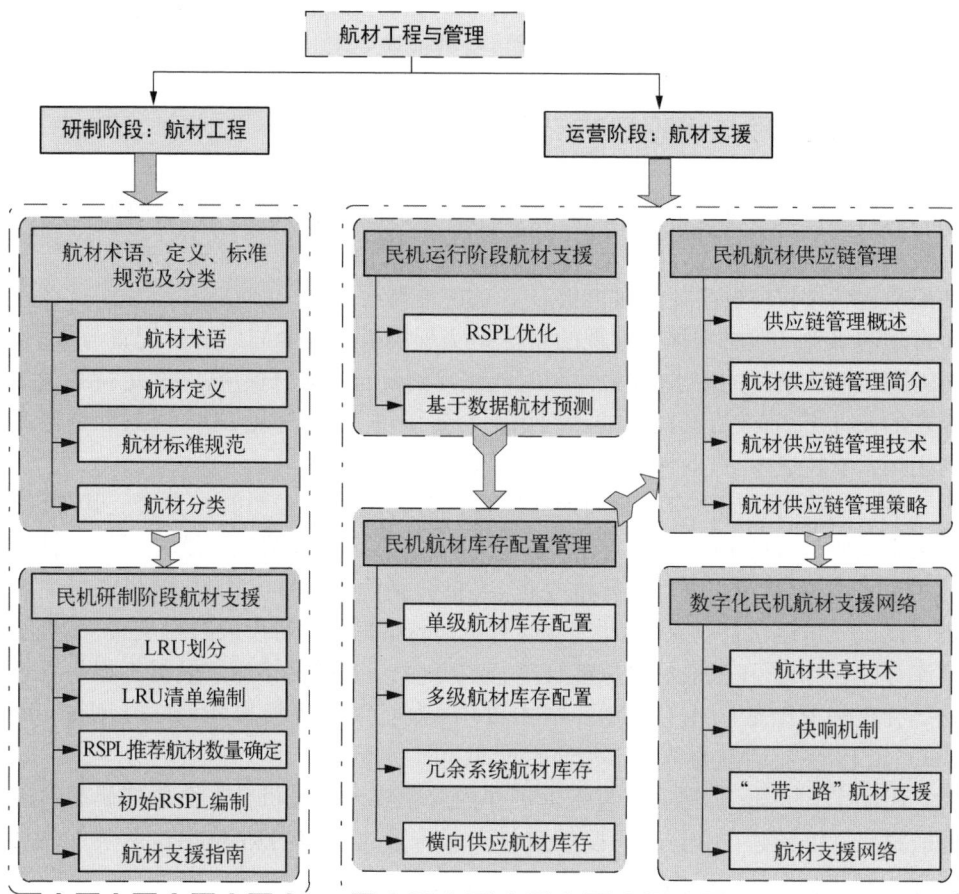

图 1.1　航材工程与管理研究范畴框架

（5）针对航材支援体系建立中的民机运行阶段航材支援进行研究，首先对航材需求预测分析原理与流程进行分析；然后分别介绍航材需求预测的时间序列法和回归分析法，用以实现初始 RSPL 优化，降低库存成本，提高运营效能；最后通过具体案例阐述航材需求预测方法在工程中的应用。

（6）系统阐述民机航材库存管理相关的数学基础，包括航材工程中常用的概率分布、随机过程及其排队论、航材库存理论，以及航材库存管理中涉及的数学优化方法，为民机航材库存配置管理提供理论支撑。

（7）从全寿命周期管理的角度研究航材库存配置管理，对单级修理模式下民机航材库存配置进行研究，逐步拓展到多级修理模式下航材库存配置管理，并考虑冗余系统和横向供应等条件的影响，对航材库存配置方案进行研究，为工程实际提供借鉴。

（8）从供应商到客户、从采购到供应的方方面面对航材供应链管理进行研究，以求可以达到降低企业风险、提高反应时间、节省运营成本的目的。首先需明确民机航材供应链管理的内容、意义和目的，然后剖析国外民机制造商不同时期所采取的供应链策略，最后结合我国当前需求给出适用于目前工业基础的航材供应链管理策略。

（9）以数字化为牵引对民机航材支援网络进行探究，先对民机工程领域航材共享技术及快响机制进行分析，再探索基于"一带一路"背景下民机航材支援的应对策略，最后探讨以敏捷为导向的航材支援网络搭建。

（10）在上述研究的基础上，以新舟系列飞机作为研究对象，依次探究航材工程体系和航材支援体系建立的工作内容，阐述当前新舟系列飞机航材工程管理平台的开发流程和使用指南。此外，还介绍了民机航材工程与管理涉及的成本分析、担保、索赔等内容。

第2章 民机航材工程与管理国内外研究现状及发展趋势

对于民机航材工程与管理国内外研究现状,本章依据航材工程和航材支援体系建立所涉及的工作内容分别进行论述。首先,针对航材工程国内外研究现状进行分析,主要从航材工程与管理涉及的标准规范、航材分类、民机研制阶段航材支援三个方面进行研究;然后,开展航材支援体系建立工作国内外现状研究,主要从民机运行阶段航材支援、航材库存配置管理、航材供应链管理、航材支援网络和航材管理平台五个方面进行分析;最后,在上述分析的基础上,对航材工程与管理涉及的相关工作的开展进行分析,为国产民机航材工程与管理提供参考。

2.1 航材工程国内外研究现状

本节将依次对航材工程与管理涉及的标准规范、航材分类、民机研制阶段航材工程的国内外研究现状进行分析。

2.1.1 航材工程与管理涉及的标准规范研究现状

航材工程是围绕飞机产品正常运营而开展的一系列业务活动,而航材工程与管理体系是保障相关业务活动顺利开展的前提,其贯穿于飞机研制、试飞、运营直至退役的全寿命周期。航材工程与管理体系的宗旨是有效指导飞机全寿命周期航材管理、需求预测、库存配置管理、供应链管理、支援网络搭建等工作,为保障民机正常运行且高效运营,达到及时提供维修服务、航材供应以及低成本维修的目的。

国外针对民机航材方面开展了一系列研究,为航材工程与管理体系搭建以及运行管理工作的开展提供了有力支撑。为了有效指导航材工程与管理体系的搭建,国际组织制定了一系列相关的标准规范。例如,美国航空运输协会(Air Transport Association of America,ATA)制定的 SPEC 2000《电子商务标准》(E-Bussiness Specification)是航空业物料管理的电子商务标准,为航材综合管理提供行业参考,以达到提高营运效益和降低成本的目的[14];欧洲航宇与防务工业协会(Aerospace and Defense Industries Association of Europe,ASD)和美国航空航天工业学会(Aerospace Industries Association,AIA)制定的 S3000L《后勤保障分析国际程序规范》(International Procedure Specification for Logistics Support Analysis LSA),主要作用是指导复杂装备系统(涵盖民机)后勤保障体系搭建及完善,其中包括航材工程与管理,其目标是提高系统和设备的保障性与完好性、优化寿命周期费用与保障资源,以求在费用、进度、性能与保障性之间达到最佳的平衡[15,16]。此外,ASD 和 AIA 还制定了 S2000M《军用设备综合数据处理物资管理国际规范》(International Specification for Material Management Intergarted Data Processing),该规范的目的是规划和协调整个寿命周期内航材供应和维修业务的要求与流程,统一术语、业务过程和程序以及信息交换要求与方法,使装备与用户之间电子商务标准化,以降低全寿命周期运营支持成本[17-19]。这些国际标准规范为航材工程与管理体系搭建和流程分析提供了有益参考。

国外飞机制造商,如波音、空客、庞巴迪和巴西航空工业公司等,已经形成了非常专业并相对完善的航材工程与管理体系,以为客户提供快速、可靠、低成本、网络化、信息化的服务为目标,建立了完备、先进的遍布全球的航材支援设施,拥有高水平的维修工程人员,具备足够航材支援和维修能力,其体系的建立一般都是结合自身产品的特点,依据相应的国际标准规范进行搭建和完善[20]。波音公司为遍布全球的飞机提供全方位和全过程的航材支援服务,把制造商和供应商以及航材、维修/维护计划、质量控制和制造、设计、航务、地面设备、培训、文件资料等形成一个服务体系,为客户解决技术难题,提供快速获取技术信息的手段,随时随地为交付客户的产品提供所需服务。空客公司为所有拥有空客飞机的客户提供现场支持,拥有一支庞大而过硬的技术队伍,并在信息交流、在线服务和软件方面处于领先地位,保证用户能够享受到空客公司的全面服务,包括航材支援及供应服务。庞巴迪公司在重要地区设立支线飞机服务中心,设有飞机停场控制中心、快速响应中心、航材库以及支线飞机客户服务网站,提供航材支援、工程技术支援、维修工程、现场支援、客户培训和技术出版物等业务服务,同时形成了相对完备的航材支援体系,为所研发产品的正常运营提供及时快速的航材保障服务。巴西航空工业公司主要业务在商用机型、防卫体系和公务机型等领域,建立了完整的航材支援系统,主要包括航材支援、维修工程、现场支援、飞行支援、培训和技术支援等业务服务。

　　国内在客户服务方面制定了标准规范,主要关注地面保障设备和训练器标准,如飞机地面供电连接器、飞机千斤顶空间尺寸、飞机牵引杆连接件界面要求以及模拟机和训练器等要求标准十余项,这些标准参考 ISO 标准进行编制,适用于民机研制标准。在军用航空工业行业标准层面,自 20 世纪 80 年代开始已经制定了 200 余项综合保障标准,这些标准一直支撑着综合保障领域的标准化工作,而这些标准是按照军用飞机研制特点进行制定的,基本适用于军用飞机的研制与使用阶段。由于民机在国家标准和行业标准层面的标准仅十余项,远远不能满足民机全寿命周期的研制与使用要求,需要加强该领域标准的编制工作。ISO/TC20/SC9 标准、SAE 标准和 ATA 标准已经成为世界性的航空运输业标准并得到国际上的普遍承认,我们有必要充分利用好这些资源,并作为制定与国际接轨的航空工业客户服务标准的依据。我国民机客户服务领域从 2007 年开始构建客户服务标准体系,随着民机研制和运营经验不断丰富与客户服务业务不断扩展,客户服务标准体系得到了不断完善。通过近几年对民机客户服务业务以及标准体系的深入研究,经过新舟 60/600 以及 ARJ21–700 对客户服务标准需求的实际经验,形成了民机客户服务标准体系,该体系主要由维修工程、航材支援、技术出版物、客户培训、工程技术服务以及专业基础等构成。其中,航材支援是保证飞机正常运行所必须提供的飞机结构件、标准件和成品件等的供应,是制造商向航空公司提供全方位服务的重要组成部分,主要标准包括:航材文件编制方面的标准,如航材规划、航材计划、航材文件等要求;航材管理等方面的标准,如航材采购与供应程序、航材库房管理、航材的包装/装卸/储存/运输要求等。与国外相比,当前关于体系搭建和流程方面的标准仍然需要加强完善。

　　国内民机制造商相关维修工程部门[如中航西飞民用飞机有限责任公司(简称西飞民机公司)和中国商飞上海飞机客户服务有限公司]也建立了客户服务体系,其中包括服务于民机航材工程与管理的体系。西飞民机公司设有客户培训、航材支援、技术出版物、维修工程、工程技术服务、市场和客户支援、快速响应中心等客户服务部门,提供具有快速反应能力的客户支援服务。自西飞民机公司的新舟 60/600 客户服务体系组建以来,建立了符合 ATA 规范的技术出版物体系、基于网络服务平台的多元化客户支持体系、基于新舟 60 全动模拟机和多媒体教学软件为平台的培训体系和具有快速反应能力的航材支援体系。中国商飞上海飞机客户服务有限公司承担大型客机与支线飞机的全寿命周期客户服务工作,其客户服务工作涵盖维护维修与飞行训练、航材与设备租赁维修、航空运输服务技术开发咨询等各项业务。该公司成立了 ARJ21–700/C919 客户服务部,建立了维修工程中心、航材中心和培训中心等,搭建了数字化的客户服务平台架构,与供应商共同建立了一体化客户服务体系。随着国内民机市场需求的扩大,两大客户服务部门也正在借鉴国外民机制造商经验,搭建符合需求的客户服务体系,包括航材工程与管理体系,为国产民机安全运营和扩大市场提供支撑,进而达到提高运营效率、降低维修费用的目的。

2.1.2　航材分类研究现状

航材分类的目的是有效识别航材的属性类别,即按某一特定属性对航材进行分类管理,同时为合理实现民机全寿命周期航材工程与管理活动提供支撑。关于航材分类的研究,国内外在工程实际和理论方面已开展了一系列研究,下面将从这两方面对航材分类的研究现状进行论述。

当前,ABC 分类是在工程领域常用的航材管理方法,是由管理学家戴克于1951 年提出并将其应用于航材分类,其原理是采用了"关键是少数和次要是多数"的帕累托原理或"20/80"法则的基本思想[21],按照年度资金占用量将库存的零部件分为 A、B、C 三种类型,并根据其不同类型及情况进行分别管理的方法。基于 ABC 的航材分类基本原则为:A 类力求减少积压,就是在确保公司正常运行的同时,要尽量降低订货数量;B 类可以适当增加订货批量,延长订货周期,要适当加大订货量,防止突发事件;C 类可以增加订货批量,延长订货期,加大安全库存量[22,23]。依据 ABC 分类的基本原则,结合分类过程中考虑的评价指标体系不同,航材分类略有差异,一般评价指标体系有可修性、重要性、价值等。如果考虑航材是否可修,一般将周转件定义为 A 类航材,将可修件定义为 B 类航材,将消耗件定义为 C 类航材;如果按照航材重要性等级,一般将 NO GO 件定义为 A 类航材,将 GO IF 件定义为 B 类航材,将 CO 件定义为 C 类航材;如果按照航材价值,一般将价格相对比较昂贵的航材定义为 A 类航材,将价格适中的航材定义为 B 类航材,将价格相对比较低廉的航材定义为 C 类航材。应用 ABC 分类管理方法,不但保证了公司的正常运行,而且减少了库存,因此国内外民机制造商和航空公司采用这种方法进行航材分类,如国外波音、空客公司的航材分类,ARJ21 - 700 和新舟系列等国产民机的航材分类。民机是一个复杂的系统,其航材数以万计,每种航材的需求和价格也不同,不能等同采购,需要在保持飞机的适航基础上,进行有重点的控制,合理的分类,才能使利益攸关方的效益得到真正的提高。

关于航材分类理论方面,国内外学者开展了一系列研究。例如,Rad 等将 ABC 分类法、层次分析法、数据包络分析法分别应用于航空维修关键航材的分类,并对其适用性进行了分析比较[24];马应欣等将航材重要度划分为危害度、经济性、易得性等指标,并运用层次分析法对航材进行了 ABC 分类[25];候甲凯将 3A 分类法与 ABC 分类法相结合,将航材种类进一步进行了细分,并对分类后的航材进一步分级,达到重新确定航材重要程度的目的[26];Bacchetti 等发现了针对部分备件通过单一指标的分类效果较差,在此基础上综合考虑多个评价指标体系对备件进行了分类研究[27];虞文胜结合航材消耗数据,通过聚类分析方法对航材进行了分类,进而缩短了神经网络训练分类的时间[28]。Huiskonen 通过备件的重要性、专一性、需求形势和备件价格这四个基本特性对备件进行分类,从而达到对不同类型需求预测的目的[29]。张作刚等提出一种基于主成分聚类分析法以及支持向量机分类法,对航材进行了分类,并验证了所提方法的科学性和有效性[30, 31]。这些航材分类方法的提出为工程实际航材管理提供了理论支撑,为航材工程与管理工作的开展提供了参考。

2.1.3　民机研制阶段航材工程研究现状

民机研制阶段航材工程内容主要有 LRU 划分、LRU 清单编制、研制阶段航材预测(RSPL 推荐航材数量确定)、初始 RSPL 编制及航材支援指南,其目的是在民机研制阶段考虑维修性的影响,为交付运营后的民机后勤保障工作提供支持,合理实现民机全寿命周期航材管理。

关于民机研制阶段航材工程方面的研究,国外波音、空客等民机制造商已开展了系统研究,且研究成果已成功应用于自主研发型号。例如,在 LRU 划分方面,综合考虑可靠性、安全性、保障性、维修性等因素的影响,对其产品 LRU 划分进行分析,形成各对应型号的 LRU 划分方案,并结合工程物料清单(enginering bill of materials,EBOM)编制相应的 LRU 清单录入服务物料清单(service bill of materials,SBOM)。RSPL 是飞机制造商向其客户提供的一个非常重要的客户化文件,它包含了保障飞机运营期间内所有航线维修所需的所有航材,并且 RSPL 在飞机运营过程中会定期持续更新[10],因此 RSPL 编制对于民机全寿命周期航材管理具有重要的意义;对于 RSPL 编制方面,国外先进民机主制造商基于多年来的型号经验累积,形成了较为完善的编制方法;在 RSPL 编制过程中,会涉及航材推荐数量的确定,而通用的做法就是结合相似机型及价值工程算法进行确定。此外,民机研制阶段,还会形成航材支援指南,在民机交付时提供给运营人供其进行航材管理。当前,国内关于航材研制阶段航材工程方面的研究是通过借鉴国外成熟机型的经验进行开展的。

LRU 划分理论研究方面,国内外许多科研机构和人员已开展了相关研究。例如,梁若曦考虑 LRU 与平均修复时间的关系对其划分方案进行了权衡研究[32];Crow 从减少成本的角度结合可修复系统的使用寿命对 LRU 进行了分析研究[33];胡启先等基于功能结构独立性原则,提出了基于核心零部件聚类的飞机 LRU 划分方法[34];Thomas 通过考虑部附件之间的依赖性,对复杂系统的 LRU 划分策略进行了研究,用以指导故障件维修及拆换[35];吕川、张策综合考虑可靠性、维修性、保障性等要求,研究了 LRU 的划分与产品设计之间的关系,并对 LRU 划分方案进行了综合评价[36,37];Parada 等针对 LRU 划分问题建立了一个以部件更换和购置备用部件的费用之和最小为目标的混合整数线性规划模型[38];吕少杰等结合大量历史故障数据通过 Weibull 分布拟合及 Extendsim 仿真对直升机 LRU 划分进行了预测分析[39]；李名以产品结构可拆卸度与模块度为量化指标对 LRU 划分方案进行了评估[40]；Wei 等考虑可拆卸度、内部聚合度、外部耦合度等因素的影响，结合免疫算法对 LRU 划分方案进行了评估[41]；Zhang 等提出了基于复杂网络理论的模块划分方法，将其用于解决复杂产品 LRU 划分问题[42]。上述工作从不同的角度对 LRU 划分问题进行了研究，可为民机 LRU 划分提供参考。

其中，备件概念源于 MIL - STD - 961E(1)，是指从设备/系统部署开始到主要库存控制机构或保障机构达到能向设备/系统提供有效的寿命周期保障之前，为保障现场和基地的保障能力而采购的备件[43]。在初始航材需求确定理论研究方面，也相应开展了一定的研究。例如，盛海潇将价值工程算法用于民机研制阶段航材预测，进而将其作为推荐数量写入 RSPL[44]；Newby 和 Kurt 等将马尔可夫方法用于装备研制阶段的备件需求预测分析，为研制阶段航材推荐数量计算提供了可行的途径[45,46]；Akcalt 等通过更新过程理论对复杂装备运行初期所需的备件进行分析演算，结合工程案例论证了该理论的可行性[47]；夏秀峰等结合相似系统理论，采用马尔可夫模型对研制阶段航材数量进行了预测[48]；李大伟等针对研制阶段制订的初始备件方案在使用初期无法满足装备保障要求的问题，结合先验信息利用 Bayes 方法实现备件初始需求预测[49]；董骁雄等运用相似系统理论和 Bayes 方法对研制阶段航材进行了预测，通过算例验证了方法的有效性[50]。关于航材推荐数量确定方法很多，这些理论和技术均可一定程度上为民机研制阶段航材预测提供借鉴。

2.2　航材支援体系国内外研究现状

本节主要针对航材支援体系相关内容的研究现状进行分类论述，主要包括民机运行阶段航材支援、航材库存配置管理、航材供应链管理及航材支援网络等内容。此外，在此基础上探讨目前国内外关于航材管理平台开发研究的现状。

2.2.1　民机运行阶段航材支援研究现状

民机运行阶段航材支援的工作重点是结合历史消耗数据实现航材需求预测，而航材需求预测是航材支援体系重要内容之一，是有效实现航材管理的基础，同时也是航材库存、采购和供应的必要前提[51]。合理的航材需求预测可有效指导航材的相应决策与计划，避免因缺件导致的 AOG 现象或因储备过多造成的"呆滞航材"现象，进而保障航材库存处在安全水平，提高航材的周转率，降低全寿命周期运营支持成本。目前，国内外针对航材需求预测开展了相关的研究，下面将从国内和国外两方面以及工程和理论角度对其研究现状进行论述。

国外波音、空客等民机主制造商拥有机型众多、产品遍布全球，通过多年的运营积累了大量的维修基础数据，加之近年来大数据理论的发展，目前已将航材需求预测纳入运营服务支持范围。波音公司和空客公司针对航材需求预测方面的研究思路基本相似,对于当前运营机型,往往通过采集获取运营过程中维修基础数据,结合机型特性,运用指数平滑法、时序预测、支持向量机、人工神经网络等实现未来某个阶段内的航材需求预测,为全球不同机队规模、不同运营商提供航材库存指导;对于新机型航材需求预测,波音公司和空客公司一般通过相似机型的航材使用情况,通过经验公式实现航材需求预测计算,为运营商提供航材管理参照;旨在达到有效管理航材、实现航材合理配置,提高签派可靠性、日利用率,以及降低运营支持成本的目的。此外,为了使运营商能够方便获取运营机队的航材需求信息,波音公司、空客公司开发了航材需求预测工具,将其集成在各自的门户网站,为各运营商提供相应的服务支持。国内在航材需求预测方面相比国外存在一定的差距,其原因主要在于国产民机起步较晚,自主研发机型较少,机队规模较小,运营时间较短,数据积累及运营经验不足。此外,国内航材支援体系当前正处在建设完善阶段,航材需求预测技术尚处在研究过程中。为了缩短与国外在该方面的差距,目前国内借鉴国外在航材需求预测的经验,积极开展相关研究,为国产民机在未来市场中的占位提供支持。

关于航材需求预测理论研究方面,国内外相关机构和工作者展开了大量的研究,并取得了一定的进展。例如,Willemain 等在分析航材寿命特征分布的前提下,使用指数分布对航材需求进行了预测[52];刘晓春等基于指数平滑方法开展了装备维修过程中所需备件的需求预测研究[53];Croston 综合考虑需求时间间隔与消耗历史的影响,在指数平滑方法的基础上提出了 Croston 方法用以实现航材需求预测[54];Johnston 等采用指数加权移动平均法和 Croston 方法对航材需求进行了预测,并通过均方差对分析误差进行了比较[55];张大鹏等采用时间序列方法对消耗性航材需求进行了预测[56];Ghobbar 等以英国一个飞机部件大修车间作为研究范围,结合方差系数平方和平均需求间隔,将多种预测方法结合建立了一种新的需求预测方法来实现航材需求预测[57];杨杰等对需求与装置检修相关的备件进行了研究,并将指数平滑法、Croston 方法以及马尔可夫方法的预测精度进行了对比[58]。虽然上述研究工作可为航材需求预测提供理论支撑,但是仍然存在预测精度不能满足实际需求和工程要求的问题,不能有效指导运行阶段航材库存优化。

为了合理解决传统基于指数平滑法、时间序列方法的航材需求预测精度不满足工程实际的问题,许多机构及科研工作者结合航材历史消耗数据,开展了一系列相对精确的航材需求预测方法研究,着重点主要在于探究支持向量机、人工神经网络等方法在航材需求预测方面的应用。例如,孙伟奇等应用支持向量机回归算法来实现新机航材需求的预测,解决因新机航材历史消耗数据相对较少而给航材预测工作带来的困难[59];牛余宝等采用支持向量机回归模型进行了飞机航材消耗预测[60];Hua 等将逻辑回归方法与支持向量机方法用于实现备件需求的预测[61];杨仕美等提出了一种基于最小二乘支持向量机和信息熵组合的航材需求预测方法[62]；钟颖等针对备件需求预测的非线性及时间序列的特点，采用 BP 神经网络较高的预测精度[63]；van der Auweraer 等结合备件消耗信息，探究人工神经网络模型在备件需求预测中的应用[64]；孙蕾运用人工神经网络对民机航材进行了预测，并验证该方法在工程领域的适用性[65]；Guo 等研究提出了一种双重组合方法，基于周转数据实现飞机备件的需求预测研究[66]；Levner 等基于神经网络模型对具有缺货订单和区间需求的民机多级备件库存进行了分析[67]；Boylan 等将近年来备件需求预测方法和技术进行了总结，其中大多数方法集中在支持向量机和人工神经网络方面[68]。上述工作主要从理论角度结合历史消耗数据对航材的需求预测进行了研究，可为民机航材支援体系的建立完善提供支持，但是，这些方法并未真正应用于工程领域，其有效性和可行性尚未得以验证。

2.2.2　航材库存配置管理研究现状

航材库存管理的目的是实现航材的合理配置，使航材库存保持在一个安全有效的水平，避免资源紧缺或资金浪费的现象，保障飞机在运营过程中发生故障时能够及时获取所需航材，提高维修效率，确保签派可靠性，降低运营支持成本等。航材库存管理是整个航材管理体系重要工作内容之一，当前国内外关于该方面已进行了相关的研究，下面将对其进行简要概述。

国外在工程领域针对民机航材库存管理开展了相关的项目研究，如波音公司、空客公司、巴西航空工业公司、美国联合航空公司、庞巴迪公司等，实现了航材库存合理存储，在保障机队运营航材需求的前提下，降低了运营支持成本。

波音公司为实现航材库存管理，相继开展了基于供应商库存管理（vendor-managed inventory，VMI）策略、全球飞机库存网（global airline inventory network，GAIN）计划，以及联合 Aviall 航空服务公司进行航材库存管理研究。波音公司于 2000 年推广基于 VMI 对航空公司需要的航材进行库存管理，把大约 7 万种航材纳入其中，以更低的成本和更高的保障率提供服务。作为飞机制造商，波音公司往往比运营商更了解航材的消耗，从而做出更准确的库存规划，客观上降低库存总体水平，提高库存周转率。基于 VMI 策略开展了 GAIN 计划，波音公司负责航材的采购、库存和物流，将航材放置到运营商所在地或附近，便于飞机发生故障时就近采用，航材在消费前属于波音公司或合作供应商，波音公司的供应链管理系统监控全球各库存点的水平、消耗与补货，指导供应商的生产及航材的规划与补给。GAIN 计划实施初期，波音公司的服务水平从 80% 左右提高到 95% 左右，停机待修和加急订单从 70% 左右降到 10% 以下。波音 B747 的维修延误机会成本为一分钟 4 万美元，极大地降低了航空公司的运营成本。此外，波音子公司 Aviall 帮助客户获取一些难以发现的航材，从单笔交易到整个航材供应链管理，以正确的时间为正确地点提供正确的航材。波音公司针对起落架提供了航材解决方案项目,提供完整的库存管理和工程技术支持,按照客户规范来定制并能够随时达到可装配状态,库存中的部件和支持零件可以在 24 小时内运输到位。

空客公司航材库存配置服务目标主要包括保障空客航材在全球范围的供应,24 小时订货服务,全面航材供应数据的支持以及航材咨询服务和在线技术支持。航材配置服务分为支援、服务和解决方案三个部分,为航空公司提供自动补给的全新服务,缩短补给周期、响应速度更快。空客公司的 AIRMAN 平台为机队维修任务优化提供指导,实现运营过程中航材的调配、预测与配置。通过 FOMAX 收集和处理运行数据,用户中心服务(user centric services)同时也可提供航材库存管理服务。此外,与 Palantir 公司合作,通过使用数据为全寿命周期管理服务,为航材预测及配置提供技术支持。

支线飞机制造商巴西航空工业公司通过以 Internet 为基础的客户综合系统(customer integrated system),使得各种供应支持保障都可以在平台上开展,显著提升了信息交换效率。巴西航空工业公司为 ERJ145 飞机的周转件建立了 500 个件号的共享库,包括辅助动力装置(auxiliary power unit,APU)及起落架等;为消耗件建立了 5 000 个件号的共享库。大约有 30 家航空公司通过该系统获得周转件,帮助运营商提高了飞机日利用率和签派可靠性,降低了运营支持成本。通过该平台运营商不仅可以优化维修任务,而且实现了航材预测配置,提供最佳的技术服务。美国联合航空公司以 17.64 亿美元的库存资金支持 596 架飞机的运营,航材保障率高达 90% 以上,其平均每架飞机库存资金约为 296 万美元,库存资金相对较少。加拿大庞巴迪公司设立了库存配置和评估管理部门,对库存成本和航材运作进行分析和评估,并将评估结果直接反馈给相关部门,不断调整和完善航材计划。为了巩固和争取客户,他们在指导和协助运营商进行可靠性分析的基础上,为用户改进管理和维修方案提供技术支持。

关于航材库存管理理论方面,国外主要是以美国兰德公司为美国空军研制的 METRIC(multi-echelon technique for recoverable item control)系列模型为主,包括 MOD - METRIC 模型、VARI - METRIC 模型以及 DYNA - METRIC 模型[69-72]。基于 METRIC 理论的模型实际上是建立在两个基本假设上的两级(基地级和基层级)维修保障系统备件保障度评估与优化模型,一是两级修理车间具有无限修理能力(修理设备数量是无限的),故障件到达后无须等待立即进入修理状态;二是故障件失效率与工作件的数量无关。当前工程领域所采用的航材库存管理方法都是基于 METRIC 理论发展而来的,并将其应用于航材库存管理工具的开发。例如,欧洲的海军及空军广泛应用 OPUS 商业软件进行航材库存管理,由于 METRIC 模型对于复杂系统具有高效性,OPUS 等商业软件普遍采用 METRIC 模型。SAP 公司开发的企业资源计划系统物料管理模块提供完整的采购、库房管理、库存管理、供应商评价等管理功能,世界三大航空公司联盟中普遍使用 SAP 系统(使用率达 58%),其中包括我国国航在内的"星空联盟"14 家成员有 10 家使用,"环宇一家"8 家成员有 5 家使用,"天合联盟"9 家成员有 4 家使用。SAP 系统一期建设的目标是实现有效控制和利用航材资源,规范业务标准,整合业务流程,打造管理和控制信息平台,系统既要满足航材基于成本中心的管理模式,同时可以在未来合适的时机转换成利润中心的管理模式。

　　国内仍然面临着航材配置不合理的困境,民机在运行过程中因缺少资源在发生故障时造成不能及时维修、日利用率低,或资源储备过剩造成占用大量资金或资源浪费现象。虽然近年来针对航材配置技术开展了相关的工作,但是多数工作目前正处在研究阶段,尚未真正将其应用于工程加以验证。此外,也没有将相关的技术方法纳入管理平台,无法为机队维修保障提供支持。为了满足民机航材库存管理工程需求,许多科研机构相继开展了关于航材库存配置管理的理论研究。例如,北京航空航天大学康锐教授课题组通过对备件特征参数和备件满足率的研究,运用边际效应分析建立了满足率约束下的备件模型,分析了影响备件需求的主要因素、装备维修需求和备件需求之间的关系,并且给出了备件需求的合成计算方法[73,74]。南京航空航天大学左洪福教授课题组对 METRIC 模型进行了研究,以最小化系统的总成本为目标,保障率为约束,建立多级库存配置模型,并与仿真试验的数值结果进行比较,验证了该模型的有效性[75]。西北工业大学冯蕴雯教授课题组对民机航材库存管理进行了系统的研究,如单级及多级修理模式下航材库存优化,考虑横向供应、冗余系统的航材库存配置等,构建了以可用度或保障率为约束条件、以航材成本或维修成本为优化目标的航材库存模型,结合边际分析法、粒子群算法等实现模型求解;此外,将所提算法通过 B737NG、B787、A330 等运营数据进行了验证,为 ARJ21 飞机航材库存管理提供参照[76-78]。海军工程大学李庆民教授课题组放宽了 METRIC 模型中无限维修总体的假设条件,对故障件的平均维修周转时间及备件供应渠道进行了修正,分析了在多级修理模式下串件拼修的特点,建立了非串件系统、串件系统以及不完全串件系统的可用度评估模型[79,80]。上述工作为国产民机航材库存管理提供了借鉴和支撑,为工程实际的应用提供了参照。

2.2.3　航材供应链管理研究现状

　　航材供应链管理目标是实现航材自需求发出至航材交付全过程跟踪,在航材库存在安全水平的前提下发生需求时,能够快速获取并传达识别航材库存信息,及时送达所需航材,飞机故障时能够快速维修,保障其签派可靠性以及安全经济的营运。航材供应链管理是联结航材支援体系其他工作内容的枢纽,同时也是决定民机发生故障时维修效率的重要环节。关于航材供应链管理方面,国内外对其进行了相关研究,下面将从工程和理论两个方面对其现状进行简要说明。

关于航材供应链管理工程方面的研究,国外空客、波音等主制造商飞机产品已遍布全球,为了保障民机运营过程中所需航材的及时供应,形成了相对完善的航材供应链管理方法,建立了相对健全的航材供应链管理系统。基于提供优质完善的航材保障服务目标,研发了以条码技术、射频识别(radio frequency identification, RFID)技术、全球定位系统技术、基于 Web 的网络技术等航材供应链管理技术[81-84],并开发了相应的航材供应链管理系统,方便利益攸关方查询、跟踪航材信息,确保航材的及时供应。国内关于航材供应链管理方面,主要集中在中国商飞上海飞机客户服务有限公司和西飞民机公司两大主制造商服务机构。其中,上海飞机客户服务有限公司着眼民机市场,承担大型客机和支线客机的客户服务建设,现在已形成六大核心能力,包括运营支援、工程技术服务、市场与客户支援、技术出版物、飞行训练和航材支持等,而航材供应链管理是纳入航材支持范围,但是关于该方面工作目前尚处在起步阶段,正在结合国外先进民机的成功经验,着力开展相关研究;西飞民机公司经过多年的努力和投入,已初步开展了关于航材供应链管理的工程实践,为航线运营的新舟 60/600 飞机提供全面、快速的服务和支援,协助用户确保飞机处于持续适航状态。

在理论方面,供应链管理的相关技术主要有条码技术、RFID 技术、全球定位系统技术、基于 Web 的网络技术等。条码技术自 20 世纪 20 年代诞生于 Westinghouse 实验室,由 John 首次提出将其用于邮政单据自动分拣,即利用条码来表示收件人的地址信息[85];随后美国将条码技术应用于后勤保障系统的管理,改变了传统的物资管理方式、配送方式、销售方式和结算方式,推动了物品编码体系的发展和条码技术在全球范围内的发展应用;20 世纪 60 年代,北美铁路系统将条码技术用于铁路运输上,从此揭开了条码技术应用的新篇章[86];进入 21 世纪以来,条码技术虽然受到其他自动识别技术的冲击,但其在技术层面和应用层面都得到了长足的发展[87]。RFID 技术在供应链管理中得以广泛应用,如 Autoscan Technology 公司提出了基于 RFID 的一揽子解决方案以达成仓储的高效实现[88];SkyeTek 连续推出了多款 RFID 解决方案,并发布了基于网络的 RFID 软件平台,从而能够使设备制造商、系统集成商和服务供应商提供全包式的网络 RFID 应用功能,如资产跟踪、库存管理、产品认证和用户管理等;廖燕推出了射频识别定制软件工具包 ARCA,使用户能够实现资产跟踪、库存管理等[89];Kim 等分析了如何在供应链管理中应用 RFID 技术,此外,学者们还研究了 RFID 技术在生产、库存、配送等环节和领域的应用[90-92]。全球定位系统技术是由美国军方研制主要用于军事领域,随着科学技术与经济的发展,该技术逐渐被推广至民用领域[93];该技术通常包括空间卫星系统、地面监控系统、用户接收系统三大子系统,用以实现定位追踪功能;此外,同条码技术、RFID 技术类似,该技术同样可用于物流链管理,用以实现物流全过程管理,实现及时跟踪货物的运输过程,了解库存的准确信息,合理使用车辆、库房、人员等各种资源,提供优良的客户服务和实时的信息查询以及物品承运的各种指标数据[94,95]。基于 Web 的网络技术隶属于物联网技术,该技术的出现为供应链提供了高效的管理能力,同时可为各个领域服务,如制造流程监控、物资流转跟踪、库存水平监测等;针对基于 Web 的网络技术,许多机构和研究人员也进行了相关的研究,为该技术的发展和应用推广提供了支持[96,97]。上述这些技术的发展,为推进物流链管理提供了有效支撑,同时也可为航材物流链管理相关技术发展提供参考。

2.2.4　航材支援网络研究现状

航材支援网络的合理搭建是有效实现航材敏捷及时供应的前提,可为民机安全经济运行提供保障。总体来说,国外民机主制造商,如波音、空客、巴西航空、庞巴迪等在全球区域建立了覆盖其产品的航材支援网络,而国内随着国产民机型号的产出,也在向全球布局适合自身管理模式的航材支援网络。

波音公司航材库主要分布在波音飞机产地和亚太地区,其为全球客户设立了世界上最全面的飞机航材支援管理系统 The Boeing PART Page(图 2.1),通过西雅图的中央分送中心,以及设在西雅图、洛杉矶、亚特兰大、新加坡、北京、伦敦、迪拜和阿姆斯特丹等地的航材分中心向全世界的客户提供航材支援服务。1993 年,西

图 2.1　波音航材支援管理系统

雅图新的中央备份分送中心落成启用,中心占地 65 万平方米,总投资 1 亿美元,仓库容积 1 500 万立方米,储存达 50 万种零件,24 小时运作。中国航空器材进出口总公司与波音公司合作于 1986 年在北京首都机场建立了波音飞机零备件寄售站,成立时的库存器材有 2 000 余项,于 1994 年更名为北京波音零备件服务中心站,目前寄售零航材 20 000 项,库存金额 1 500 万美元。2001 年墨尔本服务中心成立,墨尔本服务中心作为亚太地区的主要服务中心,为亚洲和澳大利亚、新西兰地区波音所有的民机提供航材服务;该服务中心加入了波音飞机服务公司的服务中心网络,网络所包括的其他中心分别位于西雅图、达拉斯、伦敦、新加坡、加利福尼亚州长滩及阿姆斯特丹。2006 年波音公司全球航空航材网络正式启动,这是波音的一项重要服务,通过这个网络对各国航空公司现役波音飞机的 70 000 余种消耗性机身航材的供应进行管理,负责航空公司航材的采购、库存管理及后勤支持。通过波音开发的航材支援管理系统,波音可及时监控库存情况,并可实现航材需求自发出时,作出快速反应,依据需求定制相应的航材支援方案,使客户能够在节省成本的前提下及时获取所需航材。2012 年,波音公司推出 EDGE 服务,为用户提供机队服务、信息服务、客户支援等解决方案,于 2015 年更名为 Boeing Support & Service,实现客户的航材支援,客户可以自行选择特定的配送路线,优化航材配送时间;依据用户需求可以提供更新频率达到分钟级的实时库存信息确保波音机队的运营效率与全球航材支援,通过将其全球航材支援网络及库存整合为一个航材共享池,简化整个航材支援流程,给航空公司提供航材服务带来更大的灵活性,实现了航材的及时快捷供应。

空客公司在北京、图卢兹、迈阿密、汉堡、法兰克福、汉堡、华盛顿和新加坡等城市建有航空支援中心,其航材支援网络分布如图 2.2 所示。设在汉堡的空客航材支援和服务公司航材中心占地 3 万平方米,存放 12 万个不同型号的航材,在法兰克福和新加坡还设有卫星航材库,在美国阿什本建立了 6 000 平方米的航材库,存放 59 000 件不同型号航材资源,为美国、加拿大和拉丁美洲客户提供航材供应支持和支援服务;设在汉堡的空客航材支持和服务公司是德国第一家获得 EN9100:2000 证书的公司,其航材中心占地 3 万平方米,存放了 12 万个不同型号的航材零部件,同时还存储了一定数量的供应商航材,并在德国法兰克福国际机场仓库存放了 600 件大型航材零备件。空客公司为了提供优质的航材供应支持和保障服务,开发了相应的管理平台(图 2.3),将航材供应计划、航材补充计划、航材采购、航材储存、航材库存、航材库存调整以及用户航材服务、飞机紧急订货等工作内容纳入其中,为客户提供在维修、运营、信息服务等方面的服务。空客航材支援平台力求保障空客航材在全球范围的供应和可用性,提供全面航材供应数据支持和在线技术支持。空客航材服务平台分为支援(support)、服务(service)和解决方案(solution)三个部分,以针对不同类型的航材提供客户化的供应支持解决方案。空

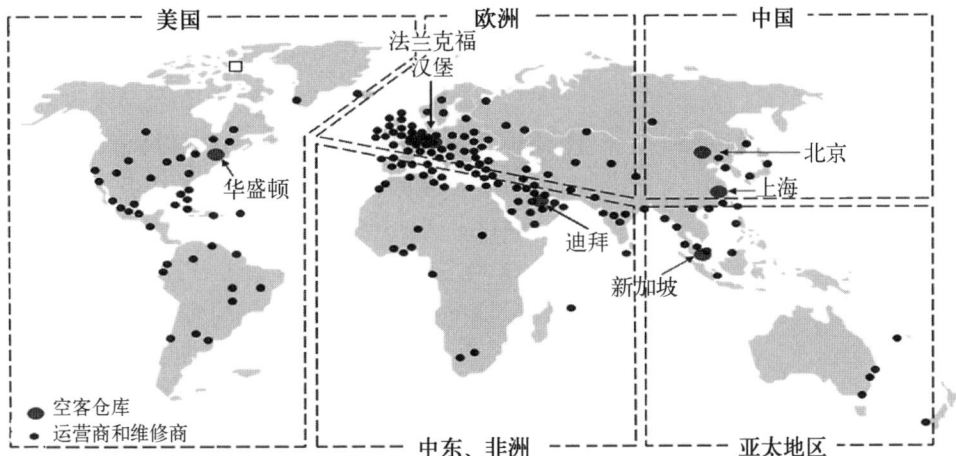

图 2.2　空客航材支援网络分布

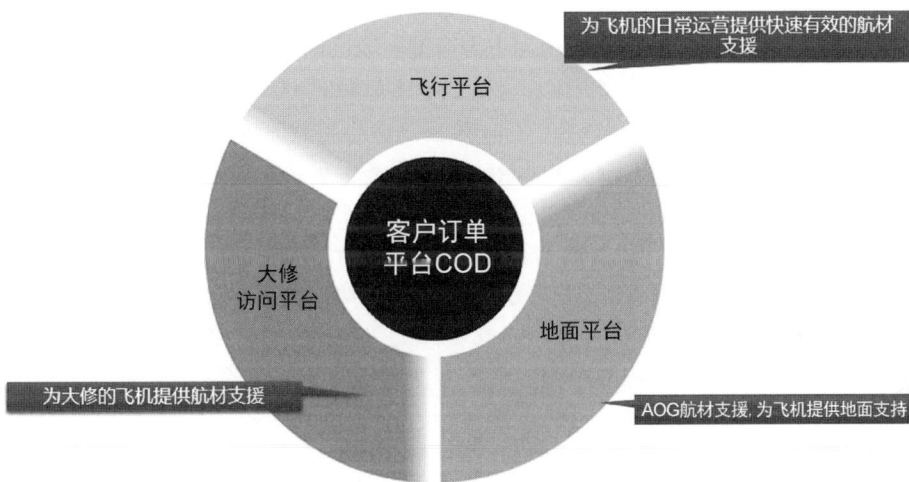

图 2.3　空客航材支援服务

客公司为其全球航材支援网络提供自动补给的全新服务,能够缩短补给周期,从而减少库存量,同时响应速度更快,保证航材运输和物流的有效性,最大化客户航材的可用性和成本的有效性。将航材支援分为三个模块,分别为飞机的日常运营、大修以及 AOG 提供航材的敏捷支持。自 2010 年开始,空客公司加大网上平台建设,整合全球航材支援网络,并与全球多家航材公司达成合作协议,截至 2017 年,空客公司全球航材支援网络总库存已超过 120 000 件,为在全球运营的空客飞机提供了有力的航材保障,建立了成熟的网上平台,客户可以在网上平台查找空客的航材仓库、供货情况、库存地点,以及航材供应管理等。

巴西航空工业公司设立了专业的全球客户服务部门,主要工作内容涵盖了航材备件服务(索赔管理及航材计划)、飞行支援与服务、工程技术支援及培训服务等。其中航材备件服务是巴西航空工业公司所有服务业务与客户的接口,包括技术与工程救援、配送中心/航材仓库、生产装备和制造、航材规划、航材工程、航材采购。基于上述服务部门,巴西航空工业公司提供一整套创新和客户化的航材支持服务以满足客户运行和成本的需求基本服务,包括航材供应、航材销售、航材修理管理、航材担保服务。此外还根据客户需求提供大量客户化服务,包括服务解决方案(total support program,TSP)、Fleet-Hour(Pool/EEC/TCL)、库存规划、航材租赁和航材交换。AERO Chain 是巴西航空工业公司牵头,联合运营商、供应商、合作伙伴等共同搭建的电子商务交易平台,是一个可提供全方位服务的强大工具,在航材交易、维修规划、机队管理、库存管理、服务跟踪、航材需求预测等方面有很强的实用价值;通过 AERO Chain 可以在全球范围内进行航材供应链合作和实时的电子商务,如在线招标购买航材、出售不需要的航材、寻求技术服务供应商、航材供应全线实时追踪等。

庞巴迪公司民用航空产品已被包括美国、法国、英国、德国、加拿大和中国等45个国家的世界主流支线航空公司选为主力机型。庞巴迪公司在重要的技术中心和欧洲的工厂设立了支线飞机服务中心,包括维护、修理和翻修服务;并在全球设有航材库,服务于全球的支线飞机客户;成立 AOG 控制中心和响应中心,提供飞机主要系统和结构的技术支援;在客户飞行基地派驻现场服务代表,以协助解决飞机修理、飞机改装以及其他飞机问题;建立了支线飞机客户服务网站,无论何时何地客户都可以及时地获得最新的信息和消息。庞巴迪公司最新的 Jet Travel Solution 服务,除了传统的飞机销售和售后维护、技术支援等支持服务外,还推出了"喷气旅行解决方案",以出租、包机或全权拥有等多种形式满足客户私人飞机旅行的要求。其服务业务的延伸,从提供航材、技术维护提升至飞机解决方案、航材供应支持等。

国内关于航材支援网络方面,主要集中在中国商飞上海飞机客户服务有限公司和西飞民机公司两大主制造商服务机构。中国商飞上海飞机客户服务有限公司着眼民机市场,承担大型客机和支线客机的客户服务建设,现在已形成六大核心能力,包括运营支援、工程技术服务、市场与客户支援、技术出版物、飞行训练和航材支持,关于航材支援网络相关工作目前正处在起步阶段,正在结合国外先进民机的成功经验,着力开展相关研究。西飞民机公司经过多年的努力和投入,已经建立了一套相对完善的航材支援体系,为航线运营的新舟 60/600 飞机提供全面、快速的服务和支援,协助用户确保飞机处于持续适航状态,并且西飞民机公司于2014年4月成立快速响应中心,基于新舟客户服务航材支援网络平台建立,是面向客户的信息集成中心、状态数据的监控中心以及民机一站式综合保障的管控中心,全天候接收并处理来自不同客户的各类服务请求。随着新舟 60/600 飞机用户数量、全球机队规模和运营地域范围的不断扩大,西飞民机公司还建立中央航材库并且随着机群增大,在分地区设立航材库,为保障机队正常运营建立航材支援网络。西飞民机公司所拥有的 3 000 余平方米的中心航材库,储备了数千万元的航材,具备向客户提供 AOG 支援、紧急订货和航材支持的服务能力;同时,已逐步开展航材支援管理方面的研究,根据航材的不同类别,针对成品库、零件库、工具工装设备库和故障件库等进行监控,将物联网技术纳入未来航材供应追踪。此外,随着一带一路倡议的实施,加上国产民机势头发展良好,为了有效保障国产民机未来市场的发展,当前两大国内客户服务部门正在积极筹划搭建符合国产民机市场的航材支援网络。

2.2.5　航材管理平台研究现状

航材管理平台是航材工程与管理工作的集成化体现,其目的是实现民机全寿命周期自主高效管理。从覆盖范围角度来说,航材管理平台功能应能涵盖航材工程体系与航材支援体系所有工作内容,包括航材工程体系建立的流程制定、航材术语定义的查询、航材分类、研制阶段航材支援(LRU 划分、RSPL 清单制定及更新、推荐数量确定)、航材需求预测、航材库存、航材物流链管理、航材支援网络构建等。

国外波音、空客、庞巴迪等民机主制造商在结合自身管理模式的基础上,建立了符合工程实际的航材综合管理平台,为全球机队提供包括航材订购、库存配置、物流链管理等系列化的航材保障服务,使运营商能够以最大效能支持机队运营。

波音公司成立伊始,由于自主研发机型相对较少,机队规模较小,针对航材管理是基于传统人工的形式进行管理。随着多年的发展,机型的增加和机队规模成倍增加,波音公司逐渐意识到如果继续采用传统的管理方式,后勤保障体系人员会随之扩张,支持成本将会增加且管理也会出现混乱的情况。近年来,计算机技术的快速发展为波音公司从传统管理模式向电子化集成管理模式的转变提供了契机。波音公司自 2003 年 6 月推出了 e-Enable 战略,整个战略思想是构建电子化运营环境,实现民机运维及客户需求相关系统的互联和信息的集成,从而不断优化运营效率、安全性、适航规章符合性和用户体验。该战略涵盖内容广泛,包括集成化物料管理、电子飞行包地面系统、飞机健康管理、维修性能工具箱、航空公司飞行管理等,具体如图 2.4 所示;在此基础上,随后波音公司又推出了 2016 愿景,将波音 CAS 业务领域从传统的客户支援向客户服务产品 & 客户运营解决方案发展,如图 2.5 所示。其中,航材管理业务是计划中重要部分之一。

为了实现全球机队有效管理和提供优质的后勤保障业务,波音公司组建了一支强有力的专业团队,开发了用以支持全球机队安全运营的综合管理平台,并集成在其门户网站 www.myboeingfleet.com 上。该综合管理平台功能已趋于完善,主要包括:用以数据采集的 In-Service Data Program(ISDP);用以可靠性管理的 Fleet Reliability Solutions Tool 和 Global Navigation Satellite Systems;用以实现运行控制优化的 Operational Control Central;用以维修任务优化的 Statistical Analysis for

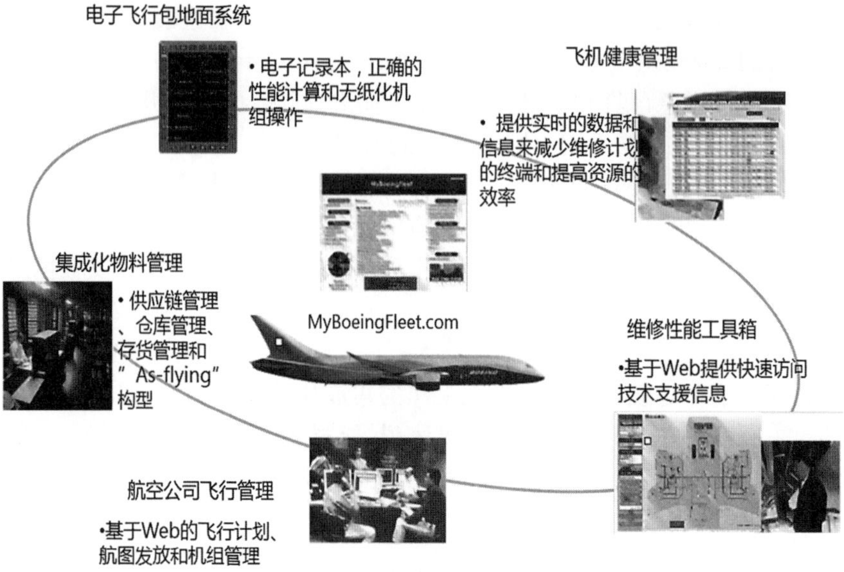
电子飞行包地面系统
•电子记录本，正确的性能计算和无纸化机组操作
飞机健康管理
•提供实时的数据和信息来减少维修计划的终端和提高资源的效率
集成化物料管理
•供应链管理、仓库管理、存货管理和"As-flying"构型
MyBoeingFleet.com
维修性能工具箱
•基于Web提供快速访问技术支援信息
航空公司飞行管理
•基于Web的飞行计划、航图发放和机组管理

图 2.4　波音 e-Enable 战略

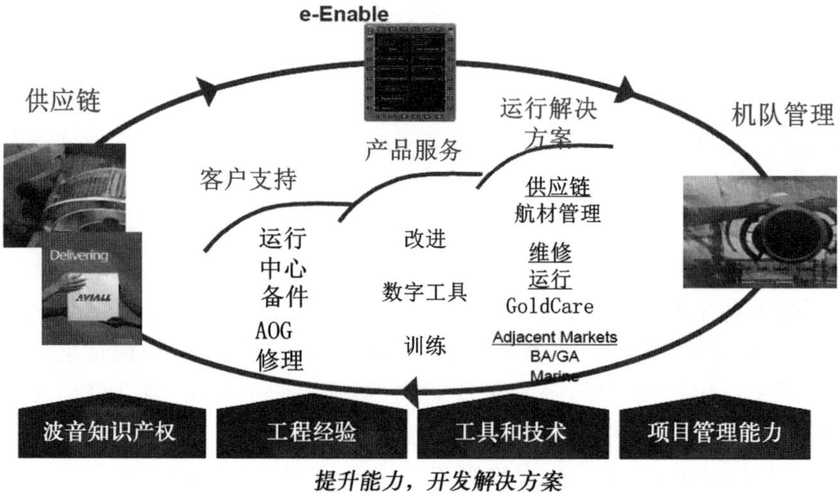
e-Enable
供应链
运行解决方案
机队管理
产品服务
客户支持
供应链
航材管理
运行
中心
备件
AOG
修理
改进
数字工具
训练
维修
运行
GoldCare
Adjacent Markets
BA/GA
Marine
波音知识产权
工程经验
工具和技术
项目管理能力
提升能力，开发解决方案

图 2.5　波音 CAS 业务领域

Scheduled Maintenance Optimization；用以航材管理的 Optimized Maintenance Programs(OMP)等。其中，ISDP 是实现民机全寿命周期管理的基础，用以实现运行数据和维修数据的存储，为运营机队管理(包括航材管理)提供支撑；利益相关方定期将收集的运行和维修数据传递给波音公司，由波音公司进行数据的筛选处理，将处理后的数据存储在数据库中，为利益相关方提供数据访问服务；通过该数

据库进行机队综合管理,同时可以为航材预测、配置等提供相关服务数据,其数据驱动流程如图 2.6 所示;通过 ISDP 使利益相关方评估维修状态及维修效率,分析预测机队运行可靠性,指导产品的合理改进,以及制订合理的维修计划,发现存在的不足并进行修正,科学合理地实现航材管理。OMP 通过维修数据分析,考虑维护能力和约束条件对航材进行管理,其方案可以加强航空公司的运营策略,进而在保障安全性前提下,提高飞机日利用率和签派可靠性,降低运营支持成本。

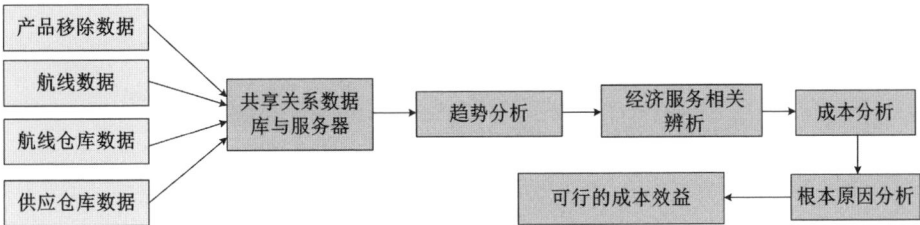

图 2.6　ISDP 数据驱动流程

空客公司为了加强民机全寿命周期管理和完善民机管理体系,建立了全寿命周期管理平台,将其嵌入空客公司门户网站上,为航空企业用户提供全方位的技术支持,即包括航材工程体系及航材支援体系的工作内容。为了应对波音 e-Enable 战略和 GoldCare 全包服务,空客公司提出了 AIR+服务解决方案,用以提供高度客户化的服务解决方案;AIR+通过空客客户服务和空客服务供应商共同为客户提供在维修、飞行运行、培训和信息服务、产品升级、性能监控等服务,具体如图 2.7 所示。空客公司研发的全寿命周期管理平台与波音公司的全寿命周

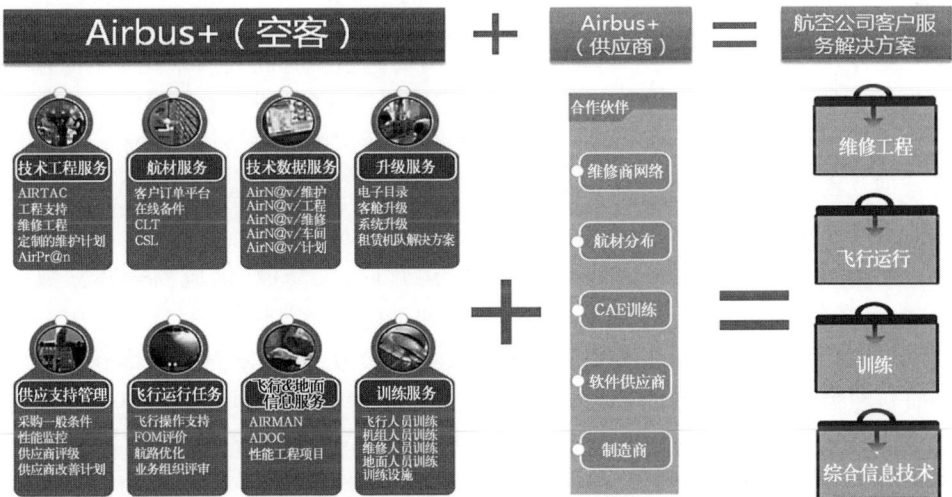

图 2.7　空客 AIR+服务解决方案

期管理平台类似,同样包括数据库、安全监控、后勤支持保障管理等模块,其中后勤支持保障管理模块中包括民机全寿命周期航材工程与管理相关的功能软件工具包。此外,空客公司还提出了 e-Operation Support,通过数字化集成的方式健全完善民机全寿命周期管理体系,将民机全寿命周期活动内容尽可能实现电子化集成管理,仅从后勤支持保障方面来说可以有效降低专业技能水平的情况下,保障民机在发生故障时能够及时得到合理的维修。e-Operation Support 技术架构如图 2.8 所示。

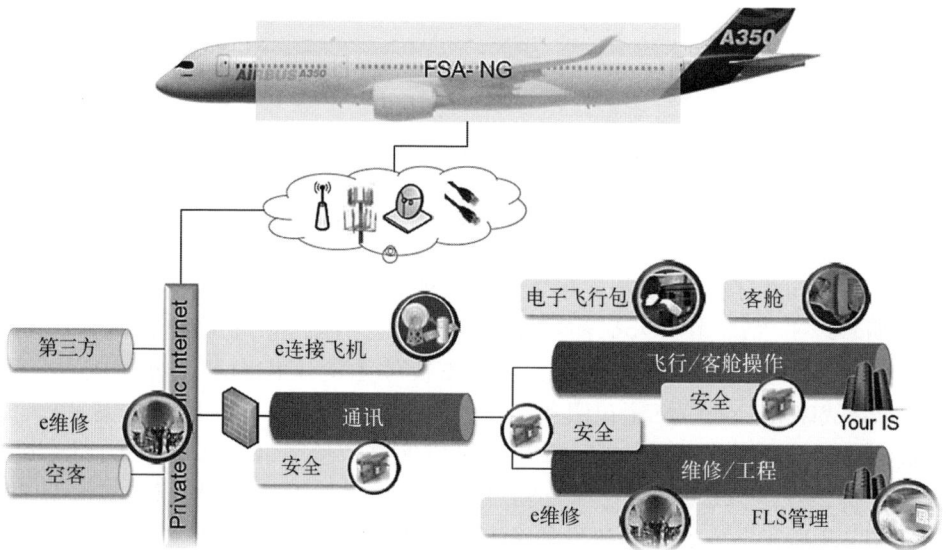

图 2.8 空客 e-Operation Support 技术架构

空客开发的综合管理平台主要功能与模块包括: 用以数据采集的"智慧天空"(Skywise);用以可靠性管理的 IDOLS;用以机队性能监控的 AIRMAN-web;用以运行控制优化的 AIRMAN-web Expert;用以维修任务优化的 OPTIMA;用以航材管理及物流链管理的服务增强包(in-service enhance package, ISEP)、Airman、企业资源计划(enterprise resource planning, ERP)供应管理等。其中,空客公司于 2017 年开发的航空数据平台 Skywise,联合运营商、维修商、供应商等建立数据库,为空客公司获取运行数据进而提供更好的飞机设计改进方案、优质的服务和技术支持,为用户提升运营表现和企业营收提供参考,为维修商提供维修数据指导航材配置,同时促进全寿命周期可靠性管理的数字化转型,如图 2.9 所示;通过 Skywise 可以帮助传统航企提升运营效率,运营问题根本原因的快速分析,改善每架飞机的性能,追踪并记录飞机维护效率,全球化数据和航空业知识的独特组合将在众多领域带来商业价值,通过有预见性的维护来降低维修成本,在不可

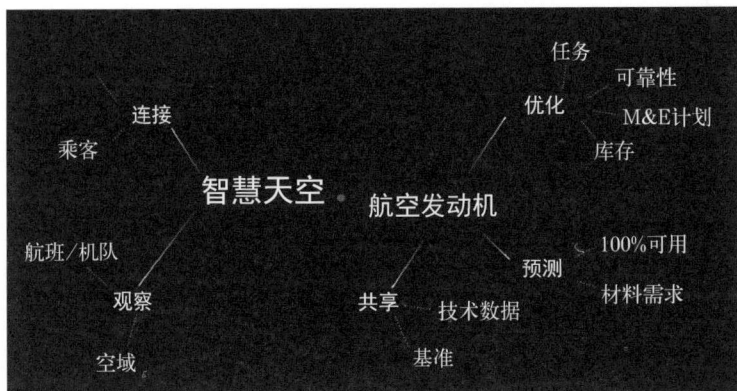

图 2.9　空客 Skywise

预见的事件中更快做出决定,提升机队航材管理水平。ISEP 主要为较早的机型提供全方位的服务,如图2.10所示,制造商可以升级产品的服务;运营商进行合理运营管理,设备的合理购置,进而提升运营效益,而维修商可以合理管理航材,提高维修效率,降低库存成本。Airman 服务于民机产品的全寿命周期管理,不仅可以实现可靠性分析及趋势预测,而且可以及时发现问题提供改进建议;此外,还可以为机队维修任务制定提供指导,实现运营过程中维修资源调度配置。此外,空客自 1997 年部署将 RFID 引入供应保障中的 ERP 供应链管理系统,为客户提供更好更快的航材供应支持服务;通过 RFID 使空客的供应周转时间减少25%,加速整个供应链运转;ERP 供应链管理系统工作流程为:自客户提交订单,启动供应链事件管理(supply chain event management,SCEM)过程,依据客户需求准备资源;接收货物并在 ERP 供应链管理系统中更新数据,通过设备传递到 RFID 阅读器;数据信息既可以在 RFID 标签上使用,也可通过 SCEM 获得;当货物递送给客户时传递完成交付信息,该工具数据和状态可在 SCEM 每一个阶

图 2.10　空客 ISEP

段实现货物运输跟踪;一旦资源在使用过程中被返回,SCEM 通知进行质量检查,之后进行质验和包装,并准备再次交付。

随着国产民航事业的快速发展,国内利益相关方逐渐开展了民机全寿命周期管理研究,探索航材管理体系建设,借鉴国外成功经验逐步开发适用于国产民机的全寿命周期管理平台。其中,主要是以中国商飞上海飞机客户服务有限公司和西飞民机公司作为牵引,涵盖了民机运营过程中航材管理工作内容。中国商飞上海飞机客户服务有限公司借鉴国外成熟机型的管理模式,从价值链的角度对全寿命周期管理进行了研究,搭建了全寿命周期可靠性管理平台商务综合系统(commercial integrated system, CIS)的整体框架,如图 2.11 所示。其中,该框架将航材供应保障纳入其中,图 2.12 给出了航材供应保障相关工作内容。CIS 门户网站搭建的目的是实现民机全寿命周期电子集成管理,合理指导运营,保障合理、及时、敏捷的航材供给,提高日利用率和签派可靠性,降低全寿命周期运营支持成本。目前,CIS 仍处在概念设计阶段,其框架内容目前正处在研制中,而相关的技术开发也在探索中。新舟系列是我国目前在全球 200多条航线上唯一一每日运营的国产民机,为了满足客户需求,西飞民机公司从2006 年开始针对机队综合管理进行分析研究,结合国外民机管理经验初步建立了相应的管理体系,也开发了电子化管理平台,但是目前主要针对运行性能监控建立了相应的管理工具,尚未将航材工程与管理服务等纳入系统中,不能为维修保障提供支持。

2.3 航材工程与管理发展趋势

通过关于航材工程与管理的国内外现状分析发现,其工作内容正在由单一管理模式向综合管理模式发展,下面主要从航材工程体系和航材支援体系两条主线内容,涵盖航材工程与航材支援体系标准规范、航材分类、研制阶段航材支援、运行阶段航材支援、航材库存管理、航材供应链管理、航材支援网络和航材管理平台八个方面探讨整个航材工程与管理的发展趋势。具体如下。

(1)航材工程与航材支援体系标准规范。民机产业作为全球各国支柱性产业,经过多年的摸索与发展,行业内已逐渐形成了体系化的标准规范,用以指导航材全寿命周期管理体系建设与完善。航材工程与航材支援体系正在由传统探索型的航材体系建设向基于标准规范的航材体系建设转变,体系元素构成正在由单一化向多元化转变,工作内容正在由简单方式向范围全覆盖转变,思维建设正在由底层操作向顶层规划转变。

(2)航材分类。航材分类是实现合理管理航材的有效途径,当前航材分类正在由传统的无章分类向有序分类转变,由基于经验的分类向基于相似机型分类和

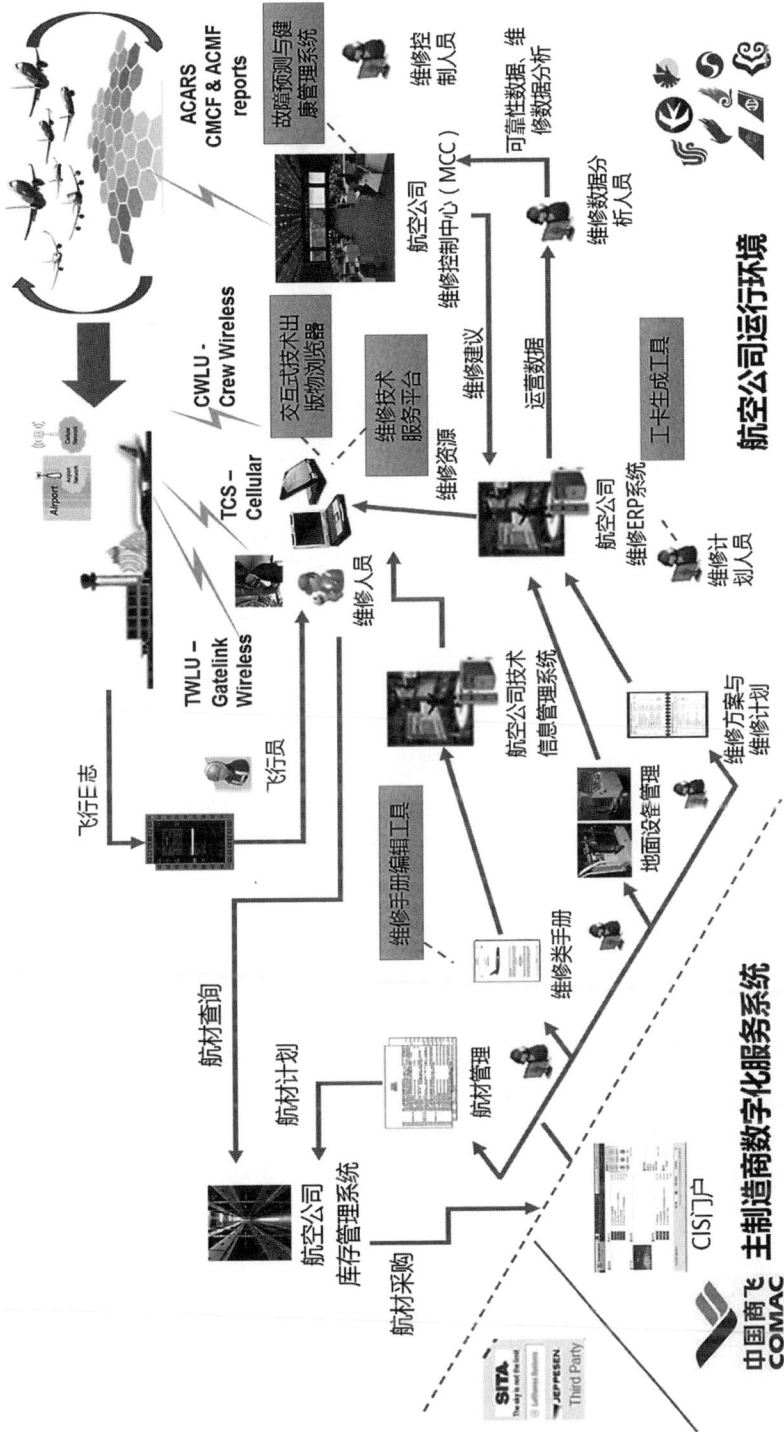

图 2.11　CIS 整体架构

图 2.12　CIS 航材供应保障相关工作内容

基于运营数据的分类转变,由传统的定性分析向当前的定性定量相结合的分析转变。

（3）研制阶段航材支援。研制阶段航材支援可为民机 LRU 划分及航材供应支持提供参考,LRU 划分正在由当前仅考虑单一因素的划分向综合考虑多种因素的划分转变,研制阶段航材需求正在由传统依据经验法的确定向结合多机型及数据的科学方法确定转变。

（4）运行阶段航材支援。机队规模的增加和运营时长的增长为数据收集及存储提供了良好的支持,航材需求预测正在由传统的经验分析向基于数据的预测转变,预测技术正在由传统的经验分析方法向大数据(机器学习、深度学习等)模型转变,预测方式正在由传统的手工计算向快速的智能计算转变。

（5）航材库存管理。随着机队运营经验的累积,航材库存管理正在由传统的经验配置向基于工程需求的配置发展,库存配置方法正在由传统的理论分析向贴合工程实际的需求分析发展,库存管理方式正在由传统的分类管理向基于电子化的集成管理发展,库存水平正在由传统的积压或缺件向符合运营需求的方向发展。

（6）航材供应链管理。识别技术和物流方式的发展以及电子集成化技术的发展为航材供应链管理发展带来了契机,航材供应链管理正在由传统的条码识别向基于物联网技术的方式转变,供应方式跟踪正在由传统的断点最终向全网络覆盖追踪转变,供应链信息获取正在由传统的人工反馈向基于电子化集成实时信息的方式转变,供应链范围正在由传统的仅限国内供应向辐射"一带一路"沿线区域的供应转变。

（7）航材支援网络。航材支援网络是实现民机全寿命周期航材敏捷及时供应的前提,航材供应模式正在由传统单一的供应模式向多元化共享模式发展,航材响应机制正在由等待机制向网络化快响机制转变,服务范围正在由单一区域向全球多区域辐射。

（8）航材管理平台。随着近年来计算机技术的快速发展,航材管理模式正在由传统的人工管理模式向电子化集成管理方式发展,管理内容正在由传统的单一内容管理向全方位工作支持发展,操作模式正在由传统的烦琐流程向简单控制发展,展现形式正在由传统的表格显示向图形化的方式发展;此外,航材管理平台也逐渐由传统的单一功能向多元系统发展。

第3章 民机航材术语、定义、分类、标准规范及体系建立流程

本章先对民机航材工程与管理涉及的航材相关术语和定义进行了梳理,再对航材的分类进行了分析,最后对航材工程与管理中涉及的标准规范以及航材体系建立流程进行研究,为后续章节内容研究提供支撑。

3.1 航材术语

民机航材相关术语如下所示。

民用航空标准件:其制造符合确定的工业或国家标准或规范的零件,包括其设计、制造和统一标识要求。这些标准或规范应是公开发布并在航空器或其部件制造厂家的持续适航性资料中明确的。

民用航空原材料:符合确定的工业或国家标准或规范,用于按照航空器或其部件制造厂家提供的规范进行维修过程中的加工或辅助加工的材料。

航空器材:航材中除航空器机体以外的所有航空器部件和原材料。

件号:由数字和(或)字母、和(或)"-"按照一定的规律组成的集合,代表某种航空器材。

耗材:在维护和修理飞机、发动机、设备、组件中用到的润滑剂、接合剂、化合物、油漆、化学制品、染料和补片等。

消耗件:不存在经批准修理程序的零部件。

周转件:技术上可以修理并且具有厂家发布的技术文件,可以不限次数修复使用,直至无法恢复到厂家发布的技术文件要求的航空器材。

可修件：技术上可以修复但不具备厂家正式发布的技术文件的航空器材。

不经济修理：周转件或可修件的修理费用超过用户设定的经济修复值的修理。

航线可更换件：在航线维护操作中可以拆换的零件、组件或部件。

厂家新件：由原设备制造厂家或其指定的供应商供应、未曾进入流通领域且但没有使用时间或循环经历的航空器部件（制造厂型号审定过程中要求的经历或台架实验除外）。

新件：没有使用时间或循环经历的航空器部件（制造厂型号审定过程中的审定要求经历或台架实验除外）。

可用件：已使用过并经合法厂家恢复至合格状态的航空器材。

不可用件：不合格和（或）不合法的航空器材。

非经批准的可疑航材：未经民航局批准或认可的航空器部件或原材料，这些航材可能在表面上与民航局批准或认可的航材一样，但没有证据证明其制造或维修过程满足民航局批准或认可的数据，而购买者不能轻易地发现（如热处理、电镀、各种测试和检查的标准等）。

交付周期：从厂家接受订单至航空器材交货的时间。

车间平均处理时间：从车间收到航空器材至航空器材恢复至合格状态的时间。

修理周期：从厂家收到修理合同和航空器材至将航空器材恢复至合格并处于可发运状态的时间。

周转周期：从周转件、可修件拆下送修后至该航空器材恢复至合格状态，入库完毕的总时间。

首批航材：引进新机型投入运营前，根据航空器制造厂、发动机制造厂和原设备供应商分别提供的零部件推荐清单，通过分析、比较筛选出的所需的航空器材。

买方提供设备：由买方提供装载在航空器上的设备。注：由买方负责选择供应商和订购，设备由供应商家直接发往航空器制造厂的主机厂。

回购：根据协议供应商将未使用过的首批航材买回的行为。

标准包装数量：每个标准包装中封装航空器材的数量。注：销售单位和计价单位均为包。

最低起订量：航空器材订单的最小订货量。

紧急停场：因航空器不满足放飞条件而不能完成预定飞行计划的现象。

AOG 订货：航空器因航空器材缺件而导致停场所实施的订货，为最高等级的紧急订货。

补充订货：根据周转或消耗情况在原有备件基础上增加的订货。

计划采购：在航空器出现缺件需求前采取的有计划性的采购方式。

集中采购：在空间、时间、品种、数量或供应商等单个或多个方面综合实施的采购方式。

批量采购：在同一空间、同一时间集中多品种、多数量采购的方式，是集中采购的一种形式。

总库存量：在某一时点上拥有的备用航空器材的总量。

入库量：在报告期内航空器材验收入库的总量。

出库量：在报告期内航空器材出库的总量。

实际库存量：某一时点上实际结存的备用航空器材量。

安全库存量：为了避免由于航空器材消耗和订货周期不规则而产生的无库存风险，在正常移动的库存量上适当增加的库存量。

寄售：航空器材供货商委托库存方保管代销，在出库前库存物品的产权属供货商所有的销售方式。

库存资金额：在某一时点拥有的备用航空器材的总金额。

入库资金额：在报告期内办理完入库手续的航空器材的总金额。

出库资金额：在报告期内办理完出库手续的航空器材的总金额。

时寿件：按照一定的飞行时间、起落次数（循环）、日历时间、APU 小时、APU 循环或其组合进行控制，到期需送车间进行检测、翻修或拆下报废的部件。

维修：对航空器或者航空器部件所进行的任何检测、修理、排故、定期检修、翻修工作。

检测：不分解航空器部件，而根据适航性资料，通过离位的试验和功能测试来确定航空器部件可用性的过程。

修理：对航空器及其部件的任何损伤或者缺陷进行处理，使其达到在规定的限制范围内继续使用的工作统称。修理是维修工作的一种。

翻修：通过对航空器或者航空器部件进行分解、清洗、检查、必要的修理或者换件、重新组装和测试来恢复航空器或者航空器部件的使用寿命或者适航性状态。

改装：在航空器及其部件交付后进行的超出其原设计状态的任何改变，包括任何材料和零部件的替代。

平均故障间隔时间（mean time between failure，MTBF）：一定时间内，两次连续故障间隔时间的平均值。

平均拆换间隔时间（mean time between removals，MTBR）：一定时间内，两次连续拆换间隔时间的平均值。

平均非计划拆换间隔时间（mean time between unplanned removals，MTBUR）：通过数学方法计算出、估计可靠性的数值，两次相邻非计划拆换间隔时间的平均值。

3.2 航材定义

建立航材系统、部件、组件管理标准，根据不同的系统，对航材进行组件、部件的基本属性定义;建立基于图解零部件目录清单(illustrated parts catalog, IPC)的航材零部件目录。

根据不同的组件类型进行属性分析,根据已有的航材可分解的零部件目录的研究成果,对所有的分解零部件进行属性定义(表 3.1),同时追溯相关属性的数据源。

表 3.1　零部件属性定义

系　　统	名　　称	型　　号	三期	类型	危险品	……
座舱温度控制组件	ACAU	548376 - 6	300D	成　品	无	……
	热交换片	182820 - 1	100D	标准件	无	……
	组件活门	396442	600D	自制件	无	……
积水袋组件	KIT	65 - 90305	200D	成　品	无	……
	封圈	S9026G67	100D	消耗件	易燃	……
……	……	……	……	……	……	……

结合航材管理系统进行航材属性定义的系统实施,研究成果将细化西飞民机公司航材的管理内容;根据不同部件的属性进行细化的库存预警、三期预警;根据属性,在出入库时提醒业务人员注意发货方式、类型、是否是危险品;在航材订购时,指导客户进行零部件的采购,解决客户的航材库存压力。

表 3.2 为已完成的航材属性定义清单,共计 42 个属性。其中带"＊"号部分为航材模型所必需的属性。

表 3.2　航材属性定义清单

序号	属性名称	描　　述	来　源
1	件号(型号)＊	产品标准图号	设计、供应商
2	单位	件、套、台、盒、米、罐、桶、平方米、升、捆等	供应商
3	中文名称＊	产品的中文名称	供应商
4	英文名称＊	产品的英文名称	供应商
5	单机数量	每架飞机使用的数量	设计
6	章节号	所属章节号,可能是一对多的关系	设计
7	所属系统(代号)	11 标牌与标志;21 空调;22 飞行;23 通信;24 电源;25 设备;26 防火;27 操纵;28 燃油;29 液压源;30 防冰防雨;31 指示;32 起落架;33 照明。所属系统是否和章节号一致	设计
8	工艺路线		工艺
9	分类 1	航材、辅助工具、油脂化工、地面设备	
10	分类 2(厂内)	国产成品、进口成品、自制件、标准件	

续　表

序号	属性名称	描　述	来　源
11	适用机型	MA60、MA60B、MA60D、MA60E、MA60H、MA600、MA600F,可能是一对多关系	
12	供应商	《供应商手册》	
13	供应商代码	供应商代码,编码	
14	航材支援码	分12类,为初期航材供应和后续航材计划。 P类:初始推荐航材; S类:存贮航材; G类:大部件(长周期部件); R类:存贮的无色部件; E类:带颜色的部件; N类:标准件; L类:无须存储的部件(短周期,需求小); K类:客户需要的部件; T类:与原始技术规范有差别的部件; X类:不可分解的部件(铆接件、焊接品); A类:与X类呼唤的部件; Z类:安装图号,组合件	
15	阶段供应码		
16	销售单价/元		从价格目录中获取
17	最小订货量	最小订货量 X 个/件	由航材处决定
18	重要性	GO、GOIF、NOGO	设计
19	管理方式	按件、按批	
20	是否LRU件	是否为LRU件	设计
21	库存期	产品的库存周期(库寿)	供应商提供
22	使用寿命	产品装机后的使用寿命,与MTBF类似	设计
23	平均故障间隔时间(MTBF)	一定时间内,两次连续故障间隔时间的平均值	有设计给出和航空公司提供包含完整的上下件飞行小时、上下件号的故障信息,通过故障信息计算
24	计算单位/H	MTBF的单位……	
25	平均拆换间隔时间(MTBR)	一定时间内,两次连续拆换间隔时间的平均值	由航空公司提供数据计算
26	平均非计划拆换间隔时间(MTBUR)	两次相邻非计划拆换间隔时间的平均值	由航空公司提供包含完整的上下件飞行小时、上下件号的故障信息,通过故障信息计算

续　表

序号	属性名称	描　　述	来　源
27	BFE/SFE	是 BFE 还是 SFE 中的产品	设计
28	供货周期（1）	客户订货到客户收到航材的时间间隔	历年订单计算,如果考虑地点更准确,复杂度增加
29	供货周期（2）	航材库房申请航材到航材入库的时间间隔	历年计划申请计算
30	日平均消耗	系统计算,以库房发出作为计算消耗量的依据	历年出库计算
31	适航性	随机适航,单独取证	
32	互换性	与其他航材可互换信息	设计
33	替换方式	A->B、A<->B、A<-B	
34	修理性	消耗件、可修件	设计
35	静电敏感	是、否	
36	危险等级	1 危爆品;2 压力容器;3 易燃液体;4 易燃固体,自燃物品及遇湿易燃品;5 氧化剂及有机过氧化物;6 毒害品及感染性物品;7 放射性物品;8 腐蚀品;9 杂类	
37	储藏要求	温度范围、湿度范围、酸碱度范围	
38	运输方式	空运、海运、陆运	
39	运输要求	易碎、易燃、易爆、防震动、防倾斜、防倒置、防冲击、防水、防压(单压说明)	
40	功能与特性	描述产品的基本功能、性质	
41	使用时机	如某些定检时才使用的工具等	
42	MEL 故障修复期限	A 类：没有标准的修复期限,但得注意备注和例外内的内容; B 类：在 3 个连续的日历日内完成修复工作,不包括当日; C 类：在 10 个连续的日历日内完成修复工作,不包括当日; D 类：在 120 个连续的日历日内完成修复工作,不包括当日	

3.3　航材分类

　　航材分类结果影响因素众多,如何覆盖所有影响因素,找到影响因素的完备集,是一个挑战;另外,不同因素对航材分类结果的影响程度或影响方向各不相同,同一个因素在与不同的因素组合后对航材分类结果的影响也会不同,如何找到各个因素之间的关联关系也是一个挑战。

　　根据航材定义,结合航材标准规范,按照技术参数、采购参数、运输存储参数以及应用参数将航材分类,如表 3.3 所示。

表 3.3　航 材 分 类

属性分类	属 性 名 称	属 性 说 明
技术参数	名称	
	型号(图号)	
	件号(序列号)	
	计量单位	
	厂内分类	国产成品、进口成品、自制件、标准件
	装配图号	
	所属专业	
	适航性	单独适航、随机适航
	交付周期	长周期、一般周期、短周期
	是否 LRU 件	是否为 LRU 清单中的航材
	供应商代码	对应供应商的基本信息,与商业和政府实体代码(CAGE)应相同,内容包括名称、通信地址、电话、传真等
	可替换件号	与该航材具有互换性的航材件号
	航材类型	根据 ATA SPEC 2000 划分航材的类型:可修件、消耗件、高价周转件
	支援码	分 12 类,为初期航材供应和后续航材计划。 P 类:初始推荐航材; S 类:存贮航材; G 类:大部件(长周期部件); R 类:存贮的无色部件; E 类:带颜色的部件; N 类:标准件; L 类:无须存储的部件(短周期,需求小); K 类:客户需要的部件; T 类:与原始技术规范有差别的部件; X 类:不可分解的部件(铆接件、焊接品); A 类:与 X 类呼唤的部件; Z 类:安装图号,组合件
	库存期(库寿)	对有库存期要求的航材的标示,防止航材的非计划或不正常报废
	时间单位	小时、起落、年、月,确定以何种方式统计航材的使用状况的重要参数,同时也是 ATA 规范中条码编写的必要参数
	使用寿命	航材设计时的经验数据或根据不同设计要求而无确定的寿命值,可指导航材的储备

属性分类	属性名称	属 性 说 明
技术参数	平均更换间隔(MTBR)	航材可靠性的最重要参数,包括预定更换和非预定更换两种
	报废率	根据统计给出航材正常报废的百分率,可作为航材储备量选择的依据之一
	修理码	确定对部件是进行哪一大类的维修
	维修性	维修性特征量主要有: 维修度:在规定条件下使用的产品,在规定时间内按照规定的程序和方法进行维修时,保持或恢复到能完成规定功能状态的概率。 平均修复时间(MTTR):修复时间的平均值。一般以修复时间的总和与修理次数之比为其观测值。这里的修复时间是从发现失效列产品恢复规定功能所需的时间,即失效诊断,修理准备及修理实施时间之和。 失效诊断时间:从发现失效到找出失效单元所需的时间。电子设备的失效诊断时间较长。 修理准备时间:在产品失效诊断后,为进行修理所进行的组织及器材供应等管理工作所需的时间。大型机电设备修理准备时间也较长。 修理实施时间:从修理准备工作完成到修理结束,恢复产品规定功能的时间。 修复率:修理时间已达到某个时刻但尚未修复的产品,在该时刻后的单位时间内完成修理的概率。一般以在某观察期内完成修理的概率作为平均修复率的观测值
	维修间隔	有些设备按"飞机维修计划文件"的要求,必须在一定的值用期限内对零部件进行维修和修理,这是适航部门的强制性要求
	航线维护百分比	有些设备出现某些故障后,可在航线维护中修复,为此,需配备供航线维护使用的航材。该参数即确定了航线维护的比率
	选装件/基本件(BFE/SPE)	确定该件是否可由用户选择购买
	快速换发件	是否为快速换发件清单中的项目
	通用性说明	与其他各机型的通用性,不考虑飞机状态
	技术说明	航材功能用途等完整且详细的说明
采购参数	RSPL必选件	标注该航材是否为RSPL必须推荐的项目,计算RSPL时此类航材只需考虑推荐数量
	定检维修供应清单件	确定是否需要在定期维修中供应,根据定检维修计划确定
	非推荐项目	表示该航材正常情况下是否作为推荐航材,对非推荐的航材可酌情考虑,尽量不造成资金的浪费,计算RSPL时不计算此类航材,减少计算量
	阶段供应码	划分推荐供应的不同阶段
	出口要求	标识有特殊出口要求的航材,对特殊要求进行说明,如包装要求

续　表

属性分类	属性名称	属性说明
采购参数	提前订货周期	对长周期航材标识需要提前订货的天数
	包装单位	箱/包/盒/单件等
	包装内件数	包装单位内的实际件数
	单价	航材的销售单价
	价格期	标识所给出价格的有效期限
	币种	航材的价格计量货币种类
	价类	标注所给出价格的类型,即为固定的还是可浮动的参考价格
运输/储存参数	静电敏感性	标识航材是否对静电敏感。对于静电敏感件,在储存、搬运及安装、维护中必须按要求进行操作,否则会使航材受损或发生故障
	运输贮藏要求	温度范围;湿度范围;酸碱度范围;静电敏感;易燃易爆;等等
	危害性	航材材料所具有的危害性的说明。对航材材料所具有的危害性必须做出说明,采取特殊管理,以免对接触航材的工作人员造成伤害。同时也是ATA规范中条码编必要参数之一。如有害气体挥发,不可直接接触皮肤等
	运输方式	标示航材可使用的发运方式:可以空运;不可空运;海运;陆运
	运输要求	易碎、不可重压、不可倒置等
应用参数	ATA编号	
	MMEL部件	确定航材是否属于主最低设备清单中的项目,该参数还用于确定重要性参数和修复期限参数以及支援码
	重要性	指示该航材出现故障后是否影响飞机的放飞,分类为GO、NO GO、GO IF
	故障修复期限	规定四类出现故障后必须修复的时限。该参数还用于支援码的确定。 A类:没有标准的修复期限,但得注意备注和例外内的内容; B类:在3个连续的日历日内完成修复工作,不包括当日; C类:在10个连续的日历日内完成修复工作,不包括当日; D类:在120个连续的日历日内完成修复工作,不包括当日
	大修或一般修理代码	标识该部件能否直接在飞机上拆卸还是仅能在大修中拆卸
	分组件	标识设备是由几个分组件组成的
	上级组合件件号	该航材上一级组件的件号
	其他说明	具体的出口要求和技术人员认为需要注意事项的文字描述。应采用规范化的术语。包括对有特殊出口要求的航材出口要求的详细描述;对航材更改的简要说明指示;对制造部门超差处理和临时技术问题处理文件的查阅指示;以及一些其他需要注意事项的说明等

续　表

属性分类	属性名称	属　性　说　明
客户化参数	有效性	航材所适用的飞机批架次(发动机)范围,标注有效性的目的是防止不适用(错误)航材的使用
	修理周期	用户修理该航材所用时间,包括车间修理周期和往返路途周期
	装机件数	实际的总装机件数,是用于核算航材储备量的必要参数之一
	推荐数量	制造商向用户提供的航材推荐储备数量,RSPL 推荐目录的应用结果
	是否可单独订货	表示此项航材用户可以直接购买,或者必须购买某个组合件

3.4　航材标准规范

波音公司和空客公司已经建立了较为完善的民机航材支援模式、体系及模块化的航材服务,而我国民机领域虽然在航材支援服务取得一定进步,但尚未建立起相对完善的航材支援服务体系,与国际先进水平差距较大。

2016～2019 年,西飞民机公司通过工信部课题《民用飞机航材技术规范应用及服务流程研究》项目,借鉴 ATA SPEC 2000 国际标准,建立和优化航材技术规范及服务流程;在现有统计分析、多目标优化等方法的基础上,研究航材分类、航材需求预测模型与算法;基于航材支援规范和信息化标准规范与技术,研究开发模块化、网络化、服务化的航材支援软件系统平台,建立航材支援服务文件编制体系,夯实航材支援服务的技术规范,进而降低民机企业运营成本、提高竞争力。

3.5　航材体系建立流程

以 ATA SPEC 2000 为基础,通过航材支援服务流程的梳理和优化航材采购管理、订单管理、交付管理、维修管理等,进一步规范航材服务,提高航材保障率,降低航材运营成本,逐步实现航材精细化管理,提升企业航材管理水平。

1. 流程建模方法

统一的流程建模方法是梳理、优化流程的基础和工具。流程建模遵循国际工作流管理联盟(WFMC)的标准规范,给出流程中的角色、活动、权限等的统一表示,同时支持流程的顺序、同步、异步等控制流。流程的表示用统一建模语言(unified modeling language, UML)中的活动图(activity diagram)表示,流程所完成的服务功能用 UML 的用例图表示,流程中的数据用 UML 的类图来表示。流程建模使用可视化的建模工具 UML_Designer,提供 UML 图形的编辑语言指导的编辑工具,以及语法正确性检测机制和一致性检查机制功能,保证得到语法正确、语义完整的流程模型。

2. 采购计划流程

无论是商品还是物料的采购量都需要占用大量的生产经营设备、流动资金及场地,因此如何准确、及时地做好采购计划工作对于提高设备、减少资金的占用量和场地的利用率都具有十分显著的实际意义。目前,许多销售行业和企业都面临着设备不足、资金短缺和场地不够大等问题,采购计划的不够优化是导致这些问题的原因之一,这就要求系统能够充分找出采购计划活动的无限潜能,以此来找到解决这些问题的最佳途径。

3. 航材询价流程

航材询价主要用于对同种航材或者可替代航材的不同供应商提供的价格进行查询,方便系统进行对航材的基本掌握,并根据价格调整采购计划。由于航材技术和价格的不断变化,航空公司需要定期向供应商询问航材的价格。及时更新航材管理系统中的航材价格,可以方便航空公司实行运行阶段航材采购和供应商监控流程。

4. 订单管理流程

订单管理主要功能是通过统一订单提供整合的供应链服务。订单管理是航材支援服务过程中不可或缺的部分,通过对订单的管理和分配,使航材仓储管理和航材需求有机结合,稳定有效地实现航材管理中各个环节作用的充分发挥,使仓储、采购、订单成为一个有机整体,满足航材订单系统信息化的需求。

订单管理是对航材订单下达之后进行的管理、查询、修改、打印等功能,同时将各业务部门处理信息反馈到供应商。订单管理一般包括订单处理,订单确认,订单状态管理(包括取消、付款、发货等多种状态,以及订单出库和订单查询)等。

5. 交付管理流程

按照供应商、采购订单号或产品进行收货,记录批号或序列号,并进行质量抽查,计算航材的确切使用日期和剩余使用时间。对于有争议或者不合格的航材进行退货处理,并跟踪退货原因和批号。

交付过程中牵涉装配、搬运、包装控制、航材包装、航材入库等方面。航材仓储部门需要按照供应商提供的工序将航材进行装配,并将装配好的航材经由质检部门按照航材技术要求和参数进行检验或者抽样检查,对于合格的航材按照规定的搬运方法和包装方法进行搬运和入库,同时将质量卡和航材检验单交付到仓储部门。

针对交付的航材,供应商需要提供规范的电子化格式的配置数据,包括航材交付的日期、价格、使用期限以及使用说明等,航材管理系统根据交付航材的属性和分类产生航材编号,对航材管理系统中要求的基本数据进行添加和更新。

6. 维修管理流程

航材维修管理主要是对航材维修订单执行的管理,即对订单的状态记录、跟踪和控制。

对于需要维修的航材,首先查询该航材是否是飞机原装或合同订购的,确定该航材是否在索赔期内,针对索赔航材进入索赔流程,若为送修航材办理送修事宜。同时针对飞机退役情况、库存航材的储备情况和航材的拆换情况,决定外委送修单位。航材送修实施的过程中,航材送修人员制作航材送修通知单经由航材处审批后对送修航材进行包装之后运输到指定维修单位,如果是国外送修,航材送修通知单应送往具有国家认可的航材对外贸易权限公司进行委托维修,如果是国内维修,只需要直接送往维修单位即可。

航材送修之后需要对航材送修订单进行执行、跟踪和信息反馈。航材送修人员需要对航材送修订单执行的全过程进行跟踪和记录,与维修单位建立紧密联系,及时处理相关问题,如果在订单执行过程中,航空公司生产计划发生变化,航材送修人员应实时对航材送修订单进行调整。

7. AOG 服务流程

对于造成飞机停飞的航材,该航材的供应商应该能够为紧急停飞的飞机提供及时的服务,降低航空公司的损失。针对 AOG 急件发出供货需求,航空公司需要根据 AOG 合同选择适当的供应商并通过最短的运输途径,并全程进行动态跟踪,实时反馈给计划控制中心。在收到供应商发货通知之后,及时通知计划接收该器材的生产支援部门提货。对于国外采购的则通知报关、提货。在完成 AOG 器材验收后,航材验收人员将收货信息反馈给订货员。

8. 供应商监控流程

供应商监控主要是为了保证所有供应航材的质量,使用包括对飞机航材的多个供应商进行评估选择和航材供货合同谈判,对供应商的供应价格、生产计划和生产资格进行监控,整理收集顾客投诉,及时更新和发展多种航材采购计划等手段。

针对供应商评估选择过程,首先应该分析供应商供货状态,然后生成供应商供应航材的整体价值评估表,包括航材技术评估、商业价值评估和售后服务评估,将多个航材供应商的整体评估结果进行对比,同时与航材供应商进行购买航材的合同谈判,最后根据谈判结果和评估结果选择航材供应商。

对供应商监控的过程主要包括价格核对、航材可靠性检测和审计供应商的手段进行。审计供应商分别有:安排合适的工程技术人员常驻供应商工厂,以监控供应商的生产与检验;对供应商的关键工序进行重点关注;明确供应商为提供更好的航材所采取的措施;与供应商进行航材提升计划讨论等。

针对运营商投诉建议的流程,需要定期组织问卷调查,对航材使用过程中遇到的问题进行详细了解,对供应商提供的航材能够有根据地进行反馈。

更新和发展多种航材采购计划,可以促进供应商及时对航材进行质量改进,利用新技术对航材进行创新,从而有益于整个航材供应链的发展。

9. 索赔流程

索赔流程包括自动提交、确认、在线查询状态,使得航空公司和供应商通过电子商务程序提出商保索赔,并迅速有效地解决保修问题。

一方面,针对损坏的航材,需要准确地确定航材的索赔对象;另一方面,由于部件的索赔都具有索赔要求的有效期限,如果未能在合理规定的日期前提出索赔,则视为无效或放弃。故航材发生问题,尽快将索赔要求提交给受理供应商,同时准确无误地提供与索赔要求相一致、相配套的各项支持性数据。由于索赔人员搜集的各种数据并不都能成为索赔理由,航材索赔信息中应该去除不适合部件拆下时状态的信息,合理强调并突出部件非用户人为因素造成的故障。

10. 发票管理流程

账单的自动化处理以及差异处理相关过程。它包括了供应商如何将电子账单按照 SPEC 2000 标准结构化地发送给客户,以及客户如何对发票进行响应,并将差异按照标准格式通知供应商。

11. 航材库存管理与再分配流程

该系统提供了发布和销售多余器材信息的销售渠道,这些器材包括了测试设备、发动机、耗材、周转件以及工具等。该平台还能够帮助采购者以较低的价格获取所需的器材,并帮助销售者盘活积压库存。

12. 通信指令规范

电子通信指令是用来提供航材管理系统中各种功能之间的数据通信方式,由于涉及的航材供应商和航空公司单位多,需要针对数据通信中使用到的数据发送格式、响应格式、数据发送通用条件、单播或者多播以及数据保密算法等进行规范,方便不同供应商、飞机制造商、飞机运营商之间的数据传输。

第 4 章　民机研制阶段航材工程

■
■
■
■

民机研制阶段航材工程目的是为新机投入运营提供合理有效的航材保障服务,其工作内容涵盖较为广泛,本章先从研制阶段 LRU 影响因素及划分、LRU 清单参数确定及编制方法开展研究,为民机全寿命周期安全可靠运营提供支持;再从研制阶段涉及的航材预测(推荐数量确定)及其初始 RSPL 参数角度进行探究,为民机研制阶段航材库存储备、初始 RSPL 制定提供指导。

4.1　LRU 影响因素及划分

LRU 作为一种实时快换单元,可以在民机运营过程中实现故障快速检测、定位、隔离、维修等措施。合理的 LRU 划分不仅可有效提高民机的维修效率,而且可为修理级别分析(level of repair analysis, LORA)和维修资源保障提供有效的输入[77,98-101],为民机 ILS 提供支撑。当前,国产民机产业处在稳步提升阶段,维修工程体系正在完善,为了提高国产民机保障服务质量,有必要开展民机 LRU 影响因素分析及其划分研究。

4.1.1　LRU 影响因素分析

民机 LRU 划分需要综合考虑设计阶段和运营阶段各相关因素的影响,然而这些影响因素往往相互制约、相互冲突,因此有效梳理相关影响因素对于民机 LRU 划分尤为重要。通过对国内外 LRU 划分研究现状的调研与分析,可将民机 LRU 划分影响因素归纳为六类: 经济性、可靠性、测试性、维修性、重量和维修工程分析因素[102-105]。各类影响因素如下:

在民机 LRU 划分过程中,若研究对象更换超出经济性指标限制,则部附件不适宜作为 LRU;如果 LRU 划分不合理,将导致航材购置及库存成本升高。

可靠性指标是影响 LRU 划分的一个关键因素,对于故障发生较为频繁即平均故障间隔时间较小的部附件,在给定的可靠性指标范围内影响签派可靠性的部附件应当考虑设计成 LRU。

根据有关民用航空统计表明,至少 10% 的延误是由测试性造成的,LRU 划分时应以功能互相连接数最少和故障隔离到正确单元为原则。

维修性设计是与 LRU 划分密切相关的一个主要影响指标,通常用航线平均修复时间进行衡量,它不仅是维修性的一个基本度量,还是维修性设计参数的要求值。

LRU 划分必须考虑到重量的影响,对于飞机而言每一个部附件都会分配具体的重量指标,重量直接决定了部附件在发生故障时是否可以实现快速航线维修以及是否方便运输。

维修工程分析通常以保障性进行衡量,保障性往往通过修理级别分析对 LRU 划分过程中的维修资源、维修能力进行匹配度研究,如果航线没有足够相应航材、没有相应设备及能力进行故障修复,则不能设定为 LRU。

4.1.2 航线可更换单元划分研究

本小节主要在层次分析(analytic hierarchy process,AHP)法基础上,综合考虑相关影响因素,探究了双步迭代层次分析(two-step iterative analytic hierarchy process,TSI - AHP)法在民机 LRU 划分中的应用。基于 TSI - AHP 民机 LRU 划分流程如图 4.1 所示。

由图 4.1 可知,基于 TSI - AHP 的民机 LRU 划分具体流程为:首先确定研究对象,根据功能划分将其分解至结构最底层结构,即单个单元和模块,直至不能进行细分为止,并将这些最底层结构作为 LRU 划分的研究对象;基于上述的研究对象,分别梳理 LRU 划分过程中各自的影响因素,主要包括经济性、可靠性、测试性、维修性、重量和维修工程分析,并确定各因素对 LRU 划分的影响系数;结合获取的各因素影响系数取值,构造各研究对象影响因素的对比判断矩阵,并求解判断矩阵的特征向量;结合判断矩阵的最大特征值,进行一致性检验,如果不满足要求,则需要重新调整各影响因素的方案判断矩阵,直至满足要求为止;依据满足检验要求的系数,计算相关因素的权重系数,确定各影响因素对于各研究对象 LRU 划分过程中的影响程度;将非拆换部件、LRU 或 SRU 作为 LRU 划分的三种备选方案,针对各研究对象进行 LRU 划分评估,构建对比判断矩阵,并实现矩阵求解,获取三种备选方案的权衡指标;结合各影响因素及三种备选方案的权衡系数,结合加权平均获取 LRU 划分策略,实现民机 LRU 划分。

TSI - AHP 法是在传统 AHP 法基础上,结合双步迭代和加权平均思想发展而来,其分析原理为:依据 LRU 划分过程中影响因素,运用 AHP 法获取各影响因素的权重系数;综合考虑各影响因素的重要程度,采用嵌套层次分析策略获取 LRU

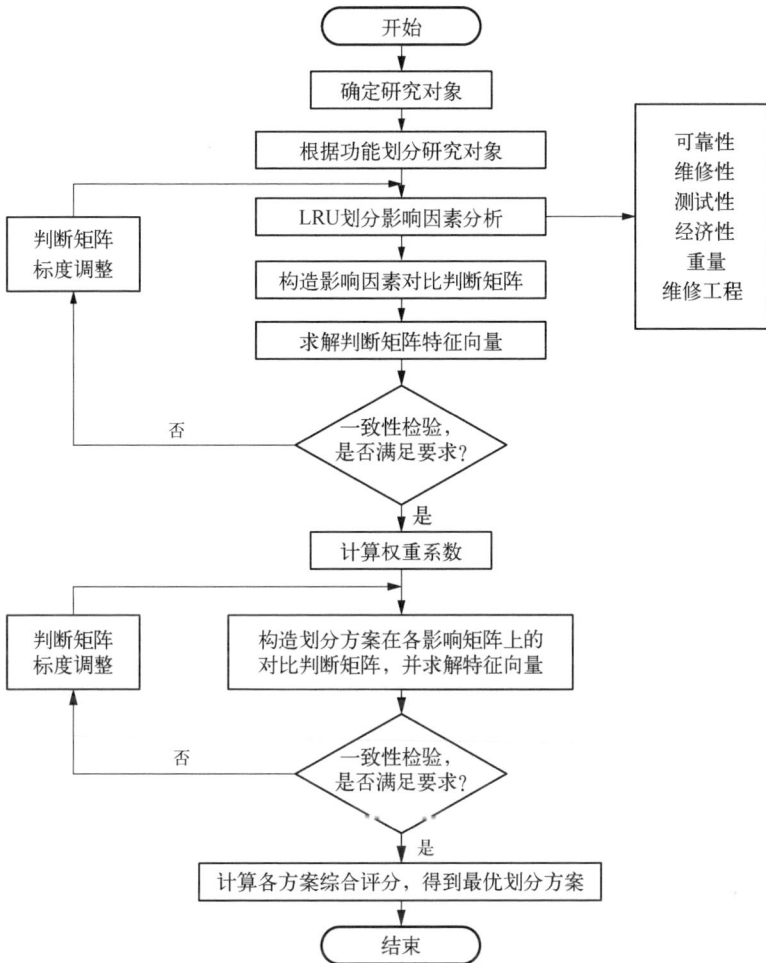

图 4.1 基于 TSI - AHP 的民机 LRU 划分流程

划分三种备选的权衡指标;在此基础上,结合加权平均思想确定民机 LRU 划分最优方案。基于 TSI - AHP 的民机 LRU 划分数学模型建立包括如下七个流程。

（1）层次结构模型建立。为了保证 LRU 划分的有效性和准确性,将决策目标、影响因素和 LRU 划分方案按照它们之间的相互关系分为目标层、准则层和方案层,其层次结构如图 4.2 所示。

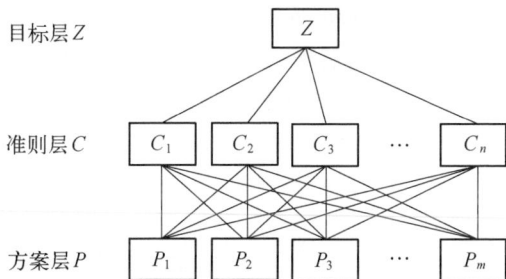

图 4.2 层次结构图

（2）影响因素对比判断矩阵构造。按照功能划分将目标分解至最底层结构作为 LRU 划分的研究对象,综合考虑各影响因素,构造其对比判断矩阵,如式(4-1)所示;此外,对比判断矩阵元素通过表 4.1 确定。

$$
A = \begin{bmatrix}
a_{11} & a_{12} & \cdots & a_{1n} \\
a_{21} & a_{22} & \cdots & a_{2n} \\
\vdots & \vdots & & \vdots \\
a_{n1} & a_{n2} & \cdots & a_{nn}
\end{bmatrix}
\tag{4-1}
$$

表 4.1　判断矩阵标度及其含义

重要性标度	含　　义
1	表示两个元素相比,具有同等重要性
3	表示两个元素相比,前者比后者稍重要
5	表示两个元素相比,前者比后者明显重要
7	表示两个元素相比,前者比后者强烈重要
9	表示两个元素相比,前者比后者极端重要
2, 4, 6, 8	表示上述判断的中间值
倒数	若元素 i 与元素 j 的重要性之比为 a_{ij},则元素 j 与元素 i 的重要性之比为 $a_{ji} = 1/a_{ij}$

（3）特征向量的计算。对比判断矩阵特征向量的求解公式为

$$
AV = VD
\tag{4-2}
$$

式中,V 为判断矩阵的特征向量;D 为特征值矩阵。

（4）一致性检验。基于计算的特征值寻找最大特征值 $\lambda_{\max}$,为了检验判断矩阵的一致性,首先需要计算一致性指标 CI,如式(4-3)所示:

$$
\mathrm{CI} = \frac{\lambda_{\max} - n}{n - 1}
\tag{4-3}
$$

式中,n 为判断矩阵的维数($n \geqslant 3$);CI=0 表示判断矩阵具有完全一致性。

对比判断矩阵一致性通常结合一致性比例 CR 进行判别,通过式(4-4)计算;此外,若 CR 计算值小于 0.1,则判断矩阵通过检验,其一致性是可以接受的,否则重新调整判断矩阵。

$$
\mathrm{CR} = \frac{\mathrm{CI}}{\mathrm{RI}(n)}
\tag{4-4}
$$

式中,RI 为平均随机性一致性指标,其值可由表 4.2 查得。

表 4.2　一致性指标 RI 查询表

n	3	4	5	6	7	8	9
RI	0.58	0.90	1.12	1.24	1.32	1.41	1.45

（5）权重系数的计算。依据判断矩阵最大特征值找寻对应的特征向量 $\boldsymbol{W}$，运用式（4-5）对权重系数 w 进行计算。

$$w = \frac{\boldsymbol{W}}{\sum_{i=1}^{n} W_i} \tag{4-5}$$

式中，特征向量 $\boldsymbol{W}$ 可表示为

$$\boldsymbol{W} = \begin{bmatrix} W_1 & W_2 & \cdots & W_n \end{bmatrix} \tag{4-6}$$

（6）备选方案判断矩阵构建。构建 LRU 划分备选方案的判断矩阵 $\boldsymbol{B}$，如式（4-7）所示；依据上述步骤（3）和（4）对备选方案判断矩阵进行一致性检验，并求得每一影响因素上各备选方案的特征值。

$$\boldsymbol{B} = \begin{bmatrix} b_{11} & b_{12} & \cdots & b_{1m} \\ b_{21} & b_{22} & \cdots & b_{2m} \\ \vdots & \vdots & & \vdots \\ b_{m1} & b_{m2} & \cdots & b_{mm} \end{bmatrix} \tag{4-7}$$

（7）LRU 划分方案确定。根据各影响因素的系数以及备选方案权衡指标，结合加权平均思想确定最优的 LRU 划分方案，其计算原理如下：

$$S_i = \sum_{j=1}^{n} W_j \cdot \overline{W}_{ij}, \ i = 1, 2, \cdots, m \tag{4-8}$$

式中，$\overline{W}_{ij}$ 表示第 j 个影响因素的特征向量中与第 i 个候选方案对应的分量；W_j 表示第 j 个影响因素的权重系数。由此可以得到各个候选方案的综合得分情况，对各候选方案进行排序，就可以得到最终的最优方案。

4.1.3　LRU 单元划分案例分析

本小节以国产某型民机起落架系统为研究目标，按照功能划分将系统进行产品结构分解，得到起落架系统 59 项构型项作为 LRU 划分研究对象，如表 4.3 所示，运用 TSI - AHP 法对起落架系统进行 LRU 划分。

表 4.3　ARJ21‑700 飞机起落架系统构型项

序号	研究对象名称	序号	研究对象名称	序号	研究对象名称
1	缓冲支柱	21	位置作动组件	41	转换阀
2	起落架收放手柄	22	前起轮载传感器	42	刹车控制阀
3	前起收放作动筒	23	前起锁连杆传感器	43	刹车控制组件
4	前起开锁作动筒	24	前起放下位置传感器	44	脚蹬刹车传感器
5	前起前撑杆	25	转弯超行程传感器	45	压力传感器组件
6	前起落架锁连杆	26	主起落架缓冲支柱	46	驱动盖组件
7	前起落架锁弹簧	27	主起落架减摆器	47	机轮速度传感器
8	应急放选择阀	28	主起落架选择阀	48	自动刹车控制开关
9	安装支架	29	回油单向阀	49	停机应急刹车手柄
10	应急放前起开锁	30	主起收放作动筒	50	停机应急刹车阀
11	密封球	31	主起上位锁盒	51	刹车蓄压器
12	滑轮支架	32	开锁作动筒	52	刹车温度传感器
13	前起机轮	33	主起侧撑杆	53	刹车装置
14	前起落架刹车板组件	34	主起锁撑杆	54	主起落架机轮
15	转弯控制组件	35	主起下位锁弹簧	55	主起轮载传感器
16	转弯控制阀	36	起落架选择阀	56	主起上位锁传感器组件
17	转弯控制阀安装板	37	液压保险组件	57	主起下位锁传感器组件
18	转弯手轮	38	压力传感器	58	扇形轮组件防护罩
19	转弯反馈传感器	39	刹车蓄压器单向阀	59	滑轮组件防护罩
20	转弯脱开扳动开关	40	切断阀	—	—

为了说明 TSI‑AHP 法对民机 LRU 划分的有效性,该案例以前起落架收放作动筒作为对象详细说明分析过程。

(1) 将决策目标划分为最高层,影响因素划分为中间层,预选方案划分为最底层,其层次结构模型如图 4.3 所示。

(2) 综合考虑 LRU 划分影响因素,构建前起收放作动筒的对比判断矩阵为

$$A = \begin{bmatrix} 1 & 1/6 & 1/2 & 1/5 & 1/3 & 1/4 \\ 6 & 1 & 5 & 2 & 4 & 3 \\ 2 & 1/5 & 1 & 1/4 & 1/2 & 1/3 \\ 5 & 1/2 & 4 & 1 & 3 & 2 \\ 3 & 1/4 & 2 & 1/3 & 1 & 1/2 \\ 4 & 1/3 & 3 & 1/2 & 2 & 1 \end{bmatrix} \qquad (4-9)$$

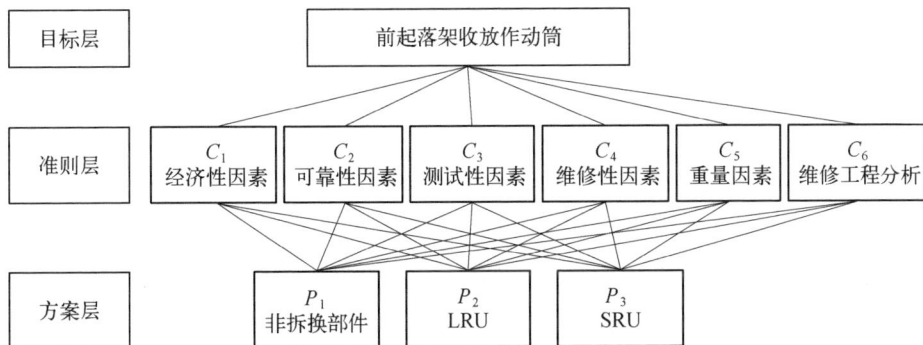

图 4.3　层次结构模型

（3）计算判断矩阵的特征向量和特征值，寻找判断矩阵的最大特征值和位置，进而进行一致性检验，通过式（4-3）和式（4-4）求其一致性比例计算值小于 0.1，其一致性是可以接受的。

（4）寻找判断矩阵最大特征值对应的特征向量，进而计算各影响因素的权重系数如式（4-10）所示：

$$\boldsymbol{w} = \begin{bmatrix} 0.042\,8 & 0.382\,4 & 0.064\,1 & 0.025\,0 & 0.100\,6 & 0.159\,6 \end{bmatrix} \quad (4-10)$$

（5）结合 LRU 相关因素，分别建立考虑经济性、可靠性、测试性、维修性、重量和维修工程分析的 LRU 划分备选方案的判断矩阵，如式（4-11）~式（4-16）所示：

$$\boldsymbol{B}_1 = \begin{bmatrix} 1 & 1/2 & 2 \\ 2 & 1 & 3 \\ 1/2 & 1/3 & 1 \end{bmatrix} \quad (4-11)$$

$$\boldsymbol{B}_2 = \begin{bmatrix} 1 & 1/2 & 2 \\ 2 & 1 & 3 \\ 1/2 & 1/3 & 1 \end{bmatrix} \quad (4-12)$$

$$\boldsymbol{B}_3 = \begin{bmatrix} 1 & 1/3 & 2 \\ 3 & 1 & 4 \\ 1/2 & 1/4 & 1 \end{bmatrix} \quad (4-13)$$

$$\boldsymbol{B}_4 = \begin{bmatrix} 1 & 1/4 & 1/2 \\ 4 & 1 & 3 \\ 2 & 1/3 & 1 \end{bmatrix} \quad (4-14)$$

$$B_5 = \begin{bmatrix} 1 & 1/2 & 3 \\ 2 & 1 & 3 \\ 1/3 & 1/3 & 1 \end{bmatrix} \quad (4-15)$$

$$B_6 = \begin{bmatrix} 1 & 1/3 & 2 \\ 3 & 1 & 4 \\ 1/2 & 1/4 & 1 \end{bmatrix} \quad (4-16)$$

（6）LRU 划分备选方案判断矩阵的一致性检验，求得各备选方案在每一影响因素上的权衡指标，具体如表4.4所示。

表4.4 LRU 划分备选方案一致性检验与特征系数

因 素	CR	w
经济性	<0.1	[0.297 0 0.539 6 0.163 4]
可靠性	<0.1	[0.297 0 0.539 6 0.163 4]
测试性	<0.1	[0.238 5 0.625 0 0.136 5]
维修性	<0.1	[0.142 9 0.571 4 0.285 7]
重 量	<0.1	[0.332 5 0.527 8 0.139 6]
维修工程分析	<0.1	[0.332 5 0.527 8 0.139 6]

（7）结合平均加权思想计算可得三种 LRU 划分备选方案的综合评分分别为 $S_1 = 0.247\ 3$、$S_2 = 0.578\ 9$、$S_3 = 0.173\ 8$，所以最终方案的排序为 $S_2 > S_1 > S_3$。因此，最佳的 LRU 划分方案是 S_2，即将前起落架收放作动筒划分为 LRU。

运用上述方法和流程，本书对飞机起落架系统剩余 58 项研究对象依次遍历进行 LRU 划分分析，可以分别得到各个项目的 LRU 划分方案，对于被划分为非拆换部件的项目，若存在多个部附件（非标准件）组成，则对其附件进行下一步的规划分析，直到不需要进一步划分。最终可以得到起落架系统的 LRU 划分方案，可以确定为 LRU 项目的共 52 项，具体如表4.5所示，表中 PNR 为项目编号。

表4.5 飞机起落架系统 LRU 项目

序号	LRU 项目名称	PNR	序号	LRU 项目名称	PNR
1	刹车温度传感器	6007300	7	停机应急刹车手柄	90004063
2	接近传感器	84798006	8	停机应急刹车钢索	90004064 - 1
3	前起机轮	90000581 - 1	9	转换阀	90004065
4	刹车控制阀	90004060 - 1	10	液压保险组件	90004066
5	刹车切断阀	90004061	11	主起落架机轮	90004162 - 1
6	停机应急刹车阀	90004062	12	刹车装置	90004163 - 1PR

续　表

序号	LRU 项目名称	PNR	序号	LRU 项目名称	PNR
13	刹车控制盒	90004183 - 2	33	转弯反馈传感器	2351 - 1159 - 401
14	刹车蓄压器	90004293	34	前起前撑杆	2535A0000 - 03
15	脚蹬刹车位置传感器	90004328	35	前起落架锁连杆	2351 - 1600 - 403
16	机轮速度传感器	90004329	36	主起上位锁盒	2351 - 2900 - 401
17	起落架控制压力传感器	90004340 - 1	37	应急放手柄组件	2351 - 9901 - 401
18	自动刹车控制开关	90004361	38	前起落架轮胎	247F22T1
19	回油单向阀	90004924	39	主起侧撑杆	2507A0000 - 04
20	内外轮压力传感器	90004925 - 2	40	主起锁撑杆	2508A0000 - 03
21	下位锁传感器右线束	2000A1749K01	41	主起落架减摆器	2520A0000 - 02
22	下位锁传感器右 2 线束	2000A1750K01	42	转弯控制组件	2529A0000 - 03
23	下位锁传感器左线束	2000A1766K01	43	位置作动控制组件	2530A0000 - 02
24	下位锁传感器左 2 线束	2000A1767K01	44	起落架收放手柄	2531A0000K02
25	主起收放作动筒	2129 - 0001 - 403	45	转弯手轮	2546A0000K02
26	开锁作动筒	2130 - 0001 - 403	46	主起落架轮胎	409K02 - 2
27	前起收放作动筒	2131 - 0001 - 403	47	转弯脱开扳动开关	8868K54
28	前起开锁作动筒	2132 - 0001 - 405	48	前起锁连杆传感器	2351 - 1600 - 403
29	单向阀组件	2241 - 0070 - 401	49	前起轮载传感器	2540A0000 - 02
30	起落架选择阀	2248 - 0001 - 401	50	转弯超行程传感器	2540A0000 - 02
31	应急放选择阀	2249 - 0001 - 401	51	前起放下位置传感器	531A1100 - 000 - 501
32	转弯控制阀	2250 - 0001 - 401	52	主起轮载传感器	2505A0000 - 04

在上述分析结果的基础上,将运用 TSI - AHP 的民机 LRU 划分方案所得到 LRU 划分结果与实际 LRU 项目进行比对,对比结果显示:通过 TSI - AHP 法所得 LRU 项目与 LRU 项目基本一致,为民机 LRU 划分提供有效支撑。

4.2　LRU 清单参数确定及编制方法

本节将分别从 LRU 清单参数确定及 LRU 清单编制原则方法两个方面对民机 LRU 进行研究,以求为 LRU 清单编制及运行阶段航材支援保障提供有效支持。

4.2.1　LRU 清单参数确定

制造商向用户交付飞机时,通常同时会提供相关的文件,主要包括 AMM、IPC、MMEL、EBOM/SBOM 和 RSPL。其中,AMM(Aircraft Maintenance Manual,飞机维修手册)是保持飞机固有安全性水平的重要资料,规范飞机运营过程中的维修流程;IPC 主要用于阐明飞机各部件的组成以及相应的安装方式,辅助飞机维修过程中故障件的拆卸;MMEL(master minimum equipment list,主最低设备清单)为民机 LRU 维修等级、维修间隔等提供参考;EBOM/SBOM 作为服务产品研制的公共源数据,规范化的数据交换规范,与客户服务业务应用建立联系规则,保障各服务业务的数据需求;RSPL 则是主要用以为民机前期运营阶段航材保障提供支持。LRU 清单的参数为这些飞机交付文件的制定提供了输入,其相关参数如表 4.6 所示。

表 4.6   LRU 清单参数

序号	LRU 清单参数名称		参数类型（长度）	示　例
	中　文	英　文		
1	SNS 编号	SNS coding	数字	
2	名称	name	字符	高频收发信机
3	功能	function	字符	
4	ATA 章节	ATA chapter	数字（2）	34
5	子章节	sub-chapter	字符（5）	34 - 10
6	子子章节	sub-sub-chapter	字符（8）	34 - 10 - 22
7	产品结构树位置	product tree location	字符	
8	序列号	sequence number	数字（1）	1
9	件号	part number	字符	066 - 50007 - 1531
10	关键词	keyword	字符	XCVR
11	尺寸	size	字符	170×235×120
12	重量	weight	数字	55
13	体积	volume	数字	850
14	直接维修成本	direct maintenance cost	数字	1800
15	航材代码	spare part classify	数字（1）	2
16	重要度码	essentiality code	数字（1）	2
17	修理代码	maintenance overhaul or repair code	数字（1）	1
18	I/II/III 类设备	I/II/III equipment	字符	I
19	（非）计划拆换间隔	mean time between repairs /mean time between unscheduled removals	数字	11494
20	平均修复时间	mean time to repair	数字	48
21	故障检测和隔离时间	fault detection and isolation time	数字	12
22	故障检测与隔离方法	fault detection and isolation method	数字	2

续　表

序号	LRU 清单参数名称		参数类型（长度）	示　例
	中　文	英　文		
23	小时/循环指示器	hours/cycles indicator	字符	L
24	线路指示器	local fabrication indicator	数字	4
25	单机安装数量	quantity per aircraft	数字	2.0
26	安装位置	install location	字符	垂尾前缘根部
27	安装区域	install region	字符	垂尾前梁/322
28	工作通道	working channel	字符	机身内部口盖/6
29	妨碍通道的 LRU、管路、线缆	—	字符	
30	安装形式	install form	字符	螺钉连接
31	电气接口	electrical interface	字符	
32	气液管路等接口	gas and liquid pipeline interfaces	字符	
33	三维图纸	3D drawing	图片	
34	调整校验	adjustment and check	字符	
35	使用工具	tool using	字符	扭力扳手
36	耗材	consumable material	字符	开口销
37	人员技能水平	skill level of personnel	数字	1
38	修理间隔代码	MMEL repair interval code	字符(1)	B
39	供应商名称	supplier name	字符	Rockwell Collins
40	供应商代码	supplier code	字符	
41	供应商所在国家	supplier location	字符	英国
42	责任单位	responsible department	字符	航电电气所/5 所
43	联系人	contact	字符	联系人/电话
44	备注	remark	字符	

4.2.2　LRU 清单编制原则方法

民机 LRU 清单编制主要遵循种类齐全精简、信息全面准确、符合编码的基本要求和编排清晰统一四大原则,下面将依次对其编制原则进行简要概述。

1) 种类齐全精简

清单中的 LRU 项应种类齐全,应尽可能地包含能够在航线直接更换或者修理的相关 LRU,能为航空公司用户的维修及运营节约更多的时间与费用。清单内 LRU 项目的遗漏可能会导致飞机无法正常运营,影响签派可靠性。

LRU 件的设计在飞机设计研发阶段就应加以考虑,根据上述 LRU 的定义与特

性,LRU 的设计选择应遵循以下原则:

(1) 可直接在航线级相应维修地点进行修理或者更换;

(2) 在航线级维修地点上,维护人员可以按照飞机维修手册 AMM,开展工作,可以便捷地对 LRU 件进行拆换,应使得 LRU 件的拆换能够满足航线级维修工具的要求,以便提供更高的拆换效率;

(3) 航线级维修人员可参照部件维修手册 CMM,将 LRU 件从机上拆下后,可对其进行机下的维修;

(4) LRU 通常不应包括螺栓、螺母等标准件和通用元器件。

2) 信息全面准确

信息全面准确主要是针对民机 LRU 清单参数,应尽可能提供 LRU 所有的基本属性信息,并尽可能确保每个 LRU 清单参数的准确性和有效性。

3) 符合编码的基本要求

在确定了 LRU 清单的种类与所包含的信息种类之后,将要对 LRU 进行编码,由于 LRU 清单中包含许多的信息与数据类型,则编码要求也存在着不同的要求,应按照一定的原则进行编码。

(1) 识别单元。计算机识别和检索 LRU 的首要途径是 LRU 的编号,通称件号(part number)。在 AMM、IPC、EBOM/SBOM 等平台中对相应产品的称呼很不统一,也有称项目号、物品号、识别码、物件号、零件号等。根据上述清单信息,则通称为 LRU 编号。LRU 编号按照 ATA 章节号、子章节号、子子章节号进行逐级编码,以保证各部门能够快速定位 LRU 的功能目录。

(2) 唯一性。LRU 编码最基本的要求是编号的唯一性。唯一性就是说,同一种 LRU,不论出现在什么产品上,其各种数据类型参数只能用同一个;而不同的 LRU,哪怕有极微小的区别也不得用同一个数据。通俗地讲就是:一个人不能起两个名字,两个人不能用同样的名字。如果一个件经过修改,就必须更改编码,并说明它的有效期,以免造成管理上的混乱。

(3) 数据类型。LRU 清单中包含有许多数据类型,如字符类型、字母类型、文字类型、数字类型、图片类型等。不同类型的数据含义均不一样,在进行编码时,应严格区分明确。同时,在编码时,编码的位数应注意,过长会增加系统的存储空间,增加录入时间,而且容易出现差错。确定各对应的数据时还要考虑所选软件的其他查询功能,如相应的软件还可通过名称、关键字进行查询。

(4) 应用自动识别技术。在 LRU 编码问题上一定要结合条码技术的应用。随着条码技术的发展,二维条码可以包含 LRU 的更多信息(如编号、ESS 码、作业的指导性信息等),该技术已经在国内一些其他领域企业(如汽车制造)得到普遍应用。此外,RFID 技术在系统数据采集应用方面,将随着这些装备设施成本费用的下降,在一些行业会有所应用。应随时根据市场先进技术进行识别技术的更新换代。

（5）集团统一编码。对于飞机制造企业而言,机型的研发制造可随着企业发展不断丰富,对一个集团性质的企业,在 LRU 编码问题上,不仅要保证一个分公司、一个工厂产品编码的唯一性,而且要从集团全局的角度,考虑整个集团所有产品编码的唯一性,建立产品编码标准,其中 LRU 的编码也是一样。举例说,国外波音公司及空客公司机型众多,不同的 LRU 件制造也由全球不同的企业制造,同时在不同的机型之间有共用的 LRU 也是很自然的事。这时编码的唯一性就不能仅仅限于一种产品类型,而是要全集团统一考虑。否则,因为不同分公司产品的航材往往是在一个地区仓库里集中管理,而不是按分公司分别设立的,如果没有从集团总体考虑产品的编码,很可能在航材仓库出现重号的问题,造成管理上的混乱。因此,在 LRU 清单中,包含有相应的供应商名称、代码以及所在国家等相关信息,在出现任何情况时,能够第一时间定位 LRU 件的来源。

4）编排清晰统一

民机主制造商随着自身企业的发展,制造机型也将不断增多,未来国产民机不论是在数量上,还是种类上,也将不断发展,对 LRU 清单的编制,也应该考虑未来的发展,对于自行研制的不同机型也应尽量采用相同的编排格式和顺序。LRU 的分类方法尽量保持统一。编排清晰统一的清单将便于航空公司等用户的使用和管理。

LRU 清单编制能够带来以下几点优势:

（1）定义相关的信息分类。LRU 分类最主要的目的,是说明每一类 LRU 同什么信息有关,也是实现对 LRU 信息与资金信息的静态集成的第一步。

（2）查询 LRU 库存。分类的另一个重要作用是 LRU 库存查询。例如,可根据 LRU 的编号进行查询,了解每一个具体件的具体库存量;再可根据 ATA 号,查询相关部件的 LRU 库存量,满足对部件的 LRU 需求量;亦可根据具体的供应商名称查询其能提供的单元件,保证对相关供应商供货体系下的 LRU 供应状态。

（3）说明 LRU 的来源。每一件 LRU 均可能来自不同的供应商,则可能是不同的公司、不同的国家所制造的,其中最基本的来源有两类,即自制或采购。因此,必须提供具体的供应商名称以及供应商所在国家或地区,以便相关采购或维修部门能够及时了解 LRU 的信息,保障航材的库存量,保证机队的可用度。

（4）说明库存方法。不同的 LRU 项目,在航线的库存方式均可能不一样,LRU 也可以分为消耗件、可修件以及周转件,其对应的相关库存管理方式也不一样。因此,LRU 信息分类对航线及后方航材的库存带来了可控性。

LRU 清单的编制方法与流程如下:

（1）成立编制小组。LRU 清单不同于飞机设计图纸上的零件明细表,它包罗的内容超出了飞机设计部门的工作范围。因此,单靠一个设计部门是难以胜任的。

除设计人员外,通常还需要有相关的航线维修人员,一起组成一个专门小组来完成。小组不一定是常设机构,但应有一批固定人员,可以随时集中工作,并便于积累经验,熟练操作,保证工作的质量和延续性。

(2)确定原则。在建立 LRU 清单之前,应确定相关的一些编制原则。

(3)清单的编制。成立清单编制小组,确定相关的清单信息,即可根据确定好的清单信息进行编制。在进行清单编制时,通过 Excel 表建立相应的清单模板制定统一的标准格式,并对数据进行录入处理。

按照 ATA 章节号码,编制不同子系统的 LRU 清单,方便后续清单内容的查找,并最后完成一个所有件的完整 LRU 清单。企业在进行清单编制时,对于自行研制的不同机型也应尽量采用相同的编排格式和顺序。LRU 的分类方法尽量保持统一。编排清晰统一的清单将便于航空公司等用户的使用和管理。

(4)清单的审查。在清单编制完成后,需要对整个 LRU 清单进行最后的发布审核,通过涉及人员与民机航线的维修技术人员进行共同的商定确认,以保证清单的使用效率。通过研讨后的清单即可作为完整的 LRU 清单。

4.3 民机研制阶段航材预测

本节的主要目的是实现民机研制阶段航材预测,确定初始 RSPL 中的推荐航材数量(recommended quantity,REC)的方法进行探究,主要介绍基于价值工程算法的民机研制阶段航材预测。假设飞机部附件发生故障的概率与飞机航材需求量无关,而且发生故障的概率密度可以按指数分布分析处理,飞机需要的航材数量 m 的概率可用式(4-17)进行表示:

$$p(k) = F^m(T_s) - F^{m+1}(T_s) \tag{4-17}$$

式中,$F(\cdot)$ 为卷积函数;$F^m(\cdot)$ 为 m 重卷积函数;T_s 为维修周期。

由于部附件发生故障的概率密度服从指数分布,即

$$f(t) = \lambda e^{-\lambda t}$$
$$F(t) = 1 - e^{-\lambda t} \tag{4-18}$$

式中,$f(\cdot)$ 为概率密度函数。

相应 m 重卷积计算公式为

$$F^m(t) = 1 - \sum_{i=0}^{m-1} \frac{(\lambda t)^i}{i!} e^{-\lambda t}$$
$$F^{m+1}(t) = 1 - \sum_{i=0}^{m} \frac{(\lambda t)^i}{i!} e^{-\lambda t} \tag{4-19}$$

所以,维修周期 T_s 内,航材更换概率近似服从参数为 λT_s 的泊松分布,即

$$p(m) = \frac{(\lambda T_s)^m}{m!} e^{-\lambda T_s} \qquad (4-20)$$

式中,$p(m)$ 为维修周期内发生 m 次非计划更换事件的概率。

第 k 类航材保障率与航材数量 M_k 的关系为

$$P(\lambda T_k) = \sum_{m=0}^{M_k} \frac{(\lambda T_k)^m}{m!} e^{-\lambda T_k} \qquad (4-21)$$

在有限的资金条件下,所选购航材应该能显著提高保障率,即航材的单位增加量对应的保障率增加值最大,还应该选择价值系数尽可能大的航材;另外,航材的订货计划还应该考虑要覆盖尽可能多的航材项目,所以,研制阶段航材计划是一个多目标决策问题,问题转化为

$$\max \quad F(M_k) = \sum_{k=1}^{K} Z_1 I_k + \sum_{k=1}^{K} \sum_{m=1}^{M_k} Z_2 \Delta P(\lambda T_k)_{M_k} V_k$$

$$\text{s.t.} \quad \sum_{k=1}^{K} M_k p_k \leqslant B$$

$$\text{MSQ}_k \leqslant M_k \leqslant q_k \qquad (4-22)$$

式中,Z_1 和 Z_2 为覆盖航材项目目标与最大化总体价值系数目标的权重系数;V_k 为第 k 类航材的价值系数;B 为航材预购投资资金;MSQ_k 为第 k 类航材的最低起订量;q_k 为第 k 类航材推荐数量。

其中

$$\Delta P(\lambda T_k)_{M_k} = P(\lambda T_k)_{M_k} - P(\lambda T_{k-1})_{M_k-1} \qquad (4-23)$$

4.4　RSPL 介绍

制造商在向客户(运营商)交付飞机的同时会提供随机交付资料,其中包括 RSPL,而 RSPL 对于民机全寿命周期航材工程与管理起到关键作用,主要用以民机运营过程中不同阶段的航材配置规划,保障民机航材库存保持在合理的水平。RSPL 一般根据 ATA SPEC 2000 规范,按照客户需求进行制定,该文件中包含航材的多种参数。此外,按照民机运营阶段的不同可将 RSPL 分为初始 RSPL 和持续 RSPL,两者之间在参数方面并无差异,区别主要体现在持续 RSPL 是依据后续运营的数据对初始 RSPL 进行适当修正[106]。

在制造商向客户提供 RSPL 的同时,为了方便客户有效使用该清单,制造商还

会递送一份清单说明文档,用以合理指导运营商进行航材工程与管理,阐明 RSPL 的适用范围以及相关参数的说明。RSPL 说明文档一般包括前言、客户信息、航材参数格式等内容:前言用以说明所提供的 RSPL 适用的飞机机型及架数、航次的有效号等,制造商通常以 60 天为一个周期对其进行更新修正;客户信息主要包括机队规模、年平均飞行小时、消耗供应周期、保障率、最低年需求量、维修代码等;航材参数格式是对 RSPL 表头相关参数进行解释说明,为了详细说明 RSPL 中涉及参数,以 B737NG 飞机 RSPL 为例,其参数格式如表 4.7 所示。

表 4.7　RSPL 参数格式

航材参数名称		参数类型（长度）	示　例
中　文	英文缩写		
件号	PNR	字符	066-50007-1531
序列号	SEQ	数字(1)	1
ATA 章节	ATA	数字(2)	34
供应航材代码	CSUFI	字符	34330301 030
制造商代码	MFR	字符	97896
关键词	KEYWORD	字符	XCVR
价格	PRICE	数字	1356
预算价格指标	BP	字符(1)	*
价格到期日	PRICE EXPIRES DATE	字符(7)	31DEC18
航材代码	SPC	数字(1)	2
阶段码	PP	数字(1)	1
重要度码	ESS	数字(1)	2
车间代码	SH CD	数字(2)	01
修理代码	MOR	数字(1)	1
(非)计划拆换间隔时间	MTBR/MTBUR	数字	11494
小时/循环指示器	HC		
单机安装数量	QPA	数字	2.0
推荐航材数量	REC	数字	3
存储指示器	SDC/CDC/SGP	字符	W/C/S
最小部件指示器	MIN	字符	M
线路指示器	LS	数字	4
飞行套件指示器	KF	字符(1)	K
MMEL 位置	MMEL LOC	字符(8)	34-33-01
修理间隔代码	MMC	字符(1)	B

续　表

航材参数名称		参数类型（长度）	示　例
中　文	英文缩写		
组件服务程序指示器	CSP	字符（1）	E
导出项目指示器	EX	字符（1）	
危险品指示器	HM	字符（1）	H
本地制造指示器	LF	字符（1）	Y
拆分有效性指示器	SE	字符（1）	Y
供应商子组件指示器	SD	字符（1）	Y
修改日期	REV DATE	字符（7）	01MAY18
修改代码	CHG	字符（1）	P

基于表 4.7 所列数据类型,下面将依次介绍 RSPL 各参数的含义和作用,具体如下。

件号(part number, PNR):专有或供应商零件号,在 ATA SPEC 2000 显示为 PNR。如果供应商零件号尚不可用,将显示规范号;如果供应商零件号超过 15 个字符,将分配一个 BCREF××××编号,完整的供应商零件号将显示在注释行。

序列号(sequence number, SEQ):用于组合零件数据和注释时对数据进行排序的计数器。SEQ 的值可以取为 1、2 或 3,SEQ 默认值为 1,若零件已修改则取为 2,若注释为 2 的相应部分又被修改则取为 3。

ATA 章节(ATA):用以确定 RSPL 对象所对应的飞机系统,其依据是 ATA 100 规范各章节内容划分。

供应航材代码(chapter section unit figure item,CSUFI):表示 IPC 使用的章节-章节-单元-图-项目号,在 ATA SPEC 2000 规范中显示为"CSN"或目录序列号。如果 IPC 尚不可用,则只显示两位数字的章节,并将在以后进行修订。

制造商代码(manufacturer code,MFR):该代码与商业和政府实体代码相同,对于供应商尚未明确的零件,将采用 ∗ 表示。

关键词(KEYWORD):在 ATA SPEC 2000 中显示为"KWD",其表述方式不超过 8 个字符。

价格(PRICE):对于波音专有和供应商零件,可参阅 RSPL 前言中的价格说明。

预算价格指标(budget price indicator, BP): ∗ 表示所示价格为预算价格,符合 RSPL 前言中规定的条款和条件。

价格到期日(price expires date):用以反映定价信息。

航材代码(spare parts class,SPC):该代码是基于 ATA SPEC 2000 规范定义

的,用以描述航材是否可修,以及是否为 T 文件的最终层次。SPC 取值可为 1、2 或 6,SPC 为 1 代表消耗件,SPC 为 2 代表周转件,SPC 为 6 代表可修件。

阶段码(phased provisioning indicator, PP):用以描述航材的供应阶段,一般包括三个阶段。第一阶段 PP 取值为 1,即从飞机交付至 18 个月期间;第二阶段 PP 取值为 2,即 18 个月至 5 年期间;第三阶段 PP 取值为 3,即 5 年后直至飞机退役。

重要度码(essentiality code, ESS):用以描述航材对于飞机的重要性,通常由 ATA SPEC 2000 规范定义,并根据 MEL 确定。该代码一般可取为 1、2 或 3。1 表示该航材对于飞机具有重要作用,若发生故障不允许放飞;2 表示该航材对于飞机相对重要,可依据 MEL 决定是否放飞;3 表示该航材对于飞机不重要,可带故障飞行。

车间代码(shop code, SH CD):该代码共包括 18 个,用以指示维修的车间类型。01 为航空电子设备,02 为通信,03 为电池,04 为设备/家具,05 为电气,06 为应急设备,07 为发动机,08 为燃油,09 为蜂窝/玻璃纤维,10 为液压,11 为仪器,12 为起落架,13 为机械,14 为氧气,15 为气动,16 为金属板,17 为车轮、轮胎和制动器,18 为 ATE(自动测试设备)。

修理代码(maintenance overhaul or repair code, MOR):确定一个零件可以在飞机上直接拆卸和更换,还是只能在大修车间更换。0 表示通常不更换的零件;1 表示维护,直接拆卸和更换;3 表示检修,只有在车间拆下,并且具有大修设施具备大修能力的拆卸和更换零件;4 表示保险,在飞机运行的前两三年内,保险项目不应要求更换,也不应因磨损变质而要求更换,但可能因飞机损坏或不可预知的要求而更换;6 表示既有线路维护又有检修,可以在飞机上直接拆卸和更换的零件,但也可以在大修车间进行拆卸活动。

计划/非计划拆换间隔时间(mean time between removals/mean time between unscheduled removals, MTBR/MTBUR):用以描述航材可靠性特性。

小时/循环指示器(hours/cycles indicator, HC):L 表示使用着陆(飞行周期),空白表示使用单位飞行小时。

单机安装数量(quantity per aircraft, QPA):每架飞机的平均安装数量。如果零件号不在选定的整个组中,则将为选定飞机取平均值,并且可以是小数。

推荐航材数量(recommended quantity, REC):为运营机队提供所需航材的推荐库存数量,确保其处在合理水平,保障机队正常营运。

存储指示器(store indicator "W"/store indicator "C"/store indicator "S", SDC/CDC/SGP):用以描述航材存储位置。

最小部件指示器(minimum RSPL part indicator,MIN):M 表示该零件是最小的 RSPL 候选零件。

线路指示器(line station indicator, LS):可用数字 1~6 进行表示,1 为低频传输,2 为中频传输,3 为过夜,4 为非主基座轮毂和 C 检,5 为延程运行(extended range operations,ETOPS),6 为标准部件。

飞行套件指示器(on-board flight kit indicator, KF):K 表示该部件是机上飞行套件的候选部件。

MMEL 位置(MMEL LOC):MMEL 参考位置。

修理间隔代码(MMEL repair interval code, MMC):该代码可用 A、B、C 或 D 表示,A 应在批准的 MEL 备注栏中的时间内进行维修;B 应在连续 3 个日历日(72 小时)内修复;C 应在连续 10 个日历日(240 小时)内进行维修;D 应在连续 120 个日历日(2 880 小时)内修复。此外,B、C 和 D 类不包括故障记录在飞机维修记录/日志中的日期。

组件服务程序指示器(component services program indicator, CSP):C 表示该部件是备用组件服务程序候选者;E 表示该部件是扩展 CSP 程序的候选部件。

导出项目指示器(export item indicator, EX):E 表示本部分有特殊出口要求。

危险品指示器(hazardous material indicator, HM):H 表示该对象为危险品。

本地制造指示器(local fabrication indicator, LF):Y 表示该对象可由原材料库存(以前在 A/L/C 列中)本地制造。

拆分有效性指示器(split effectivity indicator, SE):Y 表示此对象存在拆分有效性。

供应商子组件指示器(supplier subcomponent indicator, SD):Y 表示该零件是供应商最终产品子组件。

修改日期(revision date, REV DATE):最后添加或更改 RSPL 的日期。

修改代码(revision change code, CHG):显示 RSPL 所做的修订类型。A 为添加项目;C 为零件数据更改,无零件号或建议数量更改;D 为项目已删除;N 为零件号更改;Q 为建议数量变化;P 为价格变化;空白表示无更改。

4.5　航材支援指南

制造商在向用户提供航材服务时没有形成统一的标准和规范,用户在获取服务时也不知道按照什么标准来执行,这对不论是制造商还是用户,都会在带来工作量的同时,让双方都降低了工作效率,所以怎么样向用户提供和指导制造商的航材服务指南手册是我们迫切需要研究的;按照 SPEC2000 标准规范,通过对航材订货、航材修理、航材租赁及航材服务等流程的制定,最终形成航材支援服务指南,向用户发布。

4.5.1　波音空客航材支援指南

编写备件支持指南的目的在于帮助空客公司飞机的客户和运营商建立获取备

件的通道。该文件概括了空客公司使用的材料支持的过程。本指南适用的有关规范有：《世界航空公司与供应商指南》、ATA100、ATA101、ATA102、ATA200、ATA300、SPEC2000。

1. 初始供货(IP)

初始供货包括了提供数据的过程，这些数据是一架飞机投入使用获取必要备件所需要的。过程步骤为：① 预备供货会议；② 初始供货会；③ 推荐备件的计算；④ 供货数据及文件。这个过程在一批飞机的最后一架交付后三个月结束。

1）预备供货会议

为使机队得到服务，作为备件支持项目的一部分，应举办预备供货会。预备供货会的地点在汉堡材料支持中心，会期一般为一天。它包括：

（1）逐渐熟悉航空公司的航线结构、修理/翻修能力、对材料的维护理念；

（2）逐渐熟悉航空公司对供货的材料管理能力；

（3）所产生的供货数据格式及类型的确定；

（4）确定用于计算推荐数量的参数；

（5）确定初始供货会的日期和会期；

（6）形成邀请参加初始供货会的主要供应商的名单；

（7）供货培训。

2）初始供货会

为了让客户根据其支持计划确定正在被供货的特定机队所需要的备件数量，各种备件目录的客户化推荐将提供给客户代表。在初始供货会期间提出的备件范围如下：

（1）零售的航线更换组件(LRUs)；

（2）上述组件中的航线维护损坏件；

（3）空客专有零件；

（4）驾驶舱按钮；

（5）标准件；

（6）地面支持设备(GSE)和航线维护工具；

（7）供货期间客户提出的特殊要求，备件的技术说明，与会供应商名单，商务，空客公司材料支持过程，订货，运输，发票。

3）推荐备件的计算

在各种客户化的供货文件中，所有初始推荐的数量都是借助数学模型并考虑组件特点以及预备供货会上确定的航空公司的运营参数产生的。为了最基本的分配，模型计算出推荐数量。运营参数要求如下：

（1）飞机数量；

（2）每年每架飞机的单场飞行小时；

（3）平均飞行起落时间（以小时计）；

（4）保证水平（以百分数表示，根据必要代码，备件分级或单件价格范围可能变化）；

（5）备件从维修站运出和运入的运输时间（TT）（以天计算）；

（6）管理工作所花时间（即下订单时间加上接收备件的时间）。

MTBUR 数据/MCBUR 数据来自每个供应商支持协议中的保证数据或者每个组件性能报告中的服务数据，以较高者为准。

4）供货数据及文件

数据既可以 SPEC2000 格式（SPEC 文件）提供，也可以空客公司格式提供（非 SPEC 文件）。对于某些供货文件，SPEC2000 没有按提供的格式或布置描述。这些文件将只按空客公司格式。

2. 材料订货

1）订单

（1）客户订单平台（COD）是空客专有零件、材料订单的唯一入口，它具有专有的销售权和材料、工具借用权。这些零件由空客公司系统地计划和存储。这些零件供应的项目及状态分别包含在空客公司备件价格目录和工具借用目录中。

（2）由客户订单平台提供的主要服务有：

① 处理客户订单，包括所有优先的 AOG、关键件、紧急订货、计划订货；

② 按客户化的周期处理客户订单；

③ 在有计划的维修和事故修理过程中提供材料供货服务；

④ 询价；

⑤ 工具借用服务。

所有以上服务时间为每天 24 h，每年 365 天。

（3）专有工具。

在供货数据（W 文件）或工具装备手册（TEM）中，标以限制号码 2d671 的空客专有工具可以按照空客公司提供的工具和设备图纸（TED），由航空公司在当地制造。

（4）修理订单。

对修理订单必须区分：

① 空客公司专有材料的修理订单；

② 零售商材料的修理订单；

③ 空客公司专有材料的修理订单；

④ 零售商材料的修理订单。

（5）辅助材料。

空客公司库存有过剩的原设备制造商（original equipment manufacturer，OEM）

或供应商材料,可打折。

2) 供应商订单

为了降低飞机运营成本和保证备件快速交付,空客公司推荐客户直接从供应商处取得 OEM 或供应商的材料。所有主要供应商的联系点都列在供应商信息手册中,手册由空客公司以 CD-ROM 形式提供,或者 OEM/供应商列在图解零件目录中,它的接触点可在商务参考书如 ABC 或世界航空指南(WAD)中找到。

所有主要供应商都受到与空客公司签订的购买一般状态协议的约束,相应地保证客户获得需要的支持标准,而且保证来自他们的下一级供应商相同的支持。

3) 订单管理

在航空公司或维修中心向空客公司下订单前,客户与空客公司应签订采购协议或客户服务协议,或者代表已签有这样协议的客户下订单。

3. 修理订单

(1) 客户下修理订单的日期:材料支持部门密切管理修理订单,从接收日起,直到给客户开支票,步骤如下。

① 修理要求:修理订单号;零件号;数量或系列号,如适用,拆下零件的飞机号或制造系列号(MSN);拆卸日期;设计部门定义的有系列号的所有零件的飞行小时数和起落数;拆卸原因,详细的失效或损坏情况;要求的维护内容包括手册参考;要求的装运地址;担保时间,如果适用。

② 订单确认:一旦收到这些详细信息,空客公司材料支持中心将向客户提供修理跟踪号,它是一个主要参考数据,在所有相关活动中都要用到。已批准的修理站地址以便发运。

(2) 保证的修理时间。

完成修理的最长时间为 15 个日历日。这是一个保证时间,不是平均的车间处理时间,它是我们减小客户材料成本的一部分。

万一超出车间处理时间,空客公司提供替换件。这种替换免收任何替换费,而且仅以修理费向客户开支票,这是我们向客户保证承诺的一部分。

(3) 修理收费类型和它们的区别。

对目前空客公司售价在 1 500 美元至 5 000 美元的零件,任何工作以新件售价为基础固定收费(件号由客户提供)。

在实际收费报价修正以前,固定修理报价一直有效。如果客户选择固定修理收费方式,将不再提供增加的修理收费。

如果客户接受了固定修理收费报价,而且万一交付修理的零件被发现是不可修的或超出修理经济性的,将适用于固定检查或报废收费,而且空客公司将与客户联系协商处置要求。

4. 专有零件提供的租赁服务

目前售价超过 5 000 美元的备件提供租赁服务,包括飞机采购协议中所列的所有零件。

1) 租赁术语

可租件的租赁费为租赁期内每天按空客新件售价的 1/365 计算。

2) 租赁状态

(1) 租赁期。

总的租赁期从(包括)交付给任意承运人(free carrier,FCA)之日算起,至而且包括零件返回到空客公司材料支持中心或其他空客指定地点之日止。

如租赁件在 310 天内未由客户返回,租赁将转化为销售。

(2) 租赁件的处理、维护和修理。

客户有责任按照空客公司发行的技术文件和其他说明书以及有关航空当局适用的规则维护和储存租赁件。

在租赁期间,修理只能在空客批准的修理站完成,客户应当提供完成的工作范围,包括各个检查、工作和试验报告。

租赁备件不能租给第三方。

(3) 租赁件返回。

返回装运文件应指明租赁文件号和拆卸数据,如飞机制造系列号、拆卸日期、装机期间的总飞行小时数和飞行起落数。

客户签发的使用或未使用标签以及零件所带的原始空客证书文件。

租赁件应使用与接收时同样的包装箱运回,而且有相同的颜色(空客灰色或基本色),并在服务状态,正常包装磨损除外。

任何由必要的修理或除漆引起的成本增加将向客户开发票。

5. 客户发票

提供给航空公司和其他客户的材料服务以及备件交付的记账工作由空客公司在汉堡的材料部门完成。此外,材料支持信贷控制部门将关心所有开出发票的收款工作,这些发票由在 Toulouse 空客总部的客户服务管理局开出。

SINVOICE 是发票数据传到客户的最好方式。SINVOICE 提供一种自动方式以便供应商传输和客户接收发票数据。客户订单号和供应商发票号的合并能保证发票的唯一性。客户必须根据 SINVOICE 的确认条款对传输的发票作出回响。

6. 材料交付

空客公司由汉堡的材料支持中心自由选择运载工具供应材料,从汉堡交付或者按飞机采购协议标明"E"或按客户服务协议。自由选择运输工具(FCA)由条例第 460 号版定义,它由国际商会(International Chamber of Commerce,ICC)发行。

1）包装

（1）材料包装及装运。

航材按照 ATA 规范 300 及其他标准包装和运输，这些规范是：

① 修理项目通常按 ATA300 第 2 种包装箱包装，除非特别要求按 ATA300 第 1 种包装箱包装。所有修理备件的清单以及重量、尺寸都将提供，包含在运输性手册中。

② 贵重项目、工具及地面设备由一次性包装方式包装。

③ 更改件按 ATA300 第 4 章进行包装。

④ 危险材料（参见 TM）按照国际民航组织（International Civil Aviation Organization，ICAO）和国际航空运输协会（International Air Transport Association，IATA）的要求进行包装。

⑤ 电子精密装置（ESSD）按照 ATA300 第 6 章包装，在包装附上合适的警告标签。

（2）超尺寸件如何包装。

超尺寸的备件用特殊包装箱包装，详见空客公司运输手册（TM）。

（3）备件上附加的包装文件是什么。

各类型的包装都有两份箱单。一份包装在箱内，另一份附在箱外的红色塑料袋中。一种授权批准证书——适航批准标签由空客公司附在所有备件上。

2）包装箱

所有特殊的包装箱都符合 ATA300 规范。每个包装箱外侧都永久附有标识板。

7. 有关材料的一般知识

1）材料支援的作用、主要服务及形象

公司的材料支援作为世界范围的飞机机队材料供应的服务中心及其相关服务的中心：

（1）确保世界范围专有材料的供应（销售、租赁、供用、修理）；

（2）管理有合同关系的供应商对非专有零件的服务水平；

（3）保证初始供货支持的准确性及成本效率；

（4）提供深度维护和更改支持。

主要服务：

（1）所有飞机材料的支持服务及成本管理；

（2）客户订单平台（COD）提供每周 7 天、每天 24 小时服务；

（3）所有备件数据及供货支援；

（4）专有零件的世界贮存管理；

（5）现场备件协助及协商。

航材支援旨在提供最好的航材服务，实现最大化客户价值，保证运营成本效益。

2）客户满意度改进程序（customer satification improvement process，CSIP）及材

料服务价值会议 CSIP

这是一个系统化的客户调查和反馈程序,引入 CSIP 的目的在于能够改进服务、产品及客户的输入和反馈标准时保证公司向它的客户提供最高质量的服务。它可以使公司衡量所有功能领域并满足客户对最满意的要求。

3) 成本优化

为了关注交付价值服务中客户的要求,我们对控制材料运营中产生的成本的工作密切关注。

通过对客户化的供货周期、减少初始供货、保证的修现次数、综合的定价活动、客户跟踪服务等的关注,直接运营成本下降了 2%,并持续保证高的运营可靠性及改进的效率。

4) 客户化的供货周期(customized lead time,CLT)

(1) CLT 的定义。

CLT 是材料从计划到交付的初步时间,通过使用从空客公司获得的计划信息及快速交付可以降低今天客户对空客专用零件的存货。

在这个过程中,空客公司将有一个非常高的保证库存所有零件,这些零件一般是客户计划用作安全库存,以支持他们的航线和满足维护需要。改进的处理技术能保证在当天实现零件的路上发送。

(2) CLT 的特征。

对专用零件应保证:

(1) 对同意的空客专用零件,当你需要时,交付保证确切满足你的维修需要。这些"CLT"零件以非常高的水平保证存在空客公司的货架上。

(2) CLT 零件以最短处理时间传递到你指定的代理人如果要求,最快可 2 小时到达。

(3) 所有其他一般未计划和客户当地未有的材料,仍按以前公布的或确认的周期交付。

4.5.2 新舟 60/600 飞机航材支援指南

编制本指南的目的是帮助客户获取 MA60 飞机的航材和与航材相关的支持。本指南概述了新舟 60/600 飞机航材支持的程序和对客户的相关要求。

1. 航材支持的范围

西飞民机公司向客户提供飞机航材、地面设备、工具等的订货支持和相关服务。客户也可以选择直接向 OEM 订购航材,各主要供应商的联络信息见供应商信息手册(VIM)。

发动机、螺旋桨和 APU 等供应商直接向客户提供航材及工具订货支持和相关服务。如果需要,西飞民机公司可协助客户处理与发动机、螺旋桨和 APU 等供应商的订货和服务相关事宜。

2. 初始航材推荐和供应

1）需要的运营数据

一般讲,客户需要提供如下主要运营参数：基地数量、飞机数量、每架飞机的年飞行小时/起落次数、平均起落飞行时间（以小时计）、平均航材修理周期、期望的保证水平。

2）推荐的项目和数量

西飞民机公司依据客户提出的飞机营运边界条件和需求,向客户提供初始航材推荐清单（格式详见附件1）。客户根据但不局限于初始航材推荐清单,参照MA60飞机《飞机图解零件目录》和《图解工具和设备手册》确定初始航材、地面设备、工具的订购项目和数量。客户应在首架飞机交付前的10个月与西飞民机公司签订航材采购协议（格式详见附件2）,以便在飞机交付前获得所需的航材。长周期航材项目的供货周期另行商定。

3）交付地点

西安阎良。

4）产品验收

西飞民机公司将初始航材、地面设备、工具交付客户前,客户有关人员到西飞民机公司对产品进行验收。

3. 补充航材订货

客户根据其航材库存、机群航材消耗数据和运营需求,向西飞民机公司提出补充航材订货清单。如果需要,西飞民机公司可协助客户完善补充航材订货清单。

4. 零星航材订货

1）AOG订货

西飞民机公司接到客户的AOG航材订货信息后,4小时内答复,客户应在8小时内下达正式订单或给出确认的订货信息,否则,视作客户放弃此次订货。

一般情况下,在AOG航材订单生效后24小时内发货。在西飞民机公司没有库存航材的情况下,西飞民机公司启动应急服务程序,供货周期另行商定。

2）紧急订货

西飞民机公司接到客户的紧急订货信息后,2天内答复。航材在订单生效后的15天内发货。长周期项目的供货周期另行商定。

3）正常订货

西飞民机公司接到客户的正常订货信息后,5天内答复。航材在订单生效后的180天内发货。长周期项目的供货周期另行商定。

4）订货流程

（1）客户向西飞民机公司询价（询价单格式详见附件3）；

（2）西飞民机公司报价（报价单格式详见附件 4）；

（3）客户向西飞民机公司下正式订单（订单格式详见附件 5）。

5. 航材租赁服务

单件价格在 3.5 万元（RMB）（5 000 USD）以下的航材、消耗性器材或不可修理航材不提供租赁服务。

租赁期内，每天的租金按航材价格进行计算。

租赁期内，客户可随时选择将租赁变更为购买。90 天内变更为购买的航材，租赁费全免。对于租赁期超过 90 天的航材，客户应支付租赁费的 50% 与销售价格之总和。租赁期限不得超过 300 天，超过 300 天必须购买。

客户需要租赁航材时，双方协商确定具体事宜。航材租赁业务发生时需签署租赁协议（航材租赁协议格式详见附件 6）。

6. 航材修理服务

客户可直接与有资质的修理商联系航材修理事宜，也可委托西飞民机公司进行修理。

1）商保期内

西飞民机公司对飞机商保期内，因质量原因发生故障（由西飞民机公司现场服务代表确认）的故障件提供免费修理服务。对于因客户使用不当或其他人为因素而造成的故障件，西飞民机公司提供有偿修理服务［内容详见"2）商保期外"］。

故障件返修周期为 45 天（从西飞民机公司收到故障件之日起开始计算，至送修件发出之日止）。逾期不能修复，西飞民机公司向客户提供周转件。故障件不能修复时双方另行协商解决办法。

客户负责故障件送修时产生的包装、运保等相关费用，西飞民机公司负责将送修件返回客户所产生的上述费用。

2）商保期外

西飞民机公司对飞机商保期外的故障件提供有偿修理服务。在收到客户发出的委托修理函（格式详见附件 7）及送修故障件后，西飞民机公司将根据故障件检测情况确定修理费用，在得到客户认可，并且双方签订委托修理协议（委托修理协议格式详见附件 8）后，对故障件予以修理。客户负责故障件送修过程中所产生的包装、运保等相关费用。

3）委托修理流程

委托修理流程如图 4.4 所示。

4）相关要求

所有故障件均应文件齐全，外场飞机故障件返修通知单（格式详见附件 9）内容填写准确、清晰、详细，数据正确无误，装箱单（格式详见附件 10）内容填写完整、规范。对于因故障描述单、装箱单内容不准确造成故障件漏修、错修等问题，西飞

客户   西飞民机公司

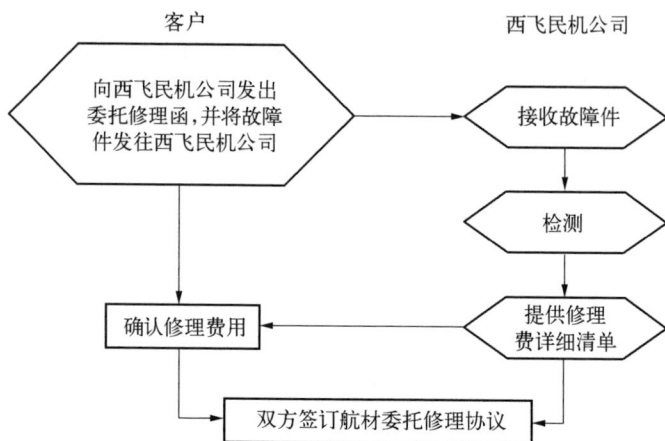

图 4.4　委托修理流程

民机公司不承担任何责任。

　　西飞民机公司有权拒绝接收文件不全、故障描述不清晰的故障件。若客户坚持由西飞民机公司修理,且西飞民机公司可以补发相关文件,客户应全额承担由故障件文件不全、故障描述错误等造成的额外费用。

　　在客户终止修理,以及送修故障件确认报废的情况下,客户应承担送修故障件的相关运费及检测费用。

　　7. 航材的发运

　　1)包装

　　应妥善处理和包装待发运航材,确保航材不会在运输过程中受到损坏。唛头应准确无误,避免造成航材丢失或无法运抵的情况发生。

　　2)文件或文本要求

　　发运航材时需提供装箱单、适航标签,以及其他相关文件。

　　3)发运

　　双方以选择安全、高效的运输方式,确保航材完好无损并及时抵达目的地为目标,并就发运渠道达成一致,以保证报关、清关手续快捷、顺畅。双方应及时沟通发货、到货信息。在到货后,如有航材损坏、文件丢失等情况,3 个工作日内给出书面反馈信息。

　　8. 货款结算

　　1)初始航材货款结算

　　初始航材货款将根据西飞民机公司的发货情况予以结算。若初始航材采用分批交付的形式,货款也采用分批结算的方式进行。

　　西飞民机公司交付初始航材订货项目时会提供内容完整、准确的装箱单供客户核对。若在航材交付后 10 个工作日内没有收到客户对此提出异议的书面通知,西飞民机公司将依据装箱单中所列项目的总金额开具正式发票。客户应在收到发票后 10 天内,确认发票金额无误后 30 天内付款。

2）零星订货货款结算

对于零星订货项目,采用按季度结算方式进行货款结算。若客户订购项目没有交付,其货款金额将计入下一季度应付货款中,直至交付。

3）租赁费用结算

租赁件的租赁费在其租赁期满后进行结算。根据用户与飞机航材中心签订的航材租赁协议计算租赁费用,并开具正式发票。用户应在收到发票后 30 天内付款。

4）委托修理项目的修理费结算

对于用户委托修理项目,采用按季度结算方式进行结算。若用户委托修理项目没有返回用户,其维修费将计入下一季度应付维修费中,直至该件修好后返回用户。

9. 通信方式

除给出固定的书面通信地址、电话号码、传真号码外,西飞民机公司及客户分别在航材交付前 1 个月,各自建立航材信息通信电子信箱。双方应书面明确电子信箱地址。

10. 附件

附件 1　初始航材推荐清单（样页）
说明

（1）此清单是为××架飞机用户推荐的航材、设备、工具。

（2）发动机、螺旋桨、APU 航材及相关工具由用户直接向供应商采购,西飞民机公司协助客户与供应商取得联系。

（3）分项说明:

进口成品件××项,×××万元;

国产成品件××项,×××万元;

西飞自制件××项,×××万元;

消耗件××项,×××万元;

地面设备××项,×××万元;

工具××项,×××万元;

检测设备××项,×××万元;

合计××项,×××万元。

（4）建议。初始航材推荐需要大量的基础数据和经验数据支持,我们会不遗余力、持续改进和提高我们的服务水平,客户与西飞民机公司应共同参与航材推荐的具体工作,并就航材项目和数量达成共识,签订采购协议。

（5）此推荐清单不作为协议的内容。有关项目、数量、价格要在签订协议时重新确认。

进口成品件清单

序号	名　称	型号/件号	单机数量	推荐数量	制造商	类别	单价（元）	合计（元）	ATA
1	火警控制盒	6504	2	2	WHITTAKER SAFETY	NG			24 – 31 – 42

国产成品件清单

序号	名　称	型号/件号	单机数量	推荐数量	制造商	类别	单价（元）	合计（元）	ATA
1	备用空速表	BK – 1	1	1	国产	A			31 – 11 – 14

西飞自制件清单

序号	名　称	型号/件号	单机数量	推荐数量	制造商	类别	单价（元）	合计（元）	ATA
1	止动销	Y7 – 5401 – 140	1	1	西飞民机公司	NG			27 – 70 – 30

消 耗 件 清 单

序号	名　称	型号/件号	单机数量	推荐数量	制造商	类别	单价（元）	合计（元）	ATA
1	前起轮胎	7.5 – 10	2	20	国产	A			32 – 44 – 20

地面设备清单

序号	名　称	型号/件号	数量	单价（元）	合计（元）	备　注
1	主液压千斤顶	Y7 – 9110 – 00	2			
2	工具柜	Y7 – 9360 – 00	1			体积（2 000 mm× 1 008 mm×1 120 mm）

工 具 清 单

序号	名　称	型号/件号	数量	制造商	单价（元）	合计（元）
1	针孔送入工具	SG – 011	1	国产		

检测设备清单

序号	名　　称	型号/件号	说　　明	制造商	单价(元)	合计(元)
1	飞参检测处理机	FZJ－1	对 FB－30C 飞行参数记录器数据进行回放	国产		

附件 2　××公司 MA60 飞机初始航材采购协议(样页)

编号：

日期：××年××月××日

甲方：××航空公司

乙方：中航西飞民用飞机有限责任公司

依据 MA60 购机合同(合同编号：××－XAIC－××－MA60)，甲方同意从乙方采购初始航材。双方就有关事宜进行了协商，达成如下协议。

一、初始航材包含西飞自制件、国产成品、进口成品、消耗件、地面设备、工具和一线检测设备，详见附件。

附件 1：西飞自制件　　　　　　　　项，共计　元；

附件 2：国产成品　　　　　　　　　项，共计　元；

附件 3：进口成品　　　　　　　　　项，共计　元；

附件 4：地面设备　　　　　　　　　项，共计　元；

附件 5：工具　　　　　　　　　　　项，共计　元；

附件 6：消耗材料　　　　　　　　　项，共计　元；

附件 7：一线检测设备　　　　　　　项，共计　元。

航材价格：总计人民币×××万元。

以上采购产品的图号如有变更，乙方将以书面形式及时通知甲方，并说明变更原因以便甲方使用。

乙方交付的产品应带有产品合格证/履历本/适航标签等，保证手续齐全。

二、交付进度。

若首架飞机在××年××月××日前交付，且本采购协议在××年××月××日前签署生效，乙方按如下进度交付(以乙方发货之日计)初始航材：

第 1 批于××年××月××日前交付；

第 2 批于××年××月××日前交付；

第 3 批于××年××月××日前交付。

个别项目因订货周期原因，经双方认可，可以推迟交付。

三、交付地点。

西安阎良。

四、产品验收。

乙方将初始航材、地面设备、工具交付甲方前,甲方有关人员到乙方进行验收。

五、包装运输。

(1)乙方提供的产品包装应符合航空产品包装标准,且适合于国内陆路运输包装要求(如需空运,甲方另行通知)。甲方在发货前应告知乙方具体的收货地点,乙方发货后速通知甲方发运形式和运单号。

(2)乙方负责代理采购产品包装箱,并负责产品的装箱及国内运输,甲方应先向乙方支付包装费用和50%的运保费用,用于支付所发生的运保费及包装等费用;货物到达甲方清点完毕后甲方向乙方支付所有剩余费用。

(3)包装箱唛头:甲方以函件形式另行通知乙方。

六、付款方式。

本协议生效后30天内,甲方向乙方支付人民币×××作为预付款,其余款项在货物交付后30天内凭发票结算。

七、本协议为购机合同的组成部分,与购机合同具有同等效力。

八、本协议未尽事宜,双方通过协商解决。

九、本协议一式六份,甲、乙双方各执三份,自双方授权代表签字之日起生效。

甲方代表: 乙方代表:

日期: 日期:

附件3　询价单(样页)

电话:××××××××

传真:××××××××

　　　　　　　　　　　　　　　　　　　　　　　　　×××航空公司

传真   订货类型:

收件人:西飞民机公司航材支援室	发件人:×××××
传真: 86 029 - 86881166	日期: ××年××月××日
电话: 86 029 - 86881166	页数: 1
关于: ××询价单	抄送: 无

×××:

　　您好!

　　××航空公司××××架飞机××订购下列航材,请报价。航材清单如下:

序号	型　号	中文名称	英文名称	数量	单位	元/件	元/件	备注	ATA
1	0840.378 - 921	旅客广播放大器		1	PC				
2	622 - 2362 - 001	ADF 接收机		1	PC				
合　计：									

××××××××××

××年××月××日

附件 4　报价单（样页）

电话：×××××××
传真：×××××××

西飞民机公司航材支援室

传真

收件人：××××××	发件人：航材支援室
传真：××××××××	日期：　××年××月××日
电话：××××××	页数：　1
关于：　××报价单	抄送：　无

×××：

　　您好！

　　我中心于××年××月××日收到您发来的询价单,现将该项目报价如下：

序号	原单序号	型号	中文名称	英文名称	单位	供货数量	元/件	元/件	备注
1	1	0840.378 - 921	旅客广播放大器		1	PC			
2	2	622 - 2362 - 001	ADF 接收机		1	PC			

备注：AOG 订货时,客户应在收到报价单 24 小时内下达正式订单或给出确认的订
　　货信息,否则,视作客户放弃此次订货。

　　如有任何问题,请及时与我们联系。

　　祝工作顺利！

西飞民机公司客户服务中心
航材支援室
××年××月××日

附件5 ××公司航材采购订单(样页)

（共×页,第×页）

合同号：

订单号：

订单种类：

甲方：×××公司

地址：××××××

电话/传真：××××××/××××××

邮政地址/编码：×××××××××/××××××

乙方：中航西飞民用飞机有限责任公司

地址：××××××

电话/传真：××××××/××××××

编码：××××××

甲方向乙方订购MA60飞机航材,条款如下：

产品名称、规格、数量、价格,详见附件。

(1) 质量条款：乙方所提供的产品必须是全新的、未使用的。产品应完全符合原制造厂规定的质量、技术标准。

(2) 乙方提供单证：装箱单、适航标签、产品合格证。

(3) 运输方式：空运/EMS/铁路/平邮/送货至甲方指定地点。

(4) 包装要求：符合航空外贸产品出口包装要求。

(5) 包装费及运保费：凭实际发生费用原始发票结算。

(6) 交货时间：××年××月××日。

(7) 收货地址：××××××。

(8) 付款条款：收到发票后30个工作日。

(9) 结算发票：增值税发票、包装费、运保费结算发票。

(10) 产品验收：直接发货。

甲方代表签字：   乙方代表签字：

日期：   日期：

合同章：   合同章：

××× 公司订货清单

合同号：
订单号：

序号	型　　　号	中文名称	英文名称	单位	供货数量	元/件	元/件	备注
1	0840.378 – 921	旅客广播放大器		PC	1			
2	622 – 2362 – 001	ADF 接收机		PC	1			
合　　计：								

附件 6　航材租赁协议(样页)

租赁协议号：

甲方：

乙方：中航西飞民用飞机有限责任公司

甲方同意从乙方租赁飞机航材(航材项目,租赁基础价格、型号等信息详见附件),双方协商达成如下协议。

(1) 在没有航材支援室书面确认的情况下,租赁件不得转租第三方。

(2) 租赁费：租赁期内,每天按照该航材销售价格进行计算。

(3) 租赁期：从乙方将租赁件发往用户之日起开始计算,至乙方收到甲方返回该租赁件之日截止。

(4) 租赁期超过 300 天,用户必须购买该项产品。

(5) 租赁件在租赁期间如出现故障,客户应负责故障件的修复；如出现不可修复故障,客户须按当时航材销售价购买该件。

(6) 租赁件的发运：乙方应在接收到本协议后,尽快安排发货,并在发运租赁航材的同时提供装箱单、适航标签等文件。

(7) 租赁件的返回：租赁件返回时,甲方应认真填写装箱单,并注明租赁协议编号,同时提供租赁航材所带的原始文件。租赁件在返回乙方时,应处于正常使用状态。

(8) 运费：甲方负责将租赁件发往甲方及租赁件返回乙方的全部费用。

(9) 发运地址：(甲方填写)。

(10) 付款方式：甲方在收到乙方开具的正式发票后,应在 30 天将租赁费打入如下所示的乙方账户。

(11) 纠纷的解决：双方应本着友好合作的态度解决出现的纠纷。若需要,可向西安市人民法院提请仲裁。

(12) 本协议自双方签字之日起生效。

甲方：　　　　　　　　　　　　　　　　乙方：

代表：　　　　　　　　　　　　　　　　代表：

日期：　　　　　　　　　　　　　　　　日期：

航材租赁清单

航材租赁协议号：

序号	型号	数量	单位	航材销售价格	价格单位	备注

附件7　委托修理函(样页)

×××航空公司委托西飞民机公司航材支援室修理如下航材,请尽快提供详细维修费用清单。

序号	型号	数量	单位	批架次	备注
合计					

×××航空公司

××年××月××日

附件 8 航材委托修理协议(样页)

委托修理协议号:

甲方:

乙方:中航西飞民用飞机有限责任公司

　　　甲方委托乙方修理附件中的全部航材项目。

　　　产品名称、规格、数量、价格,详见附件。

(1) 质量条款:乙方所提供的产品必须完全符合相关质量、技术标准。

(2) 甲方向乙方发货时,应文件齐全、故障描述清晰,并提供相关数据信息。

(3) 乙方提供文件:装箱单、适航标签/产品合格证。

(4) 运输方式:空运/EMS/铁路/平邮/送货至甲方指定地点。

(5) 包装要求:符合航空外贸产品出口包装要求。

(6) 包装费及运保费:甲方承担因送修航材所产生的所有包装费及运保费。

(7) 交货时间:××年××月××日。

(8) 收货地址:××××××。

(9) 付款条款:收到发票后 30 个工作日。

(10) 结算发票:增值税发票、包装费、运保费结算发票。

(11) 产品验收地点:用户所在地。

(12) 发运地址:(甲方填写)。

(13) 付款方式:甲方在收到乙方开具的正式发票后,应在 30 天内将租赁费打入乙方账户。

(14) 本协议自双方签字之日起生效。

甲方:　　　　　　　　　　　　　　乙方:

代表:　　　　　　　　　　　　　　代表:

日期:　　　　　　　　　　　　　　日期:

委托修理航材清单

航材委托修理协议号:

序号	型号	数量	单位	修理费用	备注

序号	型号	数量	单位	修理费用	备注
合计					

附件 9　外场飞机故障件返修通知单(样页)

名　称		型　号	
数　量		来　源	
批架次		件　号	

故障情况:

填表人		审核人		填表单位负责人	
接收单位		接收人		接收单位负责人	

处理结果:

附件 10　YYYY－MM－DD 发 ××(用户) 航材装箱单(样页)

电话：

传真：

E-mail：

序号 No.	名　称 Description	型号 P/N	单位 Unit	系列号 S/N	数量 quantity	单价 U/P	总价 T/P	订单号 Order number
1	Y7III－7205－1402 汇流条		个	N/A	1			
2	981067 轴承		个	N/A	13			
合计								

长(厘米) Length（cm）		宽(厘米) Width（cm）		高(厘米) Height（cm）		毛重(千克) Gross Weight(kg)	
净重(千克) Net Weight(kg)				装箱人/日期 Packing/Date		XXX/YYYY－MM－DD	
接收人						年　　月　　日	

备注 1：可根据实际装箱情况将订单号改为申请单号、任务书号、通报号、报关单号
　　　　或租赁协议号等。

备注 2：请贵公司清点完毕后,在接收人处签字或盖章,并于 3 个工作日内以传真
　　　　或 E-mail 形式反馈西飞民机公司。否则,西飞民机公司视作收到无误。

第5章 民机运行阶段航材需求预测

对于民机运行阶段航材支援,其工作重点主要是航材需求预测,航材需求预测分析是实现航材工程与管理工作的前提基础,其预测精度对于运行阶段航材库存管理是否合理起到关键作用。因此,适用的航材预测理论和方法是完成航材科学合理预测分析的基础。预测的本质是依据过去的数据信息,结合相应的理论方法和技术,对未来的发展趋势作出合理的分析与判断,用以指导人们对未来行动进行进一步决策和规划。合理有效的航材需求预测分析不仅可以提高民机保障工作的预见性、决策科学性和针对性,而且可以保障民机运营过程中的安全性和签派可靠性。本章基于航材消耗历史数据,围绕民机航材需求预测分析进行研究,主要包括航材需求预测分析原理与流程、航材需求预测理论方法(包括时间序列法和回归分析法),以及航材需求预测分析案例等内容。

5.1 航材需求预测分析原理与流程

航材需求及消耗通常遵循事物发展规律,即具有一定的延续性,且其未来预测与现在和过去的状态存在着有机联系。针对不同的预测对象、预测时段长短、预测精度要求,所需的预测方法不同,但是其预测所遵循的原理和流程基本一致。本节将从航材需求预测分析原理和相关流程进行简要介绍。

5.1.1 航材需求预测分析原理

航材需求预测原理通常包括惯性原理、相似性原理、相关性原理和统计性原理,具体如下[107, 108]:

(1) 惯性原理。事物的发展(包括航材需求)存在一定的惯性,主要表现为事物未来的状态是过去与现在状态的某种延续,该原理是航材需求预测进行外推的理论依据。

(2) 相似性原理。不同的事物(如相似机型)在发展过程中大多存在相似的特点,利用一个事物的发展规律(如相似机型的航材需求)可推测另一事物的发展趋势,这种利用客观事物的相似性为背景的预测原理就是相似性原理。

(3) 相关性原理。任何事物都不是孤立存在的,其发展趋势都与周围的事物存在关联,发展规律与事物变化的参变量之间存在关系,即相关性。运用相关性原理,通过对其变量进行分析研究,寻求变量与其他变量之间的影响关系。

(4) 统计性原理。事物的发展(如航材未来某一时刻点或某一时段内的需求)总会受到许多随机因素的影响,对于未来目标预测结果而言,也相应会具有不确定性。但是,通过多次的执行分析预测,其结果会表现为服从某种规律特性。这种以随机结果统计规律性为依据的预测原理就是统计性原理。

5.1.2　航材需求预测分析流程

航材需求预测分析流程如图 5.1 所示,主要包括明确预测目标,收集资料及数据,分析资料与处理数据,确定预测方法,建立模型并求解和评价分析结果。

由图 5.1 可以看出,航材预测需求具体流程如下:

(1) 明确预测目标。根据工程实际问题,明确需要预测的目标。对于航材而言,其目标即为航材需求预测。此外,还包括预测时间长短、定量及定性因素等。

(2) 收集资料及数据。结合确定的预测目标,广泛收集预测过程中所需的资料和航材历史消耗数据,为实现运行阶段航材需求预测提供支持。

(3) 分析资料与处理数据。资料和数据对于航材需求预测方法的选取和分析精度起

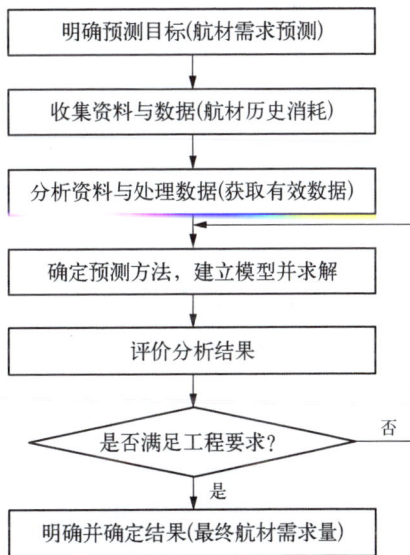

图 5.1　航材需求预测分析流程图

到重要的作用,因此需要对相关资料及数据进行详尽分析,获取有效的信息和数据。

(4) 确定预测方法,建立模型并求解。依据处理的有效数据和分析目标,确定适用的预测方法,建立航材预测数学模型,并实现模型的求解。

(5) 评价分析结果。通过实际工程要求,对预测分析结果进行全方位评价,如果

分析结果不满足工程要求,则需返回重新选取适用的预测方法,建立相应的模型进行求解,直至满足要求为止。在满足工程需求的前提下,确定并输出预测分析结果。

5.2 航材需求预测的时间序列法

通常,将以一定方式收集并按其时间为顺序排列的数据称为时间数列,而时间序列是指依据时间数列对其进行发展趋势预测的方法,并且具有趋势性、季节性、周期性、不规则性等特征[109-111]。对于航材需求预测,常用的时间序列法包括移动平均法、指数平滑法、具有季节性特点的时间序列预测法和灰色预测法。

5.2.1 移动平均法

基于移动平均法的航材预测是在考虑航材消耗的趋势性和周期性的情况下,对数据进行一定程度的修正来消除不规则扰动对航材需求预测精度的影响。移动平均法是消除不规则扰动实现航材需求最简单的方法,其本质是取时间序列的算术平均或几何平均。

移动平均法是通过计算每次移动的算术平均值进行航材需求的预测,其分析原理为:设时间序列为$\{x_1, x_2, \cdots, x_N\}$,其中$N$为样本容量,若每次航材需求预测依据$n(1 \leqslant n \leqslant N)$个数据进行移动平均,则在第$t(1 \leqslant n \leqslant t \leqslant N)$时刻的航材需求预测量用$M_t$表示,即

$$M_t = \frac{1}{n}(x_{t-n+1} + \cdots + x_{t-1} + x_t) = \frac{1}{n}\sum_{i=t-n+1}^{t} x_i \qquad (5-1)$$

通过式(5-1)可以看出,当n取不同的值时,则其航材需求预测值也会发生变化。为了合理实现航材需求预测,则需选取有效的n值,其具体方法为:在计算多个航材需求预测的移动平均值后,依据式(5-2)计算相应的均方差MSE_n(mean square error)。

$$\mathrm{MSE}_n = \frac{1}{N-n}\sum_{t=n+1}^{N}(x_t - M_{t-1})^2 \qquad (5-2)$$

均方差的值反映了航材需求预测的移动平均值与航材历史消耗数据的拟合程度,对于不同的均方差,其最小值对应的n值是较为合适的。

基于移动平均法的航材需求预测是将航材消耗历史数据对未来需求预测的影响作用进行等同处理,实际上对于时间轴远近不同的航材消耗历史数据对航材需求预测的影响作用是存在差异的。一般而言,距离预测时间轴越近的航材消耗数据对航材需求预测的影响较大,而距离预测时间轴相对较远的航材消耗数据对航材需求预测的影响较小。为了合理利用航材消耗历史数据,提高航材需求预测精

度,在移动平均法的基础上发展了加权移动平均法,该方法是传统移动平均法的一个演化改进,其分析原理是依据 n 个最近的航材历史消耗数据的不同时间轴位置,赋予不同的权重系数 α_i,之后通过对 n 个航材消耗历史数据进行加权求和,实现未来某一时刻的航材需求预测。基于加权移动平均法的航材需求预测的原理可通过式(5-3)表示:

$$M_t = \sum_{t=n+1}^{N} \alpha_i x_i$$
$$\sum_{t=n+1}^{N} \alpha_i = 1, \quad \alpha_i \geqslant 0 \qquad (5-3)$$

5.2.2　指数平滑法

基于指数平滑法的航材需求预测基本思想与 5.2.1 节中提到的移动平均法相似,即通过航材消耗历史的时间序列进行修匀,用以消除航材需求预测过程中的不规则和随机扰动情况。指数平滑法是基于加权移动平均法发展而来的一种预测方法,主要是结合前期的数据以及前期的预测值,经过加权后获取目标预测值。较为常用的指数平滑法包括一次指数平滑法、二次指数平滑法和三次指数平滑法[112, 113],下面将分别介绍这些方法在航材需求预测的相关分析理论。

1. 一次指数平滑法

对于航材消耗历史数据无明显的趋势变化或波动,可用一次指数平滑对航材需求进行预测。设航材消耗历史时间序列为 $\{x_1, x_2, \cdots, x_N\}$,则第 t 时刻航材需求预测的一次指数平滑法计算公式[114, 115]为

$$\begin{aligned} S_t^1 &= \alpha x_t + (1-\alpha)S_{t-1}^1 = \alpha x_t + (1-\alpha)\left[\alpha x_{t-1} + (1-\alpha)S_{t-2}^1\right] \\ &= \alpha x_t + \alpha(1-\alpha)x_{t-1} + \cdots + (1-\alpha)^t S_0^1 \\ S_0^1 &= x_1 \end{aligned} \qquad (5-4)$$

式中,α 为平滑系数,且 $0 < \alpha < 1$。

需要说明的是,对于初始值 x_1 的选取,如果航材消耗历史数据较多(即 N 大于或等于 50),则可把航材消耗历史数据的第一个值作为初始值 x_1,其原因是经过多次平滑计算后,x_1 对于 S_{t+1}^1 的值影响不大;如果航材消耗历史数据较少(即 N 小于或等于 20),则可将航材消耗历史数据前几个值的平均值作为初始值 x_1。

此外,对于平滑系数 α 的选取,当航材消耗历史数据波动不大时,一般取为 0.1~0.3,用以凸显前期航材需求预测值的权重;当航材消耗历史数据波动较大时,一般取为 0.6~0.9,用以凸显前期航材消耗值的权重。因此,在后期航材需求预测时,平滑系数 α 取值定在 0.1~0.9。

一次指数平滑法一般用于航材消耗历史趋势比较平稳的数据及短期航材需求预测。与移动平均法相似,平滑系数 α 取值不同,航材需求预测值也会发生变化。通常在确定平滑系数 α 时,会将近期的航材消耗历史数据权重取得相对大些,但是此时航材需求预测会出现失真情况;长期航材消耗历史数据权重取值相对较小,会导致航材需求预测偏于保守。为了合理确定平滑系数 α,应先计算多个平滑系数对应的平滑序列,然后分别计算其均方差 MSE 或平均绝对误差(mean absolute deviation,MAD),通过 MSE 或 MAD 确定合理的平滑系数 α。MAD 计算公式如下:

$$MAD = \frac{1}{N} \sum_{i=1}^{N} \mid e_t \mid \qquad (5-5)$$

式中,e_t 反映了预测值与真实值之间的误差。该参数可表述为

$$e_t = x_t - S_{t-1}^1 \qquad (5-6)$$

2. 二次指数平滑法

若航材消耗历史数据呈现上升或下降的线性趋势,则需采用二次指数平滑法进行航材需求预测。二次指数平滑法的原理是在一次指数平滑预测的基础上,采用平滑系数 α 再进行一次指数平滑预测。二次指数平滑法的计算可通过式(5-7)进行[116,117]:

$$\begin{aligned} S_t^1 &= \alpha x_t + (1 - \alpha) S_{t-1}^1 \\ S_t^2 &= \alpha S_t^1 + (1 - \alpha) S_{t-1}^2 \\ S_0^2 &= S_0^1 = x_t \end{aligned} \qquad (5-7)$$

式中,S_t^2 和 S_{t-1}^2 分别为第 t 和第 $t-1$ 时期的航材需求预测的二次指数平滑值。

二次指数平滑法对于航材消耗历史具有线性趋势的预测较为适用,其线性趋势预测模型可表示为

$$y_{t+T} = a_t + b_t T \qquad (5-8)$$

式中,T 为自时刻 t 起向后预测的时刻。其中

$$a_t = 2S_t^1 - S_t^2$$
$$b_t = \frac{\alpha}{1 - \alpha}(S_t^1 - S_t^2) \qquad (5-9)$$

3. 三次指数平滑法

当航材消耗历史数据呈现明显上升或下降的非线性趋势时,则需采用三次指数平滑法进行航材需求预测。三次指数平滑法的基本原理是在一次指数平滑和二次指数平滑的基础上,结合平滑指数 α 再次进行一次指数平滑预测。三次指数平

滑法计算公式[118,119] 为

$$S_t^1 = \alpha x_t + (1 - \alpha) S_{t-1}^1$$

$$S_t^2 = \alpha S_t^1 + (1 - \alpha) S_{t-1}^2$$

$$S_t^3 = \alpha S_t^2 + (1 - \alpha) S_{t-1}^3$$

$$S_0^3 = S_0^2 = S_0^1 = x_t \qquad (5-10)$$

式中，S_t^3 和 S_{t-1}^3 分别为第 t 和第 $t-1$ 时期的航材需求预测的三次指数平滑值。

三次指数平滑法的趋势预测模型为

$$y_{t+T} = a_t + b_t T + c_t T^2 \qquad (5-11)$$

其中

$$a_t = 3S_t^1 - 3S_t^2 + S_t^3$$

$$b_t = \frac{\alpha}{2(1-\alpha)^2} \left[(6 - 5\alpha) S_t^1 - (10 - 8\alpha) S_t^2 + (4 - 3\alpha) S_t^3 \right]$$

$$c_t = \frac{\alpha}{2(1-\alpha)^2} (S_t^1 - S_t^2 + S_t^3) \qquad (5-12)$$

5.2.3　具有季节性特点的时间序列预测法

工程实际中,航材消耗历史和需求趋势一般呈现季节性变化的规律,其原因是飞机执飞过程中受到其飞行任务剖面和飞行环境的影响。对于这种呈现季节性变化规律的航材需求预测,其目的是挖掘并找到航材消耗及需求的变化趋势,尽可能为运行阶段航材需求提供相对准确的参考,本小节将介绍一种具有季节性特点的时间序列预测法,即季节系数法[120,121]。季节系数法的分析流程如图 5.2 所示。

通过图 5.2 可知,基于季节系数法的航材需求预测是在获取航材消耗历史数据的前提下,依次进行如下步骤实现航材需求分析。

(1) 计算每年所有季度航材消耗历史数据的算术平均值,即

$$\bar{x} = \frac{1}{k} \sum_{i=1}^{m} \sum_{j=1}^{n} x_{ij} \qquad (5-13)$$

式中,i 表示年份;j 表示季度; $k = mn$。

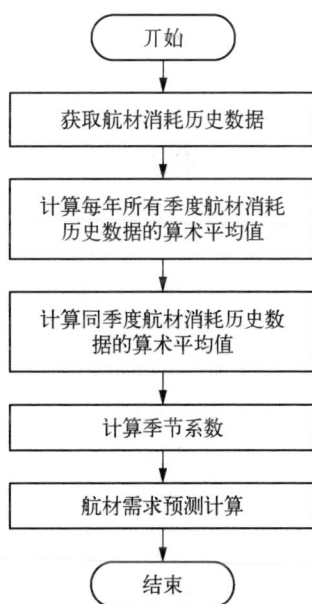

图 5.2　基于季节系数法的航材需求预测流程图

（2）计算相同季度航材消耗历史数据的算术平均值，即

$$\bar{x}_j = \sum_{i=1}^{m} x_{ij} \tag{5-14}$$

（3）通过式(5-15)计算相应的季节系数，即

$$\beta_j = \bar{x}_j / \bar{x} \tag{5-15}$$

（4）航材需求预测计算。当航材消耗历史数据是季度列出时，先计算出预测年份的加权平均，即

$$y_{m+1} = \frac{w_1 y_1 + w_2 y_2 + \cdots + w_m y_m}{w_1 + w_2 + \cdots + w_m} \tag{5-16}$$

式中，w_i 为第 i 年的权数；y_i 为第 i 年的合计数，可表示为

$$y_i = \sum_{j=1}^{n} x_{ij} \tag{5-17}$$

如果按照季度预测航材需求，则需再计算预测年份的航材需求季度平均值，即

$$\bar{y}_{m+1} = y_{m+1} / 4 \tag{5-18}$$

进而，第 j 个季度航材需求预测为

$$y_{m+1,j} = \bar{y}_{m+1} \beta_i \tag{5-19}$$

5.2.4　灰色预测法

灰色系统是介于白色系统和黑色系统之间的一种系统。一个系统相关信息决定了系统划分的属性，即白色系统、灰色系统和黑色系统[122]。白色系统是指系统的相关信息是完全可知的；黑色系统是指系统的相关信息是完全未知的；而灰色系统是指系统的相关信息部分信息可知部分信息未知。为了合理处理灰色系统，出现了灰色系统理论，该理论起初是通过控制论发展而来，由邓聚龙首次提出，主要是研究数据匮乏、信息含量少的不确定性问题[123]。

在飞机运营过程中，由于飞行任务及状态、天气环境、地勤保障等因素的影响，航材消耗数据呈现波动情况，且无法得到有效统计和计算，所以航材需求具有明显的灰色性。因此，航材需求预测可用灰色系统理论进行实现。灰色系统理论是以灰色集为基础、以灰色关联为依托、以序列生成为手段、以灰色模型（gray model，GM）为核心的理论体系，本节主要介绍适用于航材需求预测的两种灰色模型：灰色数列预测和灰色灾变预测。

1. 灰色数列预测

灰色预测模型中常用的灰色动态模型为 GM(1, 1)，该模型是仅含 1 个变量的

1 阶方程,分析过程中所需数据较少,计算流程简单;该方法的建模思想是通过对航材消耗历史数据的生成方式来挖掘相应的规律进行建模分析。

设有航材消耗历史数据 $x^{(0)} = \{x^{(0)}(1), x^{(0)}(2), \cdots, x^{(0)}(n)\}$,累加生成的数列为 $x^{(1)} = \{x^{(1)}(1), x^{(1)}(2), \cdots, x^{(1)}(n)\}$,其通过式(5-20)计算:

$$x^{(1)}(k) = \sum_{i=1}^{k} x^{(0)}(i) \tag{5-20}$$

式中,$k = 1, 2, \cdots, n$。

式(5-20)可写成

$$x^{(1)}(1) = x^{(0)}(1)$$
$$x^{(1)}(i) = x^{(0)}(i) + x^{(1)}(i-1) \tag{5-21}$$

则 $x^{(1)}$ 的紧邻生成数列为

$$z^{(1)}(i) = 0.5(x^{(1)}(i) + x^{(1)}(i-1)) \tag{5-22}$$

式中,$i = 2, 3, \cdots, n$。

若 a 为发展灰数,b 为内生控制灰数,则 GM(1, 1)模型的最小二乘估计参数为

$$(a, b)^{\mathrm{T}} = (\boldsymbol{B}^{\mathrm{T}}\boldsymbol{B})^{-1}\boldsymbol{B}^{\mathrm{T}}\boldsymbol{Y} \tag{5-23}$$

其中

$$\boldsymbol{B} = \begin{bmatrix} -z^{(1)}(2) & 1 \\ -z^{(1)}(3) & 1 \\ \vdots & \vdots \\ -z^{(1)}(n) & 1 \end{bmatrix}$$

$$\boldsymbol{Y} = \begin{bmatrix} x^{(0)}(2) \\ x^{(0)}(3) \\ \vdots \\ x^{(0)}(n) \end{bmatrix} \tag{5-24}$$

获取相关系数 a 和 b 后,GM(1, 1)数学表达式为

$$\hat{x}^{(1)}(k+1) = \left[x^{(0)}(1) - \frac{b}{a}\right]\mathrm{e}^{-ak} + \frac{b}{a}$$
$$\hat{x}^{(0)}(k+1) = \hat{x}^{(1)}(k+1) - \hat{x}^{(1)}(k) \tag{5-25}$$

则航材需求预测值为

$$\hat{x}^{(0)}(k+1) = \left[x^{(0)}(1) - \frac{b}{a} \right] e^{-ak} - \left[x^{(0)}(1) - \frac{b}{a} \right] e^{-a(k-1)}$$

$$= (1 - e^{a}) \left[x^{(0)}(1) - \frac{b}{a} \right] e^{-ak} \qquad (5-26)$$

为了验证模型的有效性,本节介绍两种检验方法,即残差检验和后验差检验。

1) 残差检验

残差检验通常依据绝对误差和相对误差衡量模型的好坏,其计算原理如下:

$$\varepsilon^{(0)}(i) = x^{(0)}(i) - \hat{x}^{(0)}(i)$$

$$\Omega^{(0)}(i) = \frac{\varepsilon^{(0)}(i)}{x^{(0)}(i)} \times 100\% \qquad (5-27)$$

2) 后验差检验

平均绝对误差和平均预测值为

$$\bar{\varepsilon} = \frac{1}{n} \sum_{i=1}^{n} \varepsilon^{(0)}(i)$$

$$\bar{x} = \frac{1}{n} \sum_{i=1}^{n} x^{(0)}(i) \qquad (5-28)$$

对应的方差可表示为

$$S_1^2 = \frac{1}{n} \sum_{i=1}^{n} \left[x^{(0)}(i) - \bar{x} \right]^2$$

$$S_2^2 = \frac{1}{n} \sum_{i=1}^{n} \left[\varepsilon^{(0)}(i) - \bar{\varepsilon} \right] \qquad (5-29)$$

则后验差比值为

$$C = \frac{S_2}{S_1} \qquad (5-30)$$

2. 灰色灾变预测

灰色灾变预测是通过对航材消耗历史数据的研究,建立 GM(1, 1)模型,进而对运行阶段航材需求异常的时刻给出预测,用以为航材规划决策提供指导。基于灰色灾变的航材需求预测原理如下[124,125]。

设航材消耗历史数列为 $X = (x(1), x(2), \cdots, x(n))$, n 为现在时刻,则灾变序列可表示为

$$X_{\xi} = (x[q(1)], x[q(2)], \cdots, x[q(m)]) \tag{5-31}$$

式中,ξ 为异常值。

基于式(5-31),灾变日期序列为

$$Q^{(0)} = (q(1), q(2), \cdots, q(m)) \tag{5-32}$$

进而可得

$$Q^{(1)} = (q(1)^{(1)}, q(2)^{(1)}, \cdots, q(m)^{(1)}) \tag{5-33}$$

则灾变 GM(1,1)模型为

$$q(k) + az^{(1)} = b \tag{5-34}$$

通过求解式(5-34)中系数 a 和 b,可得灾变日期序列的航材需求预测为

$$\hat{q}^{(1)}(k+1) = \left[q(1) - \frac{u}{a} \right] e^{-ak} + \frac{u}{a}$$

$$\hat{q}(k+1) = \hat{q}^{(1)}(k+1) - \hat{q}^{(1)}(k) \tag{5-35}$$

则下一灾变日期的航材预测值为

$$\hat{q}^{(1)}(k+1) = \left[q(1) - \frac{u}{a} \right] e^{-ak} - \left[q(1) - \frac{u}{a} \right] e^{-a(k-1)}$$

$$= (1 - e^{a}) \left[q(1) - \frac{u}{a} \right] e^{-ak} \tag{5-36}$$

为了检测模型预测精度,采用相对误差进行检验。

5.3　航材需求预测的回归分析法

航材历史消耗实质上会受到单因素或多因素的影响,因此,为了实现航材需求预测,一般通过回归分析法建立目标输出与输入变量之间的关系(其中,输入变量也可为航材自身消耗),确定航材需求与影响变量的关系方程,将其作为航材需求预测模型,依据输入变量的变化实现航材需求预测。

回归分析依据输入变量个数的不同分为一元回归分析和多元回归分析,结合输入变量与目标输出之间的关系分为线性回归分析和非线性回归分析。本节主要介绍线性与非线性回归分析预测法、Kriging 回归分析预测法、支持向量机回归分析预测法和神经网络回归分析法。

基于回归分析法的航材需求预测的具体流程可描述为:

1. 确定输入变量和目标输出

明确预测的目标(航材需求预测),即确定因变量,也就是航材下一年度或下一季度或下一时刻点的需求量,与预测的目标输出有关的因素作为输入参数,可以为航材消耗历史,也可以为机队规模、年平均飞行小时、MTBUR 等因素。

2. 建立回归分析预测方程

结合航材消耗历史数据,以及相应的其他输入参数的历史数据,建立航材需求回归分析预测方程,其回归方程待定系数可通过最小二乘原理进行求解。

3. 方程预测效果评估

回归分析是对输入变量和目标输出进行数理统计分析处理,其预测精度直接决定了航材需求预测的精确性,有效的回归分析预测模型可实现航材需求量的精准预测,为运行阶段航材库存决策提供有效参考。因此,需要对回归分析预测模型进行拟合效果评估,如果所建立的回归分析预测模型精度不能满足精度要求,则需对其参数进行调整,直至满足要求为止。

4. 计算航材需求值

在满足上述要求的条件下,结合所建立的航材需求预测,并依据相应的输入变量具体值,实现下一年度或下一季度或下一时刻点的航材需求预测。

5.3.1 线性与非线性回归分析预测法

线性回归和非线性回归预测是比较常规的回归分析预测方法,本小节主要对其原理进行简要介绍。

1. 线性回归分析预测法

线性回归预测是针对目标输出 $y(\boldsymbol{x})$ 与输入变量 $\boldsymbol{x} = (x_1, x_2, \cdots, x_n)^{\mathrm{T}}$ 之间的近似线性关系,结合线性方程进行拟合,进而通过所建立的方程进行航材需求预测。线性回归方程可表示为

$$y(\boldsymbol{x}) = a + \boldsymbol{bx} \tag{5-37}$$

式中,a 为常数项系数; $\boldsymbol{b}$ 为一次项系数向量。其中, $\boldsymbol{b}$ 可表述为

$$\boldsymbol{b} = (b_1 \quad b_2 \quad \cdots \quad b_n) \tag{5-38}$$

进而,式(5-37)可写成下式形式:

$$y(\boldsymbol{x}) = a + \sum_{i=1}^{n} b_i x_i \tag{5-39}$$

式中,b_i 为一次项系数。

为了确定式(5-39)中的待定系数,可通过最小二乘法实现求解,即

$$\boldsymbol{d} = (\boldsymbol{X}^{\mathrm{T}} \boldsymbol{X})^{-1} \boldsymbol{X}^{\mathrm{T}} \boldsymbol{Y} \tag{5-40}$$

其中

$$\boldsymbol{d} = \begin{bmatrix} a & b_1 & b_2 & \cdots & b_n \end{bmatrix}^{\mathrm{T}}$$

$$\boldsymbol{X} = \begin{bmatrix} 1 & x_1^1 & x_2^1 & \cdots & x_n^1 \\ 1 & x_1^2 & x_2^2 & \cdots & x_n^2 \\ \vdots & \vdots & \vdots & & \vdots \\ 1 & x_1^m & x_2^m & \cdots & x_n^m \end{bmatrix}$$

$$\boldsymbol{Y} = \begin{bmatrix} y(\boldsymbol{x}^1) & y(\boldsymbol{x}^2) & \cdots & y(\boldsymbol{x}^m) \end{bmatrix}^{\mathrm{T}} \tag{5-41}$$

式中,m 为样本数量。

在上述基础上,可获取线性回归分析预测模型的待定系数,进而建立目标模型。为了保证模型的有效性,需对其进行模型检验,通常采用标准离差检验、相关系数检验等。

1) 标准离差检验

标准离差反映了回归分析模型的预测值与真实值之间的平均误差,其计算公式为

$$s = \sqrt{\frac{1}{m-2} \sum_{j=1}^{m} (y_j - \hat{y}_j)^2} \tag{5-42}$$

式中,y_j 为预测值;$\hat{y}_j$ 为实际值。

一般希望标准离差值 s 越小越好,满足

$$\frac{s}{\bar{y}} \in (10\%, 15\%) \tag{5-43}$$

式中,$\bar{y}$ 为均值,可表达为

$$\bar{y} = \frac{1}{m} \sum_{j=1}^{m} y_j \tag{5-44}$$

2) 相关系数检验

相关系数用以检验两个变量之间的线性相关程度,其计算公式为

$$r = \sqrt{\left| 1 - \frac{\sum_{j=1}^{m} (y_j - \hat{y}_j)^2}{\sum_{j=1}^{m} (y_j - \bar{y})} \right|} \tag{5-45}$$

由式(5-45)可以看出,当 $r = 1$ 时,实际值完全落在直线上,说明完全相关,此

时目标响应与输入变量可以采用线性回归实现航材需求预测;当 $r = 0$ 时,完全不相关,此时线性回归已不能用于表述目标输出与输入变量之间的非线性关系;当 r 介于 0 和 1 之间时,尽管目标输出与输入变量之间具有一定的线性相关性,但是线性回归有可能不能完全适用于表述两者之间的关系。

2. 非线性回归分析预测法

当线性回归分析预测法无法用以精确描述目标输出与输入变量之间的关系式时,应该考虑采用非线性回归分析预测法进行航材需求预测。非线性回归预测模型形式多样,如二次多项式、高次多项式等,本节仅以基于二次多项式的非线性回归分析模型为例进行说明。非线性回归分析模型[126]为

$$y(\boldsymbol{x}) = a + \boldsymbol{bx} + \boldsymbol{x}^{\mathrm{T}}\boldsymbol{cx} \tag{5-46}$$

式中,$\boldsymbol{c}$ 为二次项待定系数矩阵。$\boldsymbol{c}$ 可表达为

$$\boldsymbol{c} = \begin{bmatrix} c_{11} & c_{12} & \cdots & c_{1n} \\ c_{21} & c_{22} & \cdots & c_{2n} \\ \vdots & \vdots & & \vdots \\ c_{m1} & c_{m2} & \cdots & c_{mn} \end{bmatrix} \tag{5-47}$$

进而,式(5-46)可写成下式形式:

$$y(\boldsymbol{x}) = a + \sum_{i=1}^{n} b_i x_i + \sum_{i=1}^{n} \sum_{\bar{i}=1}^{n} c_{i\bar{i}} x_i x_{\bar{i}} \tag{5-48}$$

式中,$c_{i\bar{i}}$ 为二次项待定系数。

为了确定式(5-48)中所有待定系数,可结合最小二乘法原理式(5-40)进行计算,其区别在于所用的数据有差别,即

$$\boldsymbol{d} = \begin{bmatrix} a & b_1 & b_2 & \cdots & b_n & c_{11} & c_{12} & \cdots & c_{1n} & \cdots & c_{m1} & c_{m2} & \cdots & c_{mn} \end{bmatrix}^{\mathrm{T}}$$

$$X = \begin{bmatrix} 1 & x_1^1 & \cdots & x_n^1 & x_1^1 x_1^1 & \cdots & x_1^1 x_n^1 & x_2^1 x_2^1 & \cdots & x_2^1 x_n^1 & \cdots & x_n^1 x_n^1 \\ \vdots & \vdots & & \vdots & \vdots & & \vdots & \vdots & & \vdots & & \vdots \\ 1 & x_1^m & \cdots & x_n^m & x_1^m x_1^m & \cdots & x_1^m x_n^m & x_2^m x_2^m & \cdots & x_2^m x_n^m & \cdots & x_n^m x_n^m \end{bmatrix}$$

$$\tag{5-49}$$

进而可获取线性回归分析预测模型的待定系数,进而建立目标非线性回归分析预测模型,实现航材需求预测。

5.3.2　Kriging 回归分析预测法

Kriging 模型于 1951 年首次被 Krige 提出用以地质学领域,1973 年 Matheron 将

其用以矿床储量预测,随后该方法被广泛用于解决工程中的预测分析问题[127,128]。因此,Kriging 回归分析预测法同样可适用于处理航材需求预测问题。本小节将简要介绍基于 Kriging 模型的航材需求预测分析原理。

Kriging 数学模型可表达为[129]

$$y(\boldsymbol{x}) = \boldsymbol{f}^{\mathrm{T}}(\boldsymbol{x})\boldsymbol{\beta} + z(\boldsymbol{x}) \tag{5-50}$$

式中,$\boldsymbol{f}(\boldsymbol{x})$ 为回归基函数向量;$\boldsymbol{\beta}$ 为待定系数向量;$z(\boldsymbol{x})$ 为高斯随机过程。此外,$z(\boldsymbol{x})$ 具有如下特性:

$$\begin{cases} E[z(\boldsymbol{x})] = 0 \\ \mathrm{Var}[z(\boldsymbol{x})] = \sigma^2 \\ \mathrm{Cov}[Z(\boldsymbol{x}_p), Z(\boldsymbol{x}_q)] = \sigma^2 R(\boldsymbol{\theta}, \boldsymbol{x}_p, \boldsymbol{x}_q) \end{cases} \tag{5-51}$$

式中,$R(\cdot)$ 表示相关性方程;σ^2 表示方差;$\boldsymbol{x}_p$ 和 $\boldsymbol{x}_q$ 分别表示第 p 个和第 q 个输入变量向量样本,$p, q = 1, 2, \cdots, m$,m 为输入变量样本数量;$\boldsymbol{\theta}$ 为 Kriging 模型超参数向量。其中,$\boldsymbol{\theta}$ 也称为距离参数,通常通过梯度下降法对极大似然函数求解进行获取。

式(5-51)的相关性方程可表示为

$$R(\boldsymbol{\theta}, \boldsymbol{x}_p, \boldsymbol{x}_q) = \prod_{i=1}^{n} R_i(\boldsymbol{\theta}, x_p^i - x_q^i) \tag{5-52}$$

式中,x_p^i 和 x_q^i 为第 i 个输入变量的第 p 个和第 q 个样本值;$R_i(\boldsymbol{\theta}, x_p^i - x_q^i)$ 为第 i 个输入变量的核函数。

核函数通常有线性函数、指数函数、三次样条函数、高斯函数等,其功能决定了预测模型精度的好坏。因此,本节选取高斯函数作为核函数,其原因是该形式的核函数在工程中得以广泛应用,并验证了具有较好的拟合效果。进而,式(5-52)可写成

$$R(\boldsymbol{\theta}, \boldsymbol{x}_p, \boldsymbol{x}_q) = \exp\left(-\sum_{i=1}^{n} \theta^i (x_p^i - x_q^i)^2\right) \tag{5-53}$$

式中,θ^i 表示第 i 个输入变量对应的 Kriging 模型超参数。

为了计算 $\boldsymbol{\theta}$、$\boldsymbol{\beta}$ 和 σ^2,运用梯度下降法对极大似然方程进行寻优求解,即

$$\max \quad L(\boldsymbol{\theta}) = -(m\ln(\hat{\sigma}^2) + \ln|\boldsymbol{R}|) \tag{5-54}$$

其中

$$R = \begin{bmatrix} R(\boldsymbol{\theta}, \boldsymbol{x}_1, \boldsymbol{x}_1) & R(\boldsymbol{\theta}, \boldsymbol{x}_1, \boldsymbol{x}_2) & \cdots & R(\boldsymbol{\theta}, \boldsymbol{x}_1, \boldsymbol{x}_m) \\ R(\boldsymbol{\theta}, \boldsymbol{x}_2, \boldsymbol{x}_1) & R(\boldsymbol{\theta}, \boldsymbol{x}_2, \boldsymbol{x}_2) & \cdots & R(\boldsymbol{\theta}, \boldsymbol{x}_2, \boldsymbol{x}_m) \\ \vdots & \vdots & & \vdots \\ R(\boldsymbol{\theta}, \boldsymbol{x}_m, \boldsymbol{x}_1) & R(\boldsymbol{\theta}, \boldsymbol{x}_m, \boldsymbol{x}_2) & \cdots & R(\boldsymbol{\theta}, \boldsymbol{x}_m, \boldsymbol{x}_m) \end{bmatrix}$$

则预测方差可以表示为

$$\hat{\sigma}^2 = \frac{1}{m}(\boldsymbol{Y} - \boldsymbol{F}\boldsymbol{\beta})^{\mathrm{T}} \boldsymbol{R}^{-1}(\boldsymbol{Y} - \boldsymbol{F}\boldsymbol{\beta}) \tag{5-55}$$

式中,$\boldsymbol{Y}$ 为与输入样本对应的航材消耗历史数据向量,Kriging 模型待定系数求解可通过式(5-56)实现:

$$\boldsymbol{\beta} = (\boldsymbol{F}^{\mathrm{T}}\boldsymbol{R}^{-1}\boldsymbol{F})^{-1}\boldsymbol{F}^{\mathrm{T}}\boldsymbol{R}^{-1}\boldsymbol{Y} \tag{5-56}$$

此外,随机过程 $z(\boldsymbol{x})$ 在点 $\boldsymbol{x}_*$ 的值可由式(5-57)进行计算:

$$z(\boldsymbol{x}_*) = \boldsymbol{r}^{\mathrm{T}}(\boldsymbol{x}_*)\boldsymbol{R}^{-1}(\boldsymbol{Y} - \boldsymbol{F}\boldsymbol{\beta}) \tag{5-57}$$

式中,$\boldsymbol{r}(\boldsymbol{x}_*)$ 表示点 $\boldsymbol{x}_*$ 与样本点之间的相关向量,即

$$\boldsymbol{r}(\boldsymbol{x}_*) = (R(\boldsymbol{\theta}, \boldsymbol{x}_*, \boldsymbol{x}_1) \quad R(\boldsymbol{\theta}, \boldsymbol{x}_*, \boldsymbol{x}_2) \quad \cdots \quad R(\boldsymbol{\theta}, \boldsymbol{x}_*, \boldsymbol{x}_m)) \tag{5-58}$$

通过上述理论分析,即可建立 Kriging 数学模型,进而结合航材消耗历史数据,实现航材需求预测。

5.3.3 支持向量机回归分析预测法

支持向量机是基于统计学习理论发展而来的一种回归分析预测方法,能够在小样本的前提下,实现非线性和高维问题的分析,具有适应性强、训练时间短、泛化能力强等优点[130,131]。此外,支持向量机能够有效克服维数灾变和过学习等传统算法难以解决的问题,其主要包括支持向量机分类和支持向量机回归两大类,并且已在很多领域得到广泛应用。航材需求预测实质上隶属于回归分析类别,结合航材消耗历史数据进行下一阶段或下一时刻点的需求预测分析。因此,本节主要介绍基于支持向量机回归的航材需求预测原理。

假定给定一种分布 $P(x, y)$,其中 $x \in \mathbf{R}^n$ 和 $y \in \mathbf{R}$,第 j 个样本集为 $\{(x_i, y_i)\}$。如果有一组函数 F 将高维空间 $\mathbf{R}^n$ 中的数据点 x 映射到低维空间 $\mathbf{R}$,则有

$$F = \{f(x, \boldsymbol{\omega}) \mid f: \mathbf{R}^n \to \mathbf{R}\} \tag{5-59}$$

式中,$\boldsymbol{\omega}$ 为未确定参数向量。

支持向量机回归的目的是确定一个回归函数 $f \in F$ 使式(5-60)具有最小期望风险,即

$$R(f) = \int l[\,y - f(\boldsymbol{x}, \boldsymbol{\omega})\,]\,\mathrm{d}P(x, y)$$
$$\text{s.t.}\quad l[\,y - f(\boldsymbol{x}, \boldsymbol{\omega})\,] = \max\{0, \,|\,y - f(\boldsymbol{x}, \boldsymbol{\omega})\,| - \varepsilon\}, \quad \varepsilon > 0$$
$$(5-60)$$

式中，$l[\,y - f(\boldsymbol{x}, \boldsymbol{\omega})\,]$ 为误差方程；$\varepsilon > 0$ 为松弛变量。

假设样本之间是线性关系，回归函数 $f(\boldsymbol{x}, \boldsymbol{\omega})$ 能重新写为

$$f(\boldsymbol{x}, \boldsymbol{\omega}) = \boldsymbol{\omega} x + b \tag{5-61}$$

然而，在大多数情况下，在分析的系统函数中输入输出样本点往往是非线性关系。因此，需要引入一个非线性函数 $\boldsymbol{\varphi}$ 将数据样本映射到一个高维特征空间，再在高维特征空间进行线性回归，最后再得到原始空间非线性回归。所以，这个函数可写为

$$f(\boldsymbol{x}, \boldsymbol{\omega}) = \boldsymbol{\omega} \cdot \varphi(\boldsymbol{x}) + b \tag{5-62}$$

显然，解决二次回归函数的问题就转换为求解最优解的问题，即

$$\min\quad \frac{1}{2}\,\|\boldsymbol{\omega}\|^2$$
$$\text{s.t.}\quad |\,\boldsymbol{\omega} \cdot \varphi(x_i) + b - y_i\,| < \varepsilon \tag{5-63}$$

考虑尽可能小的误差，则引入两个松弛变量如式(5-64)所示：

$$\xi_i, \xi_i^* \geqslant 0 \tag{5\quad64}$$

则最优化函数为

$$\min\quad \frac{1}{2}\,\|\boldsymbol{\omega}\|^2 + \gamma \sum_{i=1}^{l} (\xi_i + \xi_i^*)$$
$$\text{s.t.}\quad \begin{cases} \boldsymbol{\omega} \cdot \varphi(x_i) + b - y_i < \xi_i + \varepsilon \\ y_i - \boldsymbol{\omega} \cdot \varphi(x_i) - b < \xi_i^* + \varepsilon \end{cases} \tag{5-65}$$

为了求解二次规划问题，引入 Lagrange 函数：

$$\begin{aligned} L(\boldsymbol{\omega}, b, \boldsymbol{a}, \boldsymbol{a}^*) = {}& \min \frac{1}{2}\,\|\boldsymbol{\omega}\|^2 + \gamma \sum_{i=1}^{n} (\xi_i + \xi_i^*) \\ & - \sum_{i=1}^{l} a_i[\,\xi_i + \varepsilon - y_i + \boldsymbol{\omega} \cdot \varphi(\boldsymbol{x}) + b\,] \\ & + \sum_{i=1}^{l} a_i^*[\,\xi_i^* + \varepsilon + y_i - \boldsymbol{\omega} \cdot \varphi(\boldsymbol{x}) - b\,] \\ & - \sum_{i=1}^{l} \eta_i(\xi_i + \xi_i^*) \end{aligned} \tag{5-66}$$

在优化过程中,核函数 $\psi(\boldsymbol{x}_i, \boldsymbol{x}_j)$ 被用来代替高维特征空间的内积表达式 $\langle \varphi(\boldsymbol{x}_i), \varphi(\boldsymbol{x}_j) \rangle$ 其中 Lagrange 二元问题被表达为

$$\min_{\boldsymbol{a}, \boldsymbol{a}^*} \left[\frac{1}{2} \sum_{i,j=1}^l (a_i^* - a_i)(a_j^* - a_j)\psi(\boldsymbol{x}_i, \boldsymbol{x}_j) + \varepsilon \sum_{i=1}^l (a_i^* - a_i) - y_i \sum_{i=1}^l (a_i^* - a_i) \right]$$

$$\text{s.t.} \quad \sum_{i=1}^l (a_i^* - a_i) = 0, \, a_i^*, \, a_i \in [0, \gamma].$$

$$(5-67)$$

得到最优解之后,进而可得到回归估计函数为

$$f(\boldsymbol{x}) = \sum_{x_i \in \text{SV}} (a_i^* - a_i)\psi(\boldsymbol{x}_i, \boldsymbol{x}_j) + \bar{b} \qquad (5-68)$$

基于上述分析原理,即可结合航材消耗历史数据建立支持向量机回归分析模型,进而实现航材需求预测。

5.3.4 神经网络回归分析预测法

人工神经网络简称为神经网络,是一种模仿生物神经网络结构和功能的数学模型,可用来建立输入变量和输出相应之间的复杂关系,进而实现输出响应的预测计算。神经网络有能力学习和构建非线性的复杂关系的模型,可以推断出未知数据之间的未知关系,从而使得模型能够推广并且预测未知数据。因此,神经网络同样可应用于航材需求预测方面的研究。目前,神经网络已发展出现了几十种模型,本节将主要介绍基于误差反向传播和径向基函数神经网络的航材需求预测原理。

1. BP 神经网络回归分析预测法

BP 神经网络具有形状任意多变的优点,且具有较强的适应能力和精确拟合输入随机变量与输出极值响应量之间复杂的函数的拟合能力[132]。BP 神经网络的建立过程需要对网络层数、输入层节点数、隐含层节点数、输出层节点数、传输函数、训练方法、训练参数等进行考虑,具体的设计规则为:

1) 网络层数

BP 神经网络模型可以包含一到多个隐含层,对于大部分应用场合,单个隐含层即可满足需要;若样本较多,增加一个隐含层可以明显减小网络规模。

2) 输入层节点数

运用神经网络模型进行实际问题求解释,首要开展的工作是从问题中提炼一个抽象模型,形成输入空间和输出空间,其输入层节点数取决于输入向量的维数。

3) 隐含层节点数

隐含层节点数对于 BP 神经网络模型的性能会产生很大的影响,一般较多的隐含层节点数可以带来更好的性能,但可能导致训练时间过长。目前尚未有一个

理想的解析式可以合理确定隐含层节点数,通常是采用经验公式进行计算。

4)输出层节点数

输出层节点数同样需要结合实际问题的特性将其抽象成相关模型进行确定。

5)传输函数的选取

一般隐含层使用 Sigmoid 函数,而输出层使用线性函数。如果输出层也采用 Sigmoid 函数,则输出值将会落在区间(0,1)或(-1,1)上。

6)训练方法的选择

BP(back propagation)神经网络模型的训练方法与求解问题本身、训练样本的个数有关系,标准的训练方法为最速下降法;对于包含数百个权值的函数逼近网络,使用 LM 算法收敛最快,均方误差也较小;SCG 对于函数逼近问题也有较好的性能表现。

7)初始权值的确定

初始值一般都是随机给定的,这容易造成网络的不可重现性,通常将初始值定义为较小的非零随机数。

BP 神经网络的拓扑模型如图 5.3 所示。

BP 神经网络数学模型可表示为

$$y = f_2\left[\sum_{j=1}^{n} W_{jk} f_1\left(\sum_{i=1}^{m} W_{ij} x_i + b_j\right) + b_k\right] \tag{5-69}$$

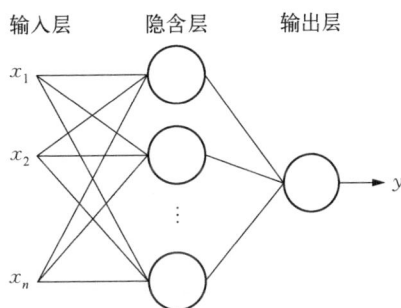

图 5.3 BP 神经网络的拓扑模型

式中,W_{jk} 为输入层神经元 j 到隐含层神经元 k 之间的连接权值;W_{ij} 为隐含层神经元 i 到输出层神经元 j 间的连接权值;b_j 为隐含层第 j 个阈值;b_k 为输出层第 k 个阈值;$f_1(\cdot)$ 为隐含传递函数;$f_2(\cdot)$ 为输出层传递函数;m 为输入层神经元个数;n 为隐含层神经元个数。

针对一般训练算法易陷入局部最优、收敛不成熟等缺点,以强泛化能力的贝叶斯正则化算法(Bayesian regularization algorithm,BRA)作为网络训练算法进行说明。该算法通过改善网络的训练性能函数,使网络权值随训练误差减小而不断减小,最后得到的网络权值会变得很小。这相当于缩减网络规模,一定程度上克服过拟合问题,达到提高神经网络泛化能力的目的,其性能函数为

$$E = k_1 E_D + k_2 E_W \tag{5-70}$$

其中

$$E_D = \frac{1}{2}\left\| \varepsilon\left[W^K + Z(W^{K+1} - W^K)\right] \right\|^2 + \lambda \left\| W^{K+1} - W^K \right\|^2$$

$$E_W = \frac{1}{N}\sum_{j=1}^{N} w_j^2 \tag{5-71}$$

式中, k_1 和 k_2 为比例系数; w_j 为网络权值; ε 是期望输出误差函数; $\boldsymbol{W}$ 是网络各层的权值阈值向量; K 是迭代次数; $\boldsymbol{Z}$ 是 ε 的雅可比矩阵; λ 是迭代变量。

通过上述分析,基于航材消耗历史数据可建立 BP 神经网络模型,用以实现航材需求预测分析。

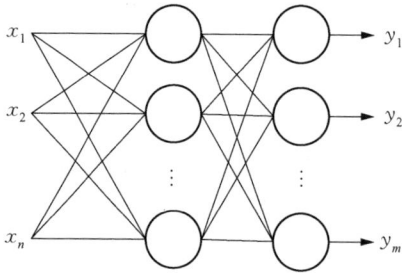

图 5.4 RBF 神经网络的拓扑模型

2. RBF 神经网络回归分析预测法

RBF 神经网络也是由输入层、隐含层和输出层组成,但与 BP 神经网络不同的是输入层到隐含层单元之间为直接连接,只有隐含层到输出层实行权连接[133],其拓扑模型如图 5.4 所示。

RBF 神经网络模型与 BP 神经网络模型的建立思想基本一致,在此仅针对 RBF 进行详细介绍。RBF 形式可写为

$$\Phi(x, y) = \phi(\| x - y \|) \tag{5-72}$$

式中, $\| x \|$ 为欧几里得范数,该范数需要满足如下三个条件:

(1) 非负性,即 $\| x \| \geqslant 0$;

(2) 绝对齐次性,即 $\| \alpha x \| = \| \alpha \| \| x \|$,其中 α 为标量;

(3) 三角不等式,即 $\| x + y \| \leqslant \| x \| + \| y \|$。

在工程实际中,一般采用广义 RBF 神经网络,则航材需求预测表达式为

$$y_{kj} = w_{0j} + \sum_{i=1}^{I} w_{ij}\phi(\boldsymbol{X}_k, \boldsymbol{X}_i) \tag{5-73}$$

其中,基函数的形式有多种,一般选取 Green 函数,其表达式为

$$\phi(\boldsymbol{X}_k, \boldsymbol{X}_i) = G(\boldsymbol{X}_k, \boldsymbol{X}_i) \tag{5-74}$$

若基函数为高斯函数,则 $\phi(\boldsymbol{X}_k, \boldsymbol{X}_i)$ 可写为

$$\phi(\boldsymbol{X}_k, \boldsymbol{X}_i) = \exp\left(-\frac{1}{2\sigma^2}\| X_k - X_i \|\right) \tag{5-75}$$

在此基础上,结合寻优算法实现 RBF 神经网络模型相关系数的求解,确定输入变量与输出相应之间的关系。同样,其模型系数的确定需要结合航材消耗历史数据,进而实现下一阶段或下一时刻点的航材需求预测。

5.4 航材需求预测分析案例

选取某航空公司基地连续三年(36 个月)的某航材消耗量作为案例计算数据,

其消耗量如表 5.1 所示,航材消耗量与时间的关系曲线如图 5.5 所示。本节将分别通过指数平滑法、支持向量机和神经网络回归模型对航材需求量进行预测。

表 5.1　航材消耗历史数据信息

月序号	1	2	3	4	5	6	7	8	9
消耗量/件	110	116	131	129	121	135	148	146	136
月序号	10	11	12	13	14	15	16	17	18
消耗量/件	121	103	118	115	126	141	135	125	149
月序号	19	20	21	22	23	24	25	26	27
消耗量/件	170	167	158	133	114	140	145	150	178
月序号	28	29	30	31	32	33	34	35	36
消耗量/件	164	172	178	199	196	184	162	146	166

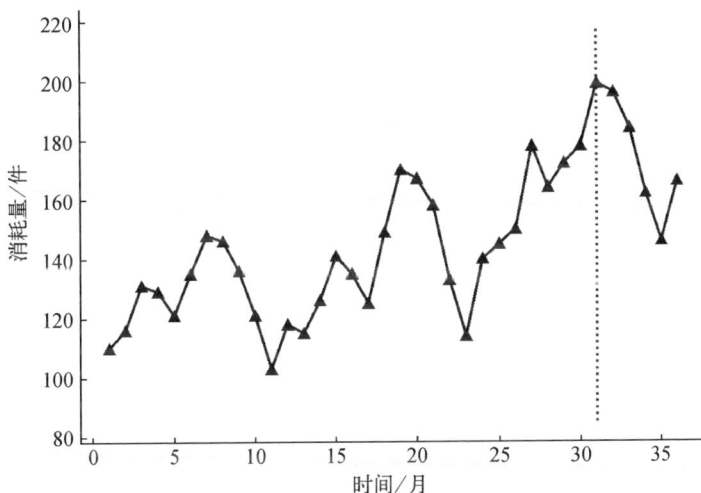

图 5.5　航材消耗量与时间关系曲线

从图 5.5 航材的消耗曲线,可观察出航材的消耗总体趋势是逐渐上升,且出现较大的波动,呈现明显的季节消耗特点。

5.4.1　基于指数平滑法的航材需求预测

现分别使用一次、二次、三次指数平滑法对该航材消耗数据进行消耗预测,选取前 31 期历史消耗数据作为初始数据,最后 5 期消耗数据作为预测数据,用以观察预测模型的实际效果。

首先对指数平滑法的初始值进行确定,由于选择用于预测的原始数据有 31 期,因此,选择航材历史消耗数据第 1 期的实际数据值作为平滑初始值。

其次是平滑系数 α 的选择,根据指数平滑法的计算可知,α 越大,则表明进行预测时,新一期数据的权重越大,即新数据所起的作用越大,用于预测的结果灵敏度越高,适应新数据的能力越好;而 α 越小,表明预测中对旧数据的权重越大,造成预测结果灵敏度低,且对实际数据的变动反应较慢,易产生滞后性。从图 5.5 中可以看出,该航材消耗数据波动较大,根据 5.2.2 小节中的平滑系数选择方案,本案例中,一次、二次、三次指数平滑法均选择平滑系数为 0.9,计算结果如表 5.2 所示。

表 5.2　指数平滑预测数据

月份序号	历史航材消耗量/件	一次指数平滑预测值/件	二次指数平滑预测值/件	三次指数平滑预测值/件
1	110			
2	116	110	110	110
3	131	115.4	120.8	116.5
4	129	129.4	144.0	131.6
5	121	129.0	130.1	129.6
6	135	121.8	114.7	121.5
7	148	133.7	144.8	135.6
8	146	146.6	160.6	148.7
9	136	146.1	146.9	146.7
10	121	137.0	128.0	136.6
11	103	122.6	107.3	121.6
12	118	105.0	85.8	103.5
13	115	116.7	126.5	118.5
14	126	115.2	114.6	115.6
15	141	124.9	134.6	126.5
16	135	139.4	154.8	141.6
17	125	135.4	133.0	135.6
18	149	126.0	116.4	125.6
19	170	146.7	166.4	149.6
20	167	167.7	190.6	170.8
21	158	167.1	168.8	167.8
22	133	158.9	150.9	158.7
23	114	135.6	111.5	133.6
24	140	116.2	94.3	114.5
25	145	137.6	156.9	140.6
26	150	144.3	152.8	145.7
27	178	149.4	155.4	150.7
28	164	175.1	201.5	178.8
29	172	165.1	157.7	164.8

续　表

月份序号	历史航材 消耗量/件	一次指数平滑 预测值/件	二次指数平滑 预测值/件	三次指数平滑 预测值/件
30	178	171.3	176.8	172.7
31	199	177.3	183.9	178.8
32	196	196.8	217.0	199.9
33	184	—	235.1	202.5
34	162	—	253.3	206.9
35	146	—	271.4	213.0
36	166	—	289.6	220.9
平均绝对 误差(MAD)	—	12.52	14.40	11.87

　　根据表 5.2 将一次、二次、三次指数平滑法预测数据绘制成时间与消耗量的预测曲线,如图 5.6 所示。

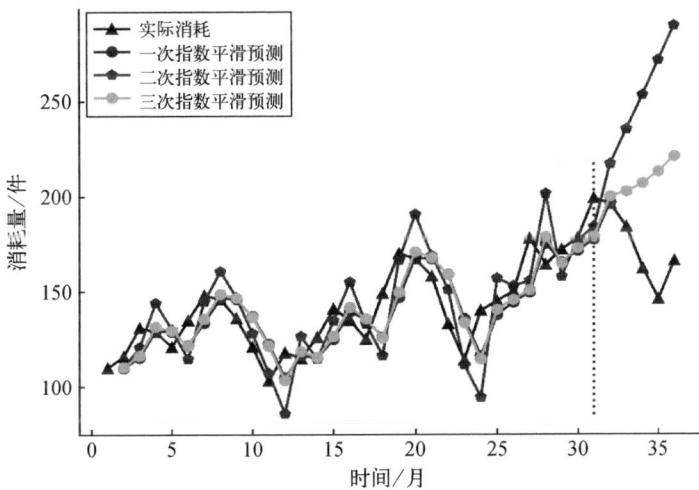

图 5.6　指数平滑法预测曲线

　　从图 5.6 中可知,三种预测模型对航材消耗预测均表现出一定的有效性,一次、二次和三次指数平滑法的平均绝对误差(MAD)分别为 12.52、14.4 和 11.87。由此可知,在本案例中,三次指数平滑法的效果最好。同时根据航材历史消耗数据可知,航材消耗量出现较大的波动,呈现出明显的非线性趋势,也表明三次指数平滑法对非线性数据的拟合能力较强。

　　一次指数平滑法由于需要历史消耗数据,则仅能预测下一期的数据,而二次、三次指数平滑法在理论上能对后续数据进行无限期预测,然而从图中亦可知,指数平滑法对后续数据的预测随着期数的增加预测的精度也越来越差。因此,无论是一次、二次还是三次指数平滑法,均仅适合短期的预测。随着现在机器学习的不断发展,使用机器学习方法进行航材消耗预测也是未来的一个趋势。

5.4.2 基于支持向量机回归模型的航材需求预测

支持向量回归(support vector regression,SVR)是支持向量机的一个重要分支,为适应训练样本集的非线性。SVR 是一种广泛使用的回归技术。它的基本思想是让维数(泛化误差)的上限最小化,从而使经验风险最小化,最终使训练数据的误差最小化。通过构造损失函数和选取适当的正则参数来处理回归问题,利用核函数把非线性问题转化为在高维特征空间求解线性问题。

SVR 使用核函数将数据映射到高维空间,它将数据映射到更高维空间。SVR 引入核函数后,使其具有处理非线性问题的能力。本案例在 Scikit - learn 中调用 SVR 模型,核函数使用 RBF。

其次是惩罚因子 C 的选择,惩罚因子 C 表征的是有多重视离群点,C 越大表示越重视,意味着对离群点的惩罚就越大。C 取值越大,则会有越少的数据点越过间隔边界,同时模型也将会变得越复杂。而 C 取值越小,则越多的数据点会跨过间隔边界,则形成的模型也将越平滑。通俗点来说,C 越大,模型越容易过拟合。C 越小,模型越容易欠拟合。本案例中 C 取值为 6 000。模型计算结果如表 5.3 所示。

表 5.3 航材历史消耗与 SVR 预测数据

消耗量/件	110	116	131	129	121	135	148	146	136
预测值/件	118.5	128.5	126.6	128.4	133.9	126.4	152.7	149.6	127.4
消耗量/件	121	103	118	115	126	141	135	125	149
预测值/件	133.9	115.6	131.5	126.8	131.8	137.4	126.4	132.7	153.7
消耗量/件	170	167	158	133	114	140	145	150	178
预测值/件	169.4	160.4	150.3	125.7	125.1	134.9	147.5	154.3	187.9
消耗量/件	164	172	178	199	196	184	162	146	166
预测值/件	153.5	175.5	187.9	184.6	183.4	188.2	150.9	149.6	157.8

将表 5.3 中数据整理绘制成航材历史消耗与预测曲线,如图 5.7 所示。

首先,通过 SVR 模型计算可知,其平均绝对误差(MAD)为 7.48,相比指数平滑法有所减少,表明该方法取得了更好的成绩,同时从图 5.7 预测曲线亦可知,所构建的 SVR 预测模型已能够很好地拟合出航材消耗数据,并且对后 5 期数据也能很好地进行预测,也凸显出 SVR 对航材消耗呈现出的非线性数据的优秀拟合能力,能够较为精确地捕捉到航材消耗的波动情况。

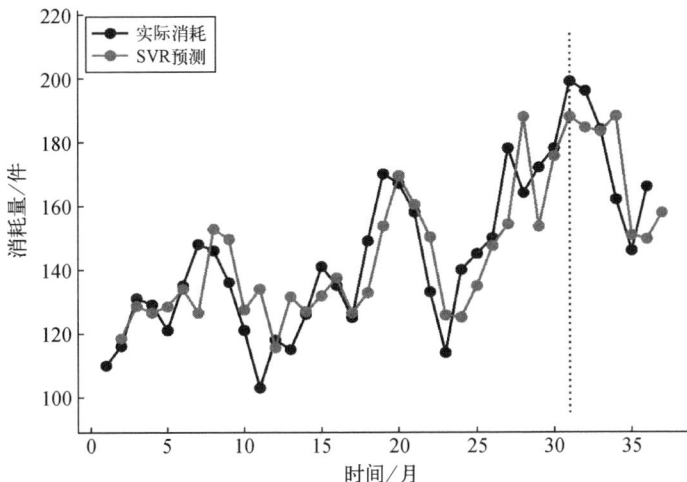

图 5.7　SVR 预测曲线

5.4.3　基于神经网络回归模型的航材需求预测

BP 神经网络回归结合了神经网络和回归两方面的优势,具有运算能力快、自组织学习能力强和较高容错性以及适应性等优点。它通过反向传播不断调整网络的权值和阈值,使输出样本与期望样本之间的误差尽量最小。

BP 神经网络构建的主要参数为隐含层的层数及节点数以及学习率。隐含层过多,节点数多则模型会越复杂,同时模型可能过拟合;隐含层少,节点数越少则模型越简单,但模型越易欠拟合。在构建 BP 神经网络时,应尽量降低模型复杂度。

本案例所建立的神经网络的输入值个数为 1,使用前一期数据对后一期数据进行预测隐含层的个数为 2 层,每层节点数为 10 个,激活函数选择 ReLu 函数,神经网络训练参数的设置分别为:迭代次数 100 次,学习率设置为 0.01。模型计算结果如表 5.4 所示。

表 5.4　航材历史消耗与 BP 回归预测值

消耗量/件	110	116	131	129	121	135	148	146	136
预测值/件	121.7	124.5	131.5	130.5	126.8	133.4	153.3	149.0	133.9
消耗量/件	121	103	118	115	126	141	135	125	149
预测值/件	126.8	118.4	125.4	124.0	129.1	139.0	133.4	128.7	155.5
消耗量/件	170	167	158	133	114	140	145	150	178
预测值/件	170.2	168.2	162.2	132.4	123.5	137.9	146.9	157.5	175.6
消耗量/件	164	172	178	199	196	184	162	146	166
预测值/件	166.2	171.6	175.6	189.7	187.7	179.6	164.9	149.0	167.5

将表 5.4 中数据整理绘制成航材历史消耗与预测曲线,如图 5.8 所示。

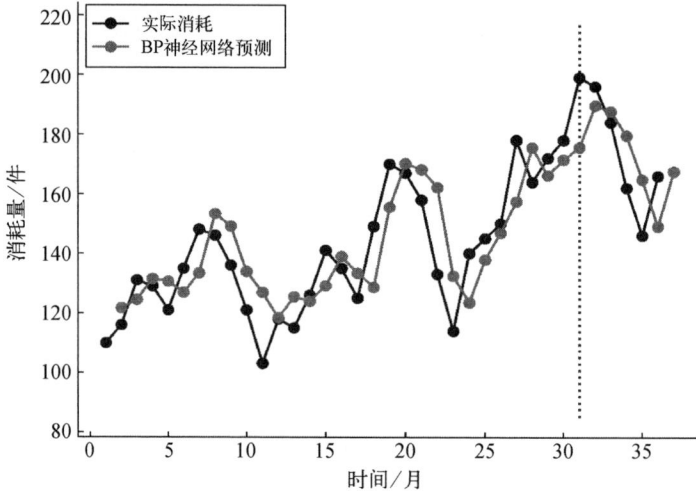

图 5.8　BP 回归预测曲线

BP 神经网络回归模型平均绝对误差(MAD)为 4.31,比指数平滑法与 SVR 方法更低,从图 5.8 可知,本案例所构建的 BP 神经网络回归对训练数据的拟合能力非常强大,并在最后 5 期数据的预测上表现非常优秀,这也表明 BP 神经网络在对航材消耗预测上具有较大的优势。

综上三种航材预测模型的表现能力,一次、二次、三次指数平滑法仅能对短期内的数据进行预测,且对不同的消耗曲线需要选择不同的指数平滑方法。而机器学习中 SVR 模型则对非线性数据表现良好,BP 神经网络回归对航材非线性消耗量的拟合能力更为优秀,这也将是未来航材预测的一个主要方向。

第 6 章　民机航材库存管理数学基础

■
■
■
■

　　民机航材库存管理是综合后勤保障重要组成部分,也是完善民机维修体系的关键。其目的是满足民机产品故障、失效而产生的维修需求,为了满足民机维修需求,需要从维修需求的描述分析和航材供应决策两个角度进行研究。在维修需求的描述分析方面,故障和失效的发生往往具有随机性和不确定性,因此在研究过程中涉及概率论和统计学等数学理论;而在民机维修与航材供应决策方面,主要涉及的数学理论包括随机过程、排队论、航材库存理论与优化方法等。本章将介绍民机实际维修过程中航材库存管理相关的数学基础知识。

6.1　航材工程中常用的概率分布

　　在民机航材库存管理相关的工程问题中,其故障失效、维修需求数据通常是从民机部附件、系统、整机的设计制造试验、现场试用和使用维修过程中获取。为了对采集的相关数据进行有效的描述、分析和处理,进一步掌握其规律并合理应用于航材库存管理,需要借助一些数学手段,如数学分布、概率分布等。

6.1.1　分布函数与概率密度函数

　　设 X 为随机变量,对任意的 x 有 $F(x) = P\{X \leqslant x \mid (-\infty < x < +\infty)\}$,则 $F(x)$ 为随机变量 X 的分布函数,且对于任意 x 的分布函数值等于 X 在 $(-\infty, x]$ 区间取值的概率。因此,对于任意的 x_1 和 x_2,并且 $x_1 < x_2$,则有

$$P(x_1 < x \leqslant x_2) = P\{X \leqslant x_2\} - P\{X \leqslant x_1\} = F(x_2) - F(x_1)$$

$$(6-1)$$

因此,在 X 的分布函数已知的情况下,可以获取 X 在区间 $(x_1, x_2]$ 的概率,即分布函数可以描述随机变量的分布规律。

分布函数具有的性质具体如下[134]:

(1) $F(x)$ 是单调递增的,对任意的 x_1 和 $x_2(x_1 < x_2)$ 有 $F(x_1) \leqslant F(x_2)$;

(2) $0 \leqslant F(x) \leqslant 1$, $F(-\infty) = 0$, $F(+\infty) = 1$;

(3) $F(x)$ 是右连续的函数,对任意的 x 有 $F(x) = F(x^+)$;

(4) 对任意的 x_1 和 $x_2(x_1 < x_2)$, $P(x_1 < x \leqslant x_2) = F(x_2) - F(x_1)$;

(5) 对任意的 x 有 $P\{X = x\} = F(x) - F(x^-)$,其中 $F(x^-) = \lim\limits_{\Delta x \to 0^-} F(x + \Delta x)$。

若随机变量 X 的分布函数为 $F(x)$,存在分布函数的非负可积函数 $f(x)$,则对于任意的 x 有

$$F(x) = \int_{-\infty}^{x} f(t) \, \mathrm{d}t \qquad (6-2)$$

式中,X 为连续性随机变量;$f(x)$ 为概率密度函数。

概率密度函数 $f(x)$ 具有的性质具体如下:

(1) $f(x) \geqslant 0$ 且 $\int_{-\infty}^{+\infty} f(x) \, \mathrm{d}x = 1$;

(2) 对于任意的 x_1 和 $x_2(x_1 < x_2)$ 有 $P\{x_1 < X \leqslant x_2\} = F(x_2) - F(x_1)$;

(3) 如果 $f(x)$ 在 x 处连续,则有 $F'(x) = f(x)$。

6.1.2　概率分布

本小节将介绍航材工程中常用的概率分布,主要包括离散型分布和连续性分布[135]。离散型分布包括二项分布、泊松分布、几何分布、负二项分布、超几何分布等;连续性分布包括 Weibull 分布、指数分布、正态分布、对数正态分布等。

1. 二项分布

二项分布是重复 n 次独立的伯努利试验,具有如下特点:

(1) 每次试验有两种可能的结果,即成功或失败;

(2) 每次试验成功的概率为 p,试验失败的概率为 $q = 1 - p$;

(3) 每次试验不受其他试验结果的影响,n 次试验相互独立。

在 n 次重复独立的伯努利试验中,试验成功的次数 X 是一个随机变量,其概率分布为

$$P(X = k) = C_n^k p^k q^{n-k}, \quad k = 0, 1, \cdots, n \qquad (6-3)$$

二项分布的期望和方差为

$$E(X) = np$$

$$D(X) = npq \qquad (6-4)$$

2. 泊松分布

泊松分布在航材工程管理中是一种常见的离散型分布,该分布是由法国数学家 Poisson 首次提出。在事件发生的概率 p 非常低,且试验次数足够多的情况下,则泊松分布作为二项分布的近似,这就是泊松定理。

泊松定理:在 n 重伯努利试验中,事件 A 在每次试验中发生的概率为 p,出现 A 的总次数 k 服从二项分布 $B(n,p)$,当 n 很大 p 很小,$\lambda = np$ 大小适中时,二项分布可用参数为 $\lambda = np$ 的泊松分布来近似。若 $n \to \infty$,则事件 A 发生 k 次的概率为

$$\lim_{n \to \infty} C_n^k p^k (1-p)^{n-k} = \frac{\lambda^k}{k!} e^{-\lambda}, \quad k = 0, 1, 2, \cdots \qquad (6-5)$$

式(6-5)称为泊松分布,可记为 $P(\lambda)$。如果随机变量 X 服从参数为 λ 的泊松分布,则 X 的概率为

$$P\{X = k\} = \frac{\lambda^k}{k!} e^{-\lambda}, \quad \lambda > 0 \qquad (6-6)$$

泊松分布的期望和方差为

$$E(X) = np = \lambda$$

$$D(X) = np = \lambda \qquad (6-7)$$

3. 几何分布

几何分布是在 n 次伯努利试验中,试验 k 次才得到第一次成功的概率,即前 $k-1$ 次皆失败,第 k 次成功的概率。记伯努利试验中成功的概率为 p $(0 < p < 1)$,失败的概率为 $q = 1 - p$,如 X 表示首次成功的试验次数,则

$$P\{X = k\} = p(1-p)^{k-1} = pq^{k-1}, \quad k = 1, 2, \cdots \qquad (6-8)$$

此时称随机变量 X 服从几何分布,其期望和方差为

$$E(X) = \frac{1}{p}$$

$$D(X) = \frac{1-p}{p^2} \qquad (6-9)$$

4. 负二项分布

负二项分布又称为帕斯卡分布,是几何分布的推广形式,其可定义为:假设有一组独立的伯努利试验,每次试验有成功和失败两种结果,每次试验的成功概率是

p,失败的概率为 $q = 1 - p$,伯努利试验持续进行直至非成功次数达到 r 次,试验总次数记为 X,则有

$$P\{X = k\} = C_{k-1}^{r-1} p^{r-1} q^{k-1} p, \quad k = r, r + 1, \cdots \tag{6-10}$$

则随机变量 X 服从负二项分布。

负二项分布的期望和方差为

$$E(X) = \frac{rp}{1 - p}$$

$$D(X) = \frac{r(1 - p)}{p^2} \tag{6-11}$$

5. 超几何分布

超几何分布用于描述有限个物件中抽出 n 个物件,在不放回抽样的情况下成功抽出指定种类的物件的次数,随机变量 X 的概率分布为

$$P\{X = k\} = \frac{C_M^k C_{N-M}^{n-k}}{C_N^n}, \quad k = 0, 1, \cdots, \min\{n, M\} \tag{6-12}$$

式中,$0 \leqslant n \leqslant N, 0 \leqslant M \leqslant N$,此时随机变量 X 服从超几何分布;通俗表述为:一批数量为 N 的产品,含有 M 件次品(其中 $M \leqslant N$),从该批产品中随机抽取 n 件,则其中含有次品数量 X 即服从超几何分布。

超几何分布的均值和方差为

$$E(X) = \frac{nM}{N}$$

$$D(X) = \frac{N - n}{N - 1} n \frac{M}{N} \frac{N - M}{N} \tag{6-13}$$

在实际工程中,若产品总数 N 很大,抽样数量 n 相对较小,则超几何分布可近似于二项分布,即

$$P\{X = k\} = \frac{C_M^k C_{N-M}^{n-k}}{C_N^n} \approx C_n^k \left(\frac{M}{N}\right)^k \left(1 - \frac{M}{N}\right)^{n-k} \tag{6-14}$$

6. Weibull 分布

Weibull 分布是连续型概率分布,由 Fréchet 在 1927 年提出,其概率密度函数为

$$f(x) = \begin{cases} \dfrac{m}{t_0} (x - \gamma)^{m-1} \exp\left[-\dfrac{(x - \gamma)^m}{t_0}\right], & x \geqslant \gamma; m, t_0 > 0 \\ 0, & x < \gamma \end{cases} \tag{6-15}$$

则称随机变量 X 服从 m、t_0 和 γ 的 Weibull 分布;式中,m 为形状参数,t_0 为尺度参数,γ 为位置参数。

Weibull 分布函数可表述为

$$F(x) = 1 - \exp\left[-\frac{(x-\gamma)^m}{t_0} \right] \tag{6-16}$$

依据式(6-16)可获取 Weibull 分布的期望和方差,即

$$E(X) = \gamma + t_0 \Gamma\left(1 + \frac{1}{m} \right)$$

$$D(X) = t_0^2 \left\{ \Gamma\left(1 + \frac{2}{m} \right) - \left[\Gamma\left(1 + \frac{1}{m} \right) \right]^2 \right\} \tag{6-17}$$

7. 指数分布

指数分布用以描述泊松过程中事件之间的时间概率分布,即事件以恒定平均速率连续且独立地发生的过程。该分布是故障率 λ 为常数且与 x 无关的分布,机械电子产品的故障一般服从指数分布,其概率密度函数为

$$f(x) = \begin{cases} \lambda e^{-\lambda x}, & x \geqslant 0 \\ 0, & x < 0 \end{cases} \tag{6-18}$$

指数分布的分布函数可写为

$$F(x) = \begin{cases} 1 - e^{-\lambda x}, & x \geqslant 0 \\ 0, & x < 0 \end{cases} \tag{6-19}$$

指数分布的期望和方差为

$$E(X) = \frac{1}{\lambda}$$

$$D(X) = \frac{1}{\lambda^2} \tag{6-20}$$

8. 正态分布

正态分布也称为高斯分布,是具有两个参数 μ 和 σ^2 的连续型随机变量的分布,其中 μ 是正态分布的位置参数,描述正态分布的集中趋势位置,σ 是正态分布的形状参数,描述正态分布资料数据分布的离散程度;其概率密度函数为

$$f(x) = \frac{1}{\sqrt{2\pi}\,\sigma} \exp\left[-\frac{(x-\mu)^2}{2\sigma^2} \right], \quad -\infty < x < +\infty \tag{6-21}$$

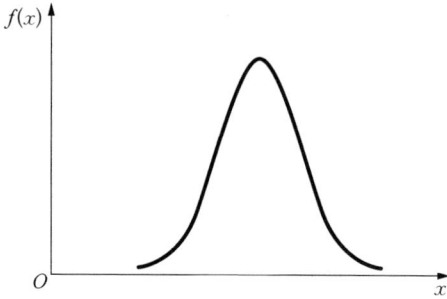

图 6.1　正态分布概率密度曲线

则称随机变量 X 服从参数 μ、σ 的正态分布,记为 $X \sim N(\mu, \sigma^2)$,该分布的概率密度曲线如图 6.1 所示,且具有如下性质:

(1) 概率密度曲线关于直线 $x = \mu$ 对称,即 $f(x - \mu) = f(x + \mu)$;

(2) 概率密度曲线与 x 轴之间的面积之和为 1;

(3) 当 $x = \mu$ 时,$f(x)$ 取最大值,即
$$f(\mu) = \frac{1}{\sqrt{2\pi}\,\sigma};$$

(4) 当 $x \to \pm\infty$ 时,$f(x) \to 0$。

正态分布的分布函数(累积分布函数)为

$$F(x) = \frac{1}{\sqrt{2\pi}\,\sigma} \int_{-\infty}^{x} \exp\left[-\frac{(x - \mu)^2}{2\sigma^2} \right] \mathrm{d}x \tag{6-22}$$

正态分布的期望和方差为

$$E(x) = \mu$$
$$D(x) = \sigma^2 \tag{6-23}$$

特别地,当 $\mu = 0$,$\sigma^2 = 1$ 时,随机变量 X 服从标准正态分布,记为 $X \sim N(0, 1)$,其概率密度函数和分布函数为

$$f(x) = \frac{1}{\sqrt{2\pi}} \exp\left(-\frac{x^2}{2} \right)$$

$$F(x) = \frac{1}{\sqrt{2\pi}} \int_{-\infty}^{x} \exp\left(-\frac{x^2}{2} \right) \mathrm{d}x \tag{6-24}$$

9. 对数正态分布

对数正态分布是指随机变量 X 本身不服从正态分布,但对其取对数后,如果 $\ln X$ 服从正态分布,则称随机变量 X 服从对数正态分布。对数正态分布的概率密度函数为

$$f(x) = \frac{1}{\sqrt{2\pi}\,\sigma x} \exp\left[-\frac{(\ln x - \mu)^2}{2\sigma^2} \right] \tag{6-25}$$

基于式(6-25),可以求得对数正态分布的分布函数为

$$F(x) = \frac{1}{\sqrt{2\pi}\,\sigma} \int_{-\infty}^{x} \frac{1}{x} \exp\left[-\frac{(\ln x - \mu)^2}{2\sigma^2} \right] dx \qquad (6-26)$$

对数正态分布的期望和方差为

$$E(X) = \exp\left(\mu + \frac{\sigma^2}{2}\right)$$

$$D(X) = \left[\exp(\sigma^2) - 1\right]\exp(2\mu + \sigma^2) \qquad (6-27)$$

6.2　随机过程及排队论

由于工程实际中故障的发生具有随机性和不确定性,所以民机故障维修和航材配置及库存管理同样具有随机性和不确定性,本章将对民机航材库存管理涉及的随机过程和排队论相关基础知识进行论述。其中,随机过程主要从泊松过程、马尔可夫过程和更新过程进行介绍,进而阐述民机航材库存管理涉及的排队论相关内容。

6.2.1　随机过程

随机过程是概率论的继承和发展,被称为概率论的动力学,即随机过程的研究对象是随时间演变的随机现象,事物的变化过程不能用一个或几个与时间 t 有关的确定函数加以描绘,或从另一个角度来说,对事物变化的全过程进行一次观察得到的结果是一个时间 t 的函数,但对同一事物的变化过程独立地进行多次观察所得到的结果是不同的,并且每次观察之前不能预知结果,这样的一个过程就是随机过程[136,137]。本小节将分别从随机过程定义与描述、与民机航材库存管理有关的随机过程(包括泊松过程、马尔可夫过程和更新过程)进行说明。

1. 随机过程定义与描述

随机过程可定义为[51]:设对每个参数 $t \in T$, $X(t, w)$ 是一随机变量,称随机变量族 $X_T = \{X(t, w), t \in T\}$ 为一随机过程或随机函数。参数 $t \in T$ 一般表示时间或空间,T 是一实数集也称参数集或指标集。若 T 是可计数的,此过程则为离散随机过程;若 T 是连续的,此过程则为连续随机过程。$X(t, w)$ 为对应参数 t 时刻随机变量所处的状态,其取值的全体集合称为状态空间。

此外,随机过程常用的基本概念还包括独立增量过程和平稳增量过程。其中,独立增量过程:对任意的 $t_1, t_2, \cdots, t_n \in T$ 且 $t_1 < t_2 < \cdots < t_n$,随机变量 $X(t_2) - X(t_1)$, $X(t_3) - X(t_2)$, $\cdots$, $X(t_n) - X(t_{n-1})$ 是相互独立的,则称 $X(t)$ 为独立增量过程;平稳增量过程:对任意相邻时刻 $t_2 > t_1 > 0$ 和任意常数 $h > 0$,随机变量

$X(t_2) - X(t_1)$ 和 $X(t_2 + h) - X(t_1 + h)$ 为同分布时,则称随机变量 $X(t)$ 为平稳增量过程。如果 $X(t)$ 同时具有独立增量和平稳增量特性,则称随机变量为平稳独立增量过程。

依据实数集 T(包括离散集和连续集)和状态空间(包括离散的和连续的)的情况,随机过程可以分为四类:离散参数、离散状态的随机过程,离散参数、连续状态的随机过程,连续参数、离散状态的随机过程和连续参数、连续状态的随机过程。离散参数、离散状态的随机过程的特点是参数集是离散的,对于固定的 $t \in T$,$X(t)$ 是离散型随机变量;离散参数、连续状态的随机过程的特点是参数集是离散的,对于固定的 $t \in T$,$X(t)$ 是连续型随机变量;连续参数、离散状态的随机过程的特点是参数集是连续的,对于固定的 $t \in T$,$X(t)$ 是离散型随机变量;连续参数、连续状态的随机过程的特点是参数集是连续的,对于固定的 $t \in T$,$X(t)$ 是连续型随机变量。

对于随机过程 $X(t)$,其特性可由概率分布函数及概率密度函数描述,对于离散状态过程,其概率分布函数可以表示为

$$P_{X(t)}(k) = P\{X(t) = k\}$$

$$\sum_k P_{X(t)} = 1 \qquad (6-28)$$

对于连续状态过程,其一维连续分布函数和 n 维联合分布函数如式(6-29)和(6-30)所示,其一维概率密度函数和 n 维概率密度函数可表示为式(6-31)和(6-32)。

$$F(x) = P\{X(t) < x\}, \quad t \text{ 为常数}$$

$$F(-\infty) = 0; F(+\infty) = 1 \qquad (6-29)$$

$$F(x) = F(x_1, x_2, \cdots, x_n) = P\{X(t_1) < x_1, X(t_2) < x_2, \cdots, X(t_n) < x_n\}$$

$$(6-30)$$

式(6-30)为随机过程的 n 维联合分布函数,描述了随机过程 $X(t)$ 在任意 n 个时刻的统计特性。

$$f(x) = \frac{\partial F(x)}{\partial x}$$

$$\int_{-\infty}^{+\infty} f(x)\,dx = 1 \qquad (6-31)$$

$$f(\boldsymbol{x}) = f(x_1, x_2, \cdots, x_n) = \frac{\partial^n F(x_1, x_2, \cdots, x_n)}{\partial x_1 \partial x_2 \cdots \partial x_n} \qquad (6-32)$$

随机过程的数字特征可通过期望和方差表示,其数学期望为

离散状态过程 　　$E[X(t)] = \mu(t) = \sum_k kP\{X(t) = k\}$

连续状态过程 　　$E[X(t)] = \mu(t) = \int_{-\infty}^{+\infty} xf(x)\,\mathrm{d}x$ 　　　　(6-33)

随机过程的方差为

$$D[X(t)] = \sigma_{X(t)}^2 = E\{[X(t) - \mu(t)]^2\} = E[X^2(t)] - [\mu(t)]^2$$
$$(6-34)$$

2. 泊松过程

泊松过程是一类重要、应用广泛的计数过程,而随机过程的计数过程是指以 $N(t)$ 描述到时刻 t 为止某一特定事件 A 发生的次数,具有特点如下:

(1) $N(t) \geqslant 0$,并且取值为整数;

(2) 当 $s < t$ 时 $N(s) \leqslant N(t)$,且 $N(t) - N(s)$ 为事件 A 在时间段 $(s, t]$ 发生的次数。

泊松过程也是经典的随机过程之一,在随机过程的理论和应用中占有重要的地位。泊松过程所有的事件出现间隔时间彼此独立且服从同一参数的指数分布。

泊松过程 $\{N(t), t\}$ 是一个满足下列条件的计数过程:

(1) $N(0) = 0$;

(2) 具有独立增量;

(3) 对于长度为 t 的时间段内,事件服从均值为 λt 的泊松分布,即对于所有的 h 和 t 存在

$$P[N(t + h) - N(t) = n] = \frac{\mathrm{e}^{-\lambda t}(\lambda t)}{n!}, \quad n = 0, 1, 2, \cdots \quad (6-35)$$

对于泊松过程计数过程条件(1)指出了计数从时间 $t = 0$ 开始,条件(2)说明了泊松过程任意两个不连贯的区间内事件发生相互独立且具有递增特性,条件(3)可推出长度为 t 时间内事件发生的期望,即

$$E[N(t)] = \lambda t \quad (6-36)$$

泊松过程航材工程与管理方面的应用比较广泛,下面将介绍泊松过程在航材供应等领域的应用。

(1) 泊松过程在航材库存满足率的应用。

对于民机某种故障件,假设其航材初始库存数量为 N,且在时间 t 未对航材库存进行补给,也没有对故障件进行修复,则在规定时间 t 内,航材需求数量超过

初始库存水平 N 时,库存会被用完。结合泊松过程可以得到时间为 t 的航材库存满足率[138]为

$$\tau = \sum_{k=0}^{N} \frac{e^{-\lambda t} (\lambda t)^k}{k!} \qquad (6-37)$$

式中,τ 表示航材库存满足率,λ 可表示为

$$\lambda = \frac{1}{\text{MTBUR}} \qquad (6-38)$$

其中,MTBUR 为平均非计划拆换间隔时间(mean time between unplanned removals),通常 MTBUR 可由平均拆卸间隔时间 MTBR(mean time between removals)或平均故障间隔时间 MTBF(mean time between failure)替换。

（2）泊松过程在期望订货数的应用。

在民机过程中部附件发生故障,假设初始状态的航材数量为 N,且航材库存中的故障件并未修复,也没有进行补给供货。在整个任务时间周期 t 内,只有需求数量超过 N 时才进行补货,则基于泊松过程其期望订货数[139]可表示为

$$\gamma = \sum_{k=N+1}^{\infty} (k - N) \frac{e^{-\lambda t} (\lambda t)^k}{k!} \qquad (6-39)$$

式中,γ 表示期望订货数。

通过上述应用可以看出,泊松过程适用于故障失效或拆卸导致的维修间隔时间服从指数分布的情况,对于具有失效机制或退化功能产品的航材工程与管理,泊松过程并不适用。民机由成千上万元件组装而成,是极其复杂的大系统,依据 Drenick 定理[140]民机具有大量的外场可更换单元(line repairable units, LRU)和内场可更换单元(shop repairable units, SRU),若其中每个 LRU 或 SRU 可运用泊松过程进行描述,那么 LRU 或 SRU 在维修过程中将服从指数分布。泊松过程可用于航材工程与管理,如 LRU 或 SRU 维修过程的航材配置规划管理,Drenick 定理建立在中心极限定理之上,该定理为洞察与理解复杂系统的性能提供了扎实的理论基础,在航材需求及配置方面具有重要的应用价值。

3. 马尔可夫过程

马尔可夫过程[141]是一类随机过程,它的原始模型马尔可夫链,由俄国数学家 Markov 首次提出。马尔可夫过程是研究离散事件动态系统状态空间的重要方法,其数学基础是随机过程理论。下面将给出马尔可夫过程定义:当随机过程在 t_n 时刻所处的状态为已知时,过程在大于 t_n 的时刻所处状态的概率特性只与过程在 t_n 时刻所处的状态有关,而与过程在 t_n 时刻以后的状态无关,则此性质称为无后效性。具有无后效性的随机过程 $\{X(t), t \in T\}$ 称为马尔可夫过程。

无后效性也可称为马尔可夫性或无记忆性[142]，对于随机过程 $\{X(t), t \in T\}$，E 为其状态空间，若对任意的参数 $t_0 < t_1 < t_2 < \cdots < t_n < t$ 和 $x_0, x_1, x_2, \cdots, x_n$ $(x \in E)$，随机变量 $X(t)$ 在已知变量 $X(t_0) = x_0$，$X(t_1) = x_1$，$X(t_2) = x_2$，$\cdots$，$X(t_n) = x_n$ 之下的条件分布函数只与 $X(t_n) = x_n$ 有关，而与 $X(t_0) = x_0$，$X(t_1) = x_1$，$X(t_2) = x_2$，$\cdots$，$X(t_{n-1}) = x_{n-1}$ 无关，则分布函数满足

$$F(x, t \mid x_n, x_{n-1}, \cdots, x_1, x_0, t_n, t_{n-1}, \cdots, t_1, t_0) = F(x, t \mid x_n, t_n) \tag{6-40}$$

式(6-40)可以写成

$$P\{X(t) \leqslant x \mid X(t_n) = x_n, X(t_{n-1}) = x_{n-1}, \cdots, X(t_1) = x_1,$$
$$X(t_0) = x_0\} = P\{X(t) \leqslant x \mid X(t_n) = x_n\} \tag{6-41}$$

式(6-41)为马尔可夫性，如果随机过程 $\{X(t), t \in T\}$ 满足马尔可夫性，则称为马尔可夫过程[143]。马尔可夫过程的时间和状态可以是连续的也可以是离散的，如泊松过程就是时间连续状态离散的马尔可夫过程，而维纳过程就是时间连续状态也连续的马尔可夫过程。

通常我们称具有时间离散、状态离散的马尔可夫过程为马尔可夫链，记为 $\{X_n = X(n), n = 0, 1, 2, \cdots\}$，可以看作在时间集 $T = \{0, 1, 2, \cdots\}$ 对离散状态的马尔可夫过程观察的结果。记马尔可夫链的状态空间 $E = \{a_1, a_2, \cdots\}$，在马尔可夫链的情形下，常用条件分布律来表示，即对任意的正整数 n，r 和 $0 \leqslant t_1 < t_2 < t_i < \cdots < t_r < k(t_i, k, n+k \in T)$，则有

$$P\{X_{n+k} = a_j \mid X_{t_1} = a_{i_1}, X_{t_2} = a_{i_2}, \cdots, X_{t_r} = a_{i_r}, X_k = a_i\}$$
$$= P\{X_{n+k} = a_j \mid X_k = a_i\} \tag{6-42}$$

若记式(6-42)右侧为 $P_{ij}(k, n+k)$，则可写为

$$P_{ij}(k, n+k) = P\{X_{n+k} = a_j \mid X_k = a_i\} \tag{6-43}$$

该式为马尔可夫链在时刻 k 处于状态 a_i 条件下，在时刻 $n+k$ 转移到状态 a_j 的转移概率。由于马尔可夫链在 k 时刻从任何一个状态 a_i 出发，到另一时刻 $n+k$ 必然转移到状态空间 E 中的某一个，所以有

$$\sum_{j \in E} P_{ij}(k, n+k) = 1, \quad i = 1, 2, \cdots \tag{6-44}$$

式中，转移概率组成的矩阵称为马尔可夫链的转移概率矩阵，记为 $\mathbf{P}(k, n+k) = P_{ij}(k, n+k)$；此外，转移概率矩阵中每一行之和等于1。

若对任意的 $k, n \geqslant 0$，则有

$$P_{ij}(k, n+k) = P\{X(n+k) = a_j \mid X(k) = a_i\} = P_{ij}(n), \quad a_i, a_j \in E$$

$$(6-45)$$

由式(6-45)可以看出,马尔可夫过程的转移概率仅与 i、j 和时间间距 n 有关,与起始时刻的位置 k 无关,则称转移概率具有平稳性。马尔可夫链的平稳性反映了无论从什么时刻开始,系统未来的状态变化过程的统计规律总是一致的,本章讨论的马尔可夫过程均假定具有平稳性。对于具有平稳性的马尔可夫过程,可由式(6-46)定义其转移概率:

$$P_{ij}(n) = P\{X_{n+k} = a_j \mid X_m = a_i\} \qquad (6-46)$$

该式称为马尔可夫链的 n 步转移概率,其中 $\boldsymbol{P}(n) = P_{ij}(n)$ 为 n 步转移概率矩阵。依据此式可定义单步(或称一步)转移概率 $p_{ij} = P_{ij}(1) = P\{X_{k+1} = a_j \mid X_k = a_i\}$,以及单步转移概率矩阵为

$$X_{k+1} \text{ 的状态}$$

$$
\begin{array}{c}
\quad\quad\quad a_1 \quad a_2 \quad \cdots \quad a_j \quad \cdots \\
\begin{array}{cc}
X_k & a_1 \\
\text{的} & a_2 \\
\text{状} & \vdots \\
\text{态} & a_i \\
& \vdots
\end{array}
\begin{bmatrix}
p_{11} & p_{12} & \cdots & p_{1j} & \cdots \\
p_{21} & p_{22} & \cdots & p_{2j} & \cdots \\
\vdots & \vdots & & \vdots & \\
p_{i1} & p_{i2} & \cdots & p_{ij} & \cdots \\
\vdots & \vdots & & \vdots &
\end{bmatrix} = \boldsymbol{P}(1) = \boldsymbol{P}
\end{array}
\qquad (6-47)
$$

设 $\{X_n = X(n), n = 0, 1, 2, \cdots\}$ 是具有平稳性的马尔可夫链,则对任意的 u,$v \in T$ 有

$$P_{ij}(u, v) = \sum_{k=1}^{\infty} P_{ik}(u)P_{kj}, \quad i, j = 1, 2, \cdots \qquad (6-48)$$

式(6-48)为 Chapman - Kolmogorov 方程,简称 C - K 方程,该方程基于下述事实:从某时刻 s 所处的状态 a_i,即 $X(s) = a_i$,经时段 $(u+v)$ 转移到状态 a_j,即 $X(s+u+v) = a_j$。这一事件可以分解为:从 $X(s) = a_i$ 出发,先经过时段 u 转移到状态 a_k,即 $X(s+u) = a_k$,再从状态 a_k 经过时段 v 转移到状态 a_j。 C - K 方程可以写成矩阵形式,即

$$\boldsymbol{P}(u+v) = \boldsymbol{P}(u)\boldsymbol{P}(v) \qquad (6-49)$$

结合 C - K 方程可以确定马尔可夫链的 n 步转移概率,令式(6-49)中的 $u = 1, v = n - 1$,则可得递推关系为

$$P(n) = P(1)P(n-1) = PP(n-1) \tag{6-50}$$

进而可得马尔可夫链的 n 步转移概率与单步转移概率的关系:

$$P(n) = P^n \tag{6-51}$$

由式(6-51)可以看出,对于具有平稳性的马尔可夫链,n 步转移概率矩阵是其单步转移概率矩阵的 n 次方,进而可知马尔可夫链的有限维分布可由初始分布与单步转移概率确定。

对于马尔可夫链 $\{X(t), t \geq 0\}$,令 $P_j(t) = P\{X(t) = a_j\}, a_j \in E$,则系统在时刻 t 处于状态 a_j 的概率为

$$P_j(t) = \sum_{a_k \in E} P_k(0) P_{kj}(t) \tag{6-52}$$

通常称 $P_j(0) = P\{X(0) = a_j\}$ 和 $P_j(n) = P\{X(n) = a_j\}$ 分别为 $\{X(t), t \geq 0\}$ 初始概率和绝对概率,称 $\{p_j(0), a_j \in E\}$ 和 $\{p_j(n), a_j \in E\}$ 为 $\{X(t), t \geq 0\}$ 的初始分布和绝对分布。

对于状态空间为 E,单步转移概率为 p_{ij} 的马尔可夫链,如果概率分布满足:

$$\begin{cases} \pi_j = \sum_{i \in E} \pi_i p_{ij} \\ \sum_{j \in E} \pi_j = 1, \quad \pi_j \geq 0 \end{cases} \tag{6-53}$$

则称 $\{\pi_j, j \in E\}$ 为马尔可夫链的平稳过程。

平稳分布 $\{\pi_j, j \in E\}$ 必须满足:

$$\{\pi_1, \pi_2, \cdots, \pi_r\} \begin{bmatrix} p_{11} & p_{12} & \cdots & p_{1r} \\ p_{21} & p_{22} & \cdots & p_{2r} \\ \vdots & \vdots & & \vdots \\ p_{r1} & p_{r2} & \cdots & p_{rr} \end{bmatrix} = [0, 0, \cdots, 0] \tag{6-54}$$

此外,平稳分布的定义与求解往往还依赖马尔可夫链状态空间的遍历性、状态的周期性等。

平稳分布依据 C-K 方程可以分为 Kolmogorov 向后过程和向前方程,其中 Kolmogorov 向后过程为:对于一切空间状态 i, j 和时间 $t \geq 0$,记 v_i 为马尔可夫过程处于状态 i 时的转移速率,q_{ik} 为马尔可夫过程处于状态 i 时转移到状态 k 的速率,则有

$$P'_{ij}(t) = \sum_{k \neq i} q_{ik} P_{kj}(t) - v_i P_{ij}(t) \tag{6-55}$$

式(6-55)称为向后过程,其原因在于系统在一段时间间隔后才开始转换。

Kolmogorov 向前过程可描述为:对于一切空间状态 i, j 和时间 $t \geq 0$,在合适的正则条件下存在

$$P'_{ij}(t) = \sum_{k \neq j} q_{kj} P_{ik}(t) - v_j P_{ij}(t) \tag{6-56}$$

在航材工程与管理方面,离散时间马尔可夫链应用比较广泛,主要用于具有横向供应和考虑冗余系统的航材配置规划研究领域,具体应用将在本书第 7 章民机航材库存配置管理进行介绍。离散时间马尔可夫链具有五个基本性质:互通性、不可约、周期性、常返性和遍历性。下面将对这五个基本性质进行阐述。

(1)互通性:如果有两个空间状态 i 和 j,存在 $i \to j$ 和 $j \to i$,则称状态 i 和状态 j 相通,记为 $i \leftrightarrow j$;图 6.2 给出了不通和互通的示意图。

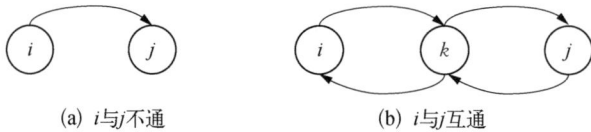

(a) i 与 j 不通　　　　(b) i 与 j 互通

图 6.2　不通和互通的示意图

由图 6.2 可知,互通性满足自反性 ($i \leftrightarrow i$)、对称性($i \leftrightarrow j$ 当且仅当 $j \leftrightarrow i$)和传递性(若 $i \leftrightarrow k$ 且 $k \leftrightarrow j$,则 $i \leftrightarrow j$)。

(2)不可约:如果一个马尔可夫链的任意两个状态都互通,则称此为不可约马尔可夫链,反之则称为可约马尔可夫链。图 6.3 给出了两个不可约马尔可夫链的示意图。

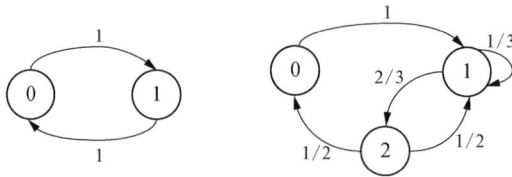

图 6.3　不可约马尔可夫链的示意图

(3)周期性:对于一个状态 j,马尔可夫过程经过 n 步转移从状态 j 返回到状态 j,则定义所有正整数 n 的最大公约数为状态 j 的周期,记为 d_j。如果 $d_j > 1$,则称状态 j 是周期性状态;如果 $d_j = 1$,则称状态 j 是非周期性状态。此外,如果 $i \leftrightarrow j$,则 $d_i = d_j$,即互通的状态具有相同周期,图 6.4 给出描述周期性的示意图。

(4)常返性:用以考察马尔可夫链由一个状态出发之后能否再次返回到该状态的特性,一般分为三种,即正常返(必定会返回,平均返回时间为有限值)、零常返(必定会返回,返回时间为∞)和非常返(可能不再回)。常返性可以描述为

120

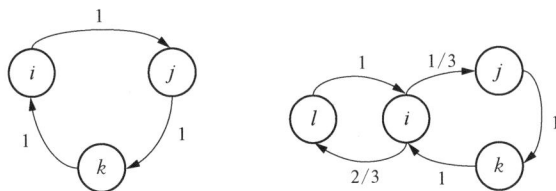

图 6.4　马尔可夫链周期性

$$f_j^{(n)} = P\{\text{在离开状态 } j \text{ 后经过 } n \text{ 步转移首次返回状态 } j\}$$

$$f_j = \sum_{n=1}^{\infty} f_j^{(n)} = P \tag{6-57}$$

若 $f_j < 1$，状态 j 被称为是非常返的，即过程存在一个离开状态 j 后不再返回状态 j 的非零的正数概率，意味着从状态 j 出发至多返回状态 j 有限多次，之后就不再返回状态 j；若 $f_j = 1$，状态 j 被称为是常返的，即过程在离开状态 j 后以概率 1 返回 j，意味着从状态 j 出发必定要无限多次返回到状态 j；具有无限的平均返回时间的常返态称为零返态，平均返回时间为有限值的常返态称为正常返。图 6.5 给出了马尔可夫链的常返性示意图。

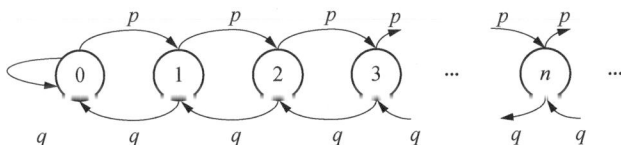

图 6.5　马尔可夫链的常返性

如果 $p < q$，则为正常返；如果 $p = q$，则为零常返；如果 $p > q$，则为非常返

（5）遍历性：在马尔可夫链中，如果 n 步转移概率 $p_{ij}^{(n)}$ 对一切状态 i，j 存在不依赖于 i 的极限，即

$$\lim_{n \to \infty} p_{ij}^{(n)} = p_j(\infty) = p_j \tag{6-58}$$

则称马尔可夫链具有遍历性。其中 $p_j(\infty)$ 表示在极限时间系统处于状态 j 的概率，p_j 表示系统处于状态 j 的概率。

4. 更新过程

更新过程[144,145]理论源于故障设备的维修更换分析，即一个单元在零时刻开始工作，在时刻 X_1 失效，然后马上用一个单元更换，使用至 X_2 时间后失效进而用下一单元进行更换，其目的是找到航材更换数量的分布和特定时间段内更换数量的均值。在航材工程与管理中，更新过程主要用来预测航材单元的使用需求。

更新过程是一个计数过程,用以描述相继事件之间的时间是独立同分布的随机变量。更新过程具体的定义如下:

设 $\{N(t), t > 0\}$ 是一个计数过程,$x_n(x \geqslant 1)$ 表示第 $n - 1$ 次事件和第 n 次事件时间间隔,再设 $\{x_1, x_2, \cdots\}$ 为非负独立且同分布的随机变量序列,则称计数过程 $\{N(t), t > 0\}$ 为更新过程。

设 $\{x_k, k \geqslant 1\}$ 是独立同分布且取值非负的随机变量,分布函数 $F(x)$ $(x \geqslant 0)$ 且 $F(0) < 1$,令 $S_0 = 0, S_n = \sum_{k=1}^{n} x_k$。对 $\forall t \geqslant 0$,记 $N(t) = \max\{n, S_n \leqslant t\}$,计数过程 $\{N(t), t > 0\}$ 为更新过程。

泊松过程是一个计数过程,其相继事件之间的时间是服从相同指数分布的独立随机变量,根据定义可以发现,更新过程是对泊松过程的推广。

更新过程示意图如图 6.6 所示,可用式(6-59)表述:

$$P\{N(t) \geqslant n\} = P\{S_n \leqslant t\}$$

$$P\{N(t) = n\} = P\{S_n \leqslant t < S_{n+1}\} = P\{S_n \leqslant t\} - P\{S_{n+1} \leqslant t\} \qquad (6-59)$$

式中,S_n 为第 n 次更新的时间。

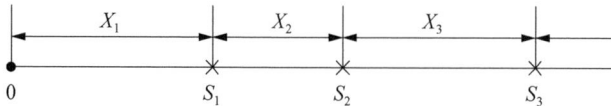

图 6.6　更新过程示意图

若 S_n 的分布函数记为 $F_n(x)$,则

$$F_1(x) = F(x)$$

$$F_n(x) = \int_0^x F_{n-1}(x - \mu) \mathrm{d}F(\mu), \quad n \geqslant 2 \qquad (6-60)$$

式中,$F_n(x)$ 是 $F(x)$ 的 n 重卷积,记为 $F_n = F_{n-1} + F$。

更新过程的基本参数有 $N(t)$、$x(n)$、S_n 等,其中 $N(t)$ 为时间段 $[0, t)$ 发生的事件数或称为更新次数;x_n 为第 n 次时间的更新间隔;S_n 为第 n 次事件的更新时刻。基本参数之间的关系如下:

参数 x_n 与 S_n 的关系为:$S_n = \sum_{k=1}^{n} x_k$,$S_0 = 0$ 表示更新过程的起始时刻,如果给定时间间隔 $x_n(n \geqslant 1)$ 的概率分布函数为 $F(t)$ 或概率密度函数为 $f(t)$ 时,设更新时刻 S_n 的分布函数为 $F_n(t)$ 和概率密度函数为 $f_n(t)$,由于 $\{x_1, x_2, \cdots\}$ 为非负独立且同分布的随机变量序列,所以 $F_n(t)$ 为 $F(t)$ 的 n 次卷积,$f_n(t)$ 为 $f(t)$ 的 n 次卷积。

参数 $N(t)$ 与 S_n 的关系为：若 $S_n \leqslant t$，则在时间 t 内至少发生了 n 次更新，即

$$P\{S_n \leqslant t\} = P\{N(t) \geqslant n\} \qquad (6-61)$$

若在时间 t 内发生了 n 次更新，则 $S_n \leqslant t$ 且 $S_n + 1 > t$，即

$$
\begin{aligned}
P\{N(t) = n\} &= P\{S_n \leqslant t, S_{n+1} > t\} \\
&= P\{N(t) \geqslant n\} - P\{N(t) \geqslant n+1\} \\
&= P\{S_n \leqslant t\} - P\{S_{n+1} \leqslant t\} \\
&= F_n(t) - F_{n+1}(t)
\end{aligned}
\qquad (6-62)
$$

此外，更新过程还存在一种特例称为生灭过程。其特征是：在很短的时间内处于空间状态 i 的系统只能转移到空间状态 $i-1$ 或 $i+1$ 或保持不变。其中，系统由空间状态 i 转移到空间状态 $i-1$

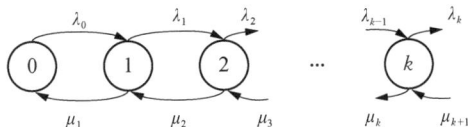

图 6.7　生灭过程状态转移图

的概率称为死亡率，记为 μ_i；系统由空间状态 i 转移到空间状态 $i+1$ 的概率称为出生率，记为 λ_i；生灭过程的状态转移如图 6.7 所示。

如果将空间状态 i 与空间状态 $i-1$、$i+1$ 之间的转移速率记为 $P_{i,i-1}$、$P_{i,i+1}$，则生灭率之间以及转移速率之间的关系为

$$P_{i,i+1} = \frac{\lambda_i}{\lambda_i + \mu_i}$$

$$P_{i,i-1} = \frac{\mu_i}{\lambda_i + \mu_i} \qquad (6-63)$$

若令 $P_i(t)$ 代表系统在时刻 t 处于空间状态 i 的概率，则描述生灭过程的微分方程可表达为

$$\frac{\mathrm{d}P_0(t)}{\mathrm{d}t} = -\lambda_0 P_0(t) + \mu_1 P_1(t)$$

$$\frac{\mathrm{d}P_i(t)}{\mathrm{d}t} = -(\lambda_i + \mu_i)P_i(t) + \lambda_{i-1}P_{i-1}(t) + \mu_{i+1}P_{i+1}(t)$$

$$\frac{\mathrm{d}P_n(t)}{\mathrm{d}t} = \lambda_{n-1}P_{n-1}(t) - \mu_n P_n(t) \qquad (6-64)$$

当 $\lambda_i > 0$ 且 $\mu_i > 0$ 时，存在极限概率 $\lim\limits_{t \to \infty} P_i(t) = P_i$，此时称 P_i 为系统处于空

间状态 i 的稳态概率。结合 $\sum_{i=0}^{+\infty} P_i = 1$ 以及式(6-64)可得出概率为

$$P_i = \frac{\lambda_0 \lambda_1 \lambda_2 \cdots \lambda_{i-1}}{\mu_1 \mu_2 \cdots \mu_i} P_0, \quad i = 1, 2, \cdots, n$$

$$P_0 = \frac{1}{1 + \sum_{k=1}^{n} \prod_{j=0}^{k-1} \frac{\lambda_j}{\mu_j} + 1} \tag{6-65}$$

对于故障间隔时间与故障修复时间均服从指数分布的产品,就可以通过生灭过程理论对其进行研究,可直接应用 P_i 表示系统中有 i 件产品在修理或在等待修理的稳态概率,也可用于求解不同类型航材工程管理问题。

6.2.2 排队论

排队是我们在日常生活中经常遇到的现象。例如,去超市或商场购物,如果只有一个收银员,当顾客比较多时则在收银处就可能出现排队现象;除了超市或商场购物外,排队也经常出现在其他的地方,如银行办理业务、食堂用餐、汽车加油站加油、机场车站买票、文件等待打印和发送、故障机器停机待修等。一般而言,排队是一种分配服务资源的办法,在资源配置不足的情况下,通常需要引入排队机制来解决资源分配问题,其原因在于排队可最大限度地节约顾客的时间成本,使资源得以合理利用。为了解决排队现象带来的影响以及相应的优化问题,逐渐发展成了一门学科即排队论,也称为随机服务系统理论。

排队论是研究服务系统在运行过程中产生拥挤排队现象的一门数学理论,它是应用概率统计与运筹学的交叉学科之一。具体地说,它是在研究各种排队系统概率规律性的基础上,解决相应排队系统的最优设计和最优控制问题[146]。经典随机服务系统理论起源于丹麦工程师 Erlang[147] 用概率论方法对电话交换机使用情况的研究;直到第二次世界大战之后,排队论才得以迅速发展成为运筹学这一新领域中的一个重要内容;20 世纪 50 年代,英国统计学家 Kendall[148] 对排队论进行了系统研究,规范了排队系统的描述方式和分类,使得该理论得以进一步发展;此后,学者们对排队系统开展了大量的研究,促进了随机服务系统理论发展,并使得该理论得以广泛应用。

在航材工程与管理中,排队论应用比较广泛,其主要用于民机故障停机待修以及相关服务资源的配置及分配方面。本节将对排队论基础知识进行介绍,其中包括排队系统概述、排队系统描述与分类和排队系统指标与记号、Palm 定理、典型排队模型等部分内容。

1. 排队系统概述

无论是顾客到超市或商场购物、病人到医院看病、学生到食堂就餐、机场或车

站购票,还是故障机器停机待修、码头船只等待装卸货物等,都会出现排队和等待现象,这些实际的排队系统虽然存在差异,但是均具有如下共同特征。

（1）有需要服务或请求服务的人或物——顾客。

（2）有为顾客服务的人或物——服务员或服务台。

（3）顾客到达系统的时刻是随机的,为每一位顾客提供服务的时间是随机的,因而整个排队系统的状态也是随机的;排队系统的这种随机性造成某个阶段顾客排队时间较长,而另外一些时候服务员/服务台又空闲无事。

对于任何一个排队问题,可以用图 6.8 表示基本排队过程。

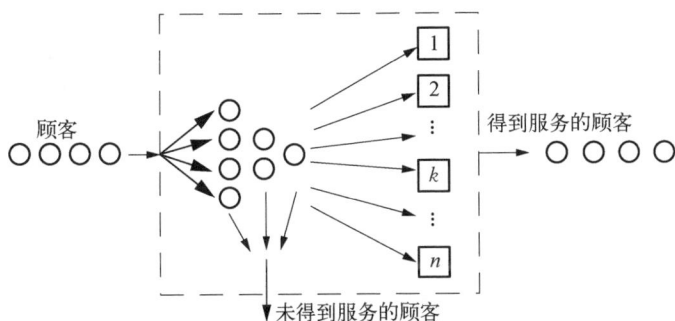

图 6.8　随机服务系统排队过程

由图 6.8 可以看出,每个顾客由顾客源按一定方式到达服务系统,加入队列排队等待接受服务,服务台按一定的规则从队列中选择顾客进行服务,获得服务的顾客立即离开;在允许顾客损失的系统中,顾客到达时如果所有的服务台都在工作,或者到达后等待时间超过其可以忍受的时间,顾客可以选择离去。

通常,排队系统是由输入过程、服务规则和服务机构三个部分组成,下面将对这三个组成部分分别进行介绍。

1）输入过程

输入过程也称为顾客流,用以刻画顾客来到随机服务系统的规律,描述顾客依据怎样的规律到达排队系统的过程。一般从顾客总体数、顾客到达方式和顾客流概率分布来描述一个输入过程。

顾客总体数:指顾客的来源,又称为顾客源或输入源。顾客源可以是有限的也可以是无限的,如售票处购票的顾客数可以认为是无限的,而某机场因故障待修的飞机是有限的。

顾客到达方式:用以描述顾客是怎样到达服务系统的,是单个到达还是成批到达。病人到医院看病通常是单个到达;在航材库存问题中,若将进货或入库看成是顾客,那么这种则是成批到达的。

顾客流概率分布:是相继顾客到达时间间隔的分布,用来求解排队系统有关的运行指标,也可以理解为在一定时间间隔内到达 K 名顾客的概率。顾客流概率分布一般有定长分布、二项分布、泊松分布等。

2）服务规则

服务规则也称为排队规则,确定顾客按照什么样的顺序被接受服务的约定,也是服务台对顾客进行服务顺序的依据。一般可以将服务规则分为三类:损失制、等待制和混合制。

损失制:顾客到达服务系统时,所有的服务台均被占用,则该顾客就自动离去,永不再来。例如,电话系统就属于损失制,当电话拨号后出现忙音,顾客不愿意等待而自动挂断电话,如果再打,就需要重新进行拨号。

等待制:当顾客来到服务系统,所有服务台都被占用,顾客则自行加入排队行列等待服务。例如,排队等待售票,故障设备等待维修等。等待制中,服务台在选择顾客进行服务时,常有如下四种规则。

（1）先到先服务:顾客按到达的先后顺序接受服务,如数据结构中的队列。

（2）后到先服务:后到达的顾客先接手服务,如仓库中堆放的钢材,后堆放上去的会先被领走。

（3）随机服务:当服务台空闲时,不按照排队序列而是随意指定某个顾客去接受服务,如电话交换台接通呼叫电话。

（4）优先权服务:在排队等待的顾客中,某些类型的顾客具有特殊性,在服务顺序上要给予特别待遇,让他们先得到服务,如银行 VIP 会员、医院就诊危重病人等。

混合制:等待制与损失制相结合的一种服务规则,一般是指允许排队但又不允许队列无限长下去。混合制一般包括三种:队长有限、等待时间有限、逗留时间有限。

（1）队长有限:随机服务系统的等待空间是有限的,当排队等待服务的顾客数量超过规定的数量时,后来的顾客就自行离去另求服务;若小于规定的数量时,则排队等待。如服务系统最多只能容纳 K 名顾客,当新顾客到达时,如果系统的顾客数小于 K,则可进入系统排队等待或接受服务;如果系统的顾客数大于 K,则离开排队系统并不再回来。

（2）等待时间有限:如果顾客在随机服务系统中的等待时间不超过某一时间间隔 T,则进入队列排队等待或接受服务;如果等待时间超过 T,则顾客将自行离去并不再回来。如易损电子元器件、医院血库的血浆、生物制剂等库存问题,超过一定存储时间则被自动认为失效。

（3）逗留时间有限:逗留时间是指等待时间和服务时间之和,顾客在随机服务系统中的逗留时间不得超过确定的时间长度,如药品的有效期。

3）服务机构

服务机构通常可以从服务台数量和结构形式、服务方式和服务过程三个方面进行描述。

（1）服务台数量和结构形式：从服务台数量来说,可分为单服务台和多服务台;从结构形式来说,可分为单队单服务台式、单队多服务台并联式、多队多服务台并联式、单队多服务台串联式、单队多服务台串并联混合式、多队多服务台串并联混合式。图 6.9 给出了服务台数量和结构形式示意图。

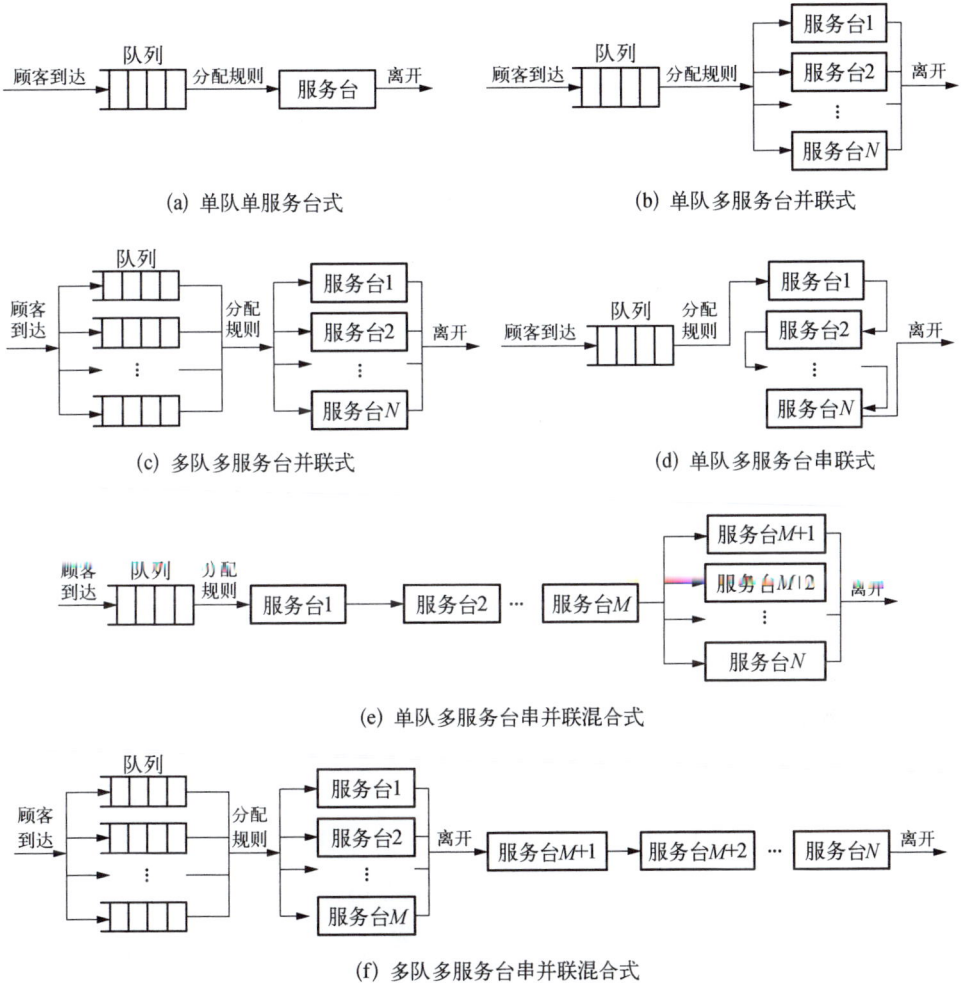

(a) 单队单服务台式　　　　　　　　(b) 单队多服务台并联式

(c) 多队多服务台并联式　　　　　　(d) 单队多服务台串联式

(e) 单队多服务台串并联混合式

(f) 多队多服务台串并联混合式

图 6.9　服务台数量和结构形式示意图

由图 6.9 可知,单队单服务台式是一个服务台,负责为顾客提供服务,若服务台空闲顾客可立即得到服务,否则到达的顾客进入等待队列,直至队列中等待的其他顾客接受完服务。单队多服务台并联式是多个服务台共享一个队列,如果一个顾客到达至少有一个服务台是空闲的,则这个顾客可立即得到服务,如果顾客到达时所有的服务台都有顾客,则形成队列等待服务,假设所有的服务台都是相同的,顾客选择服务台服务都是一样的。多队多服务台并联式是一个多个但服务台队列的结构,可以看作多个单队单服务台同时进行工作。单队多服务台串联式是一个队列中的顾客需要经过多个服务台依次进行服务,即在顾客接受服务过程中,需要经过多个服务台顺序性服务才能完成服务离开系统。单队多服务台串并联混合式可以看作是单队多服务台串联式与单队多服务台并联式的结合,即在顾客接受服务过程中,需要经过多个服务台顺序性服务,串联服务台完成服务后顾客进而接受并联式服务台服务,完成服务后离开系统。多队多服务台串并联混合式是多队多服务台并联式和单队多服务台串联式的结合,即服务台同时对多个队列进行服务,服务完成后形成一个队列,进而由多个串联的服务台进行服务,顾客接受完服务后离开系统。

(2) 服务方式:在某一时刻接受服务的顾客数,有单个服务和成批服务两种,如公共汽车一次可装载一批乘客就属于成批服务,而维修机构工程技术人员一次就能修理一个故障设备就属于单个服务。

(3) 服务过程:用以描述顾客所需的服务时间服从的概率分布且每个顾客所需的服务时间是否相互独立。常见的服务时间概率分布有定长服务分布、负指数服务分布、k 阶 Erlang 服务分布、一般独立服务分布等。下面将对这四种服务分布进行简要介绍。

定长服务分布:每个顾客接受服务的时间为正常数 c,其分布函数为

$$F(t) = P(v_n < t) = \begin{cases} 1, & x \geqslant c \\ 0, & x < c \end{cases} \tag{6-66}$$

式中,v_n 为到达系统第 n 个顾客接受服务的时间。

负指数服务分布:每个顾客在系统中接受服务的时间 $v_1, v_2, \cdots, v_n$ 相互独立,并具有相同的负指数分布,其分布函数为

$$F(t) = P(v_n \leqslant t) = 1 - e^{-\mu x}, \quad t \geqslant 0, \mu > 0 \tag{6-67}$$

k 阶 Erlang 服务分布:每个顾客在系统中接受服务的时间 $v_1, v_2, \cdots, v_n$ 相互独立,并具有相同 k 阶 Erlang 分布,其分布函数为

$$F(t) = 1 - e^{-k\mu t} \left[1 + \frac{k\mu t}{1!} + \frac{(k\mu t)^2}{2!} + \cdots + \frac{(k\mu t)^{k-1}}{(k-1)!} \right], \quad t \geqslant 0, \mu > 0$$

$$\tag{6-68}$$

一般独立服务分布:也称为通用独立服务分布,所有顾客接受服务的时间是独立同分布的非负随机变量序列,其分布函数可以为任意函数,但是其均值和方差存在。

2. 排队系统描述与分类

排队系统所处的环境及研究的问题存在差异,其结构形式、服务形式和服务过程有很大的不同,为了区别各种排队系统,依据输入过程、排队规则和服务机制的变化对排队模型进行描述与分类,通常可以由顾客的输入过程、对顾客的服务过程、服务台数量、等待空间、顾客源的个数和排队规则这六个特性来描述一个排队系统。其中顾客的输入过程用以刻画或描述顾客来到随机服务系统的规律;对顾客的服务过程为顾客表示服务系统为每一位顾客提供服务所需的时间;服务台数量是为顾客提供服务的服务台数量;等待空间是服务系统为排队等待的顾客准备的等待空间的大小;顾客源的个数是对服务有需求的潜在顾客的数量;排队规则用以确定顾客按照什么样的顺序被接受服务的约定。

目前随机排队系统通常用"肯德尔模型"进行描述,该模型是由英国数学家 Kendall 首次提出,我们称之为经典排队模型,表达格式可写为:A/B/C/D/E/F,其各个符号的含义如下。

(1)A 为顾客相继到达间隔时间分布,由于时间分布不同,其符号表达也有所不同,具体有:M 为到达过程为泊松过程或负指数分布;D 为到达过程为定长输入;E_k 为 k 阶 Erlang 分布;G 为一般相互独立的随机分布;GI 为一般相互独立时间间隔分布。

(2)B 为服务时间分布,所用符号与表示顾客到达间隔时间分布相同。

(3)C 为服务台数量,单个服务台用"1"表示,多个服务台用"s"($s > 1$)表示。

(4)D 为随机服务系统中顾客容量限额,或称为等待空间容量。如系统中有 K 个等待位置,当 $K = 0$ 时说明系统不允许等待,即为损失制;当 $K = \infty$ 时为等待制;当 K 为有限整数时为混合制。

(5)E 为顾客源的个数,分为有限和无限两种。

(6)F 为排队规则,也称为服务规则。常见的排队规则及符号有:

FCFS 表示先到先服务的排队规则,顾客是按照到达的先后顺序接受服务的。

LCFS 表示后到先服务的排队规则,服务台为一位顾客服务完毕后,将为最新到达的顾客进行服务。

PR 表示具有优先权服务的排队规则,根据优先级的高低将顾客分为至少两种不同的类型,当服务台完成一个顾客的服务时,如果等待空间中有不同类型的顾客,高优先级别的顾客优先得到服务。当服务台正在为一个低优先级别的顾客进行服务时,若有高优先级别的顾客到达,则服务规则又可分为两种不同的情况:一种是服务台继续为当前顾客服务,服务完成后再为高优先级别的顾客提供服务,这种称为非抢占式服务;另一种是服务台立即停止当前的服务,转而为高优先级顾客提供服务,直到系统中无高优先级顾客时,服务台再接着为低优先级顾客提供服务,这种称为抢占式服务。

SJF 表示服务时间短先服务的排队规则,服务台完成一个顾客的服务后,将在等待队列中选择要求服务时间最短的那个顾客进行服务,这种排队规则适用于等待队列中顾客的服务时间是已知的或可以提前预估等待队列中等待顾客的服务时间。

SIRO 表示随机序列的排队规则,服务台为一位顾客服务完毕后,将从等待的顾客中随机挑选一位顾客进行服务。

PS 表示处理器共享的排队规则,所有顾客共享服务台的服务,当随机服务系统中有 n 位顾客时,每位顾客都得到服务台服务能力的 $1/n$ 的服务。

RR 表示轮循的排队规则,服务台每次只为一位顾客服务,且服务时间都相同,服务没有结束的顾客将被放回到队列中,指导服务台为其他顾客进行一轮服务后,才可以再次得到服务。

为了使读者理解排队系统的表达,下面将通过一个简单的例子进行说明。

例 试叙述"$GI/M/s/\infty/\infty/FCFS$"所表示的排队系统的具体含义。

根据排队系统的描述和分类,"$GI/M/s/\infty/\infty/FCFS$"所表示的排队系统可以描述为:

(1)顾客按照一个离散或连续时间的更新随机过程到达系统,而且每次只到达一位顾客,到达的时间间隔由一个一般分布确定,若把顾客编号为 1,2,…,并假设第 0 个顾客在时间点 0 到达系统,且不需要服务;T_n 表示第 $n-1$ 个顾客和第 n 个顾客的到达时间间隔,且是一个独立同分布的随机变量序列;

(2)随机服务系统中不同顾客的服务时间是独立同分布的指数分布随机变量,而且与到达的过程相互独立;

(3)随机服务系统中有多个服务台;

(4)随机服务系统等待空间为无穷;

(5)随机服务系统的顾客源数量为无穷;

(6)排队规则服从先到先服务的排队规则。

此外,为了简化排队系统的表述方式,可以用排队模型中 3 个、4 个或 5 个符号对随机服务系统进行描述,若无特殊说明,可理解为随机服务系统等待空间容量无限,先到先服务,单个服务的等待制系统。

3. 排队系统指标与记号

排队系统的研究是为了了解和掌握系统运行情况和效果,对系统进行有效调整和控制。因此,为了使系统能够以最优的状态运行,需要结合数量指标对排队系统的运行情况进行分析,其主要涉及的数量指标为队长和排队长、等待时间和逗留时间、利用率等。

1)队长和排队长

队长是指系统中的平均顾客数,即排队等待的顾客数与正在接受服务的顾客数之和。

排队长又称为队列长,是指系统中正在排队等待的平均顾客数。

队长和排队长一般都是随机变量,为了实现排队系统的有效调整和控制,首先需要确定队长和排队长的分布或其均值(平均队长和平均排队长)及有关的方差等。排队系统队长的分布对于顾客、服务台以及系统设计人员而言都很重要,若能获取队长的分布信息,就能确定队长超过某个数的概率进而确定合理的等待空间。

2)等待时间和逗留时间

等待时间为随机变量,是指从顾客到达时刻起到其开始接受服务为止这段时间;该指标是顾客最为关心的指标之一,原因是顾客通常希望等待时间越短越好。

与等待时间类似,逗留时间也是随机变量,是指从顾客到达时刻起到其接受服务完成的这段时间。

3)利用率

利用率也称为系统繁忙概率,即所有的服务台都在工作的概率。

上述三类数量指标中,队长和排队长以及等待时间和逗留时间的值越小,说明随机服务系统排队越少,等待时间越短,整个系统的性能越好;此外,作为随机服务系统的管理者和设计者,利用率也是需要考虑的指标。

为了便于开展排队系统的研究,规范了如下一些数量指标的常用记号:

(1) $N(t)$ 为时刻 t 随机服务系统中的顾客数量,即队长;

(2) $N_q(t)$ 为时刻 t 随机服务系统中排队的顾客数,即排队长;

(3) $T(t)$ 为时刻 t 到达系统的顾客在随机服务系统中的逗留时间;

(4) $T_q(t)$ 为时刻 t 到达系统的顾客在随机服务系统中的等待时间。

这些数量指标一般都是与系统运行时间有关的随机变量,这些变量瞬时分布的求解相对比较困难,为了便于分析,并注意到相当一部分排队系统在运行一定时间后趋于平稳状态,队长分布、等待时间分布、忙期分布与系统所处时刻无关,并且不受系统初始状态的影响,因此,在研究过程中主要讨论与系统所处时刻无关的性质,即统计平衡性质,则相关指标可记为:

(1) L 或 L_s 为平均队长,即稳态系统任一时刻所有顾客数量的期望值;

(2) L_q 为平均等待队长或队列长,即稳态系统任一时刻等待服务的顾客数量期望值;

(3) W 或 W_s 为平均逗留时间,即在任一时刻进入稳态系统的顾客逗留时间的期望值;

(4) W_q 为平均等待时间,即在任一时刻进入稳态系统的顾客等待时间的期望值。

4. Palm 定理

Palm 定理在可修件库存管理中具有重要意义,通过需求概率分布和修理时间分布的特性,估计航材在修件数的稳态概率分布,其具体定义[149]为:如果一项航材的需求服从均值为 λ 的泊松过程,且每一个故障件的修复时间相互独立、服从均值为 T 的任意类型的同一分布,则在修件数的稳态概率分布服从均值为 λT 的泊松分布。

Palm 定理从固定时间段内需求过程分布和故障修复时间分布的均值出发,估计修理件数的稳态概率分布,该过程需满足假定:需求过程是泊松过程,需求和修理过程是独立的,修理时间是独立同分布,修理能力无限。在这些条件下,Palm 定理计算任何时间内的修理件数,这在可修件的计算中发挥了巨大的作用。此外,由于该定理不必收集修理时间分布形态的数据和测量修理分布的具体形态,所以受到人们的普遍关注,在航材工程与管理中,这是极其重要的结论。

Feeney 等指出[150,151],若需求服从均值为 m 的泊松过程,各项故障件的在修时间相互独立且概率分布完全相同,并服从平均修理时间为 T 的任一分布,则在修件数稳态概率分布服从均值为 mT 的同一泊松过程,只要取自该修理时间分布的时间和分布组中所有需求对应的时间相同即可。这就说明 Palm 定理也可以扩展到其他方面进行应用,如滞销的情况,其中在修件数达到最大值 s 时,滞销的概率定义为 0,这些概率与泊松概率分布相同,按照从 0~s 的累计概率求出。

对于只有几个故障件在修的情况,实际上不存在排队或相互影响的现象,因此 Palm 定理有时也称为无限通道排队假设。1966 年,Sherbrooke 将 Palm 定理进一步推广应用到了有限总体的情形,给出了有限总体的 Palm 定理:对于有 s 件航材的总体,其中每一件的需求服从均值为 m 的泊松过程,同时每一件的修理时间相互独立,且服从平均修理时间为 T 的任一分布,那么可修件数 y 的稳态概率分布为

$$h(y) = \binom{N}{y} (mT)^y / D \qquad (6-69)$$

式中,D 为常数;N 为部件数量及其航材数量之和。

1981 年,Crawford 进一步提出了动态 Palm 定理[152]:设需求服从均值函数为 $\lambda(\tau)$ 的泊松过程,其中自变量 $\tau > 0$,设时刻 τ 时发生一次需求,且 $t > \tau$ 之前未能修复的概率为 $H(\tau, t)$,此概率与其他所有需求发生的时间相互独立,那么 $t > \tau$ 时在修件数就是一个泊松随机变量,其均值为 $m(t)$,可由式(6-70)表示:

$$m(t) = \int_0^t H(\tau, t) \lambda(\tau) \mathrm{d}\tau \qquad (6-70)$$

Palm 定理在某些场合可能不适用。只有当故障间隔时间为指数分布,修复时间独立且具有相同的分布时,Palm 定理才适用;但对于 LRU 或 SRU,依据 Drenick 理论中提及的故障间隔时间将随着 LRU 或 SRU 复杂程度的增加和使用时间的增加有成为指数分布的趋势;当系统运行的数目相对较少,而且 LRU 或 SRU 故障主

要与使用年限(老龄退化)有关时,对于这样的一组设备,不论在其寿命周期内还是已经超过使用寿命,该理论都不适用。这个结论对于采取定时预防性维修策略的系统相对有效,对于由若干元件组成的系统,元件的平均故障前时间为 $1/\lambda$,当故障相互独立时系统的平均故障前时间为 $1/\sum \lambda_i$。此外,在大多数情况下航材的数目不是无限的,也可能导致 Palm 定理无效,这也意味着若发生故障时有航材需求不能及时供应,则有可能大大增加修复时间,进而影响满足率。

5. 典型排队模型

依据排队模型表述方式,本节将介绍航材工程与管理中常见的典型排队模型,即 $M/M/1$ 排队模型和 $M/M/s$ 排队模型。

1) $M/M/1$ 排队模型

$M/M/1$ 排队系统的含义为:系统的输入过程为泊松过程,平均到达速率(单位时间内的顾客数)为 λ,其顾客源的个数为 ∞;对每个顾客的服务时间相互独立并且都服从参数为 μ 的负指数分布,平均服务时间表示单位时间内服务完的平均顾客数目,该系统中有一个服务台。$M/M/1$ 排队系统状态图如图 6.10 所示,图中,圆圈中的数字代表系统状态,由一个状态转入另一个状态的路径由弧形箭头表示,其标示即状态改变的发生率。

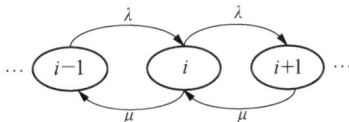

图 6.10　$M/M/1$ 排队系统状态图

假设利用服务台对故障件进行修复性维修,需修理的项目符合以下条件:

(1) 在某段时间间隔内,故障件数量的概率与这段时间的起始时刻无关,只与这段时间间隔长短有关;

(2) 针对某一特定的任务,一段时间内出现的故障件数量都在一定的范围之内,概率基本符合平稳性要求;

(3) 在不相交的时间间隔内产生的故障数量是相互独立的;

(4) 在充分小的时间内不存在同时出现 2 个以上故障件的情况。

如果需维修项目满足以上条件,则大量相互独立小强度流的综合近似于一个简单流(泊松输入),故在一次任务中,出现维修项目符合泊松输入,需要进行维修的项目(到达的顾客)的概率服从泊松分布,服务时间服从负指数分布,则维修项目概率可表述为

$$P_k(t) = \frac{(\lambda t)^k}{k!} e^{-\lambda t} \tag{6-71}$$

假设出现 2 项维修项目的平均间隔时间 $1/\lambda$,其平均故障间隔时间分布函数为

$$F_T(t) = P(T \le t) \tag{6-72}$$

在$[0, t)$时间区间内,至少出现一次故障的概率为

$$P_0 = e^{-\lambda t}$$

$$F_T(t) = 1 - P_0(t) = 1 - e^{-\lambda t} \tag{6-73}$$

概率密度函数可写为

$$P_T(t) = \frac{\mathrm{d}F_T(t)}{\mathrm{d}t} = \lambda e^{-\lambda t} \tag{6-74}$$

在$[0, t)$区间内顾客到达的概率为

$$F(t) = 1 - e^{-\lambda t} \tag{6-75}$$

统计表明平均修复率一般服从指数分布,则在$[0, t)$区间内修复的概率(完成服务的概率)为

$$M(t) = 1 - e^{-\lambda t} \tag{6-76}$$

$M/M/1$ 排队模型对应的性能参数指标(排队系统特征量)计算如下:

对长

$$L_s = \frac{\lambda}{\mu - \lambda} \tag{6-77}$$

排队长

$$L_q = \frac{\lambda^2}{\mu(\mu - \lambda)} \tag{6-78}$$

逗留时间:由于系统内有 L_s 个顾客,顾客相继到达的时间间隔为 $1/\lambda$,因而顾客从进入系统接受完服务到离开系统的逗留时间为

$$W_s = L_s \times \frac{1}{\lambda} = \frac{1}{\mu - \lambda} \tag{6-79}$$

等待时间 W_q 等于逗留时间减去服务时间,即

$$W_q = \frac{1}{\mu - \lambda} - \frac{1}{\mu} \tag{6-80}$$

其中,服务时间为 $1/\mu$。

顾客到达时不必等待就接受服务的概率,即系统内没有顾客的概率为

$$P_0 = 1 - \frac{\lambda}{\mu} \tag{6-81}$$

系统内有 k 位以上顾客的状态概率为

$$\sum_{n=k}^{\infty} P_n = \left(\frac{\lambda}{\mu} \right)^k \tag{6-82}$$

系统忙期为

$$W_b = \frac{1}{\mu - \lambda} \tag{6-83}$$

服务强度为

$$\rho = \frac{\lambda}{\mu} \tag{6-84}$$

2）$M/M/s$ 排队模型

$M/M/s$ 排队模型表示服务系统输入过程为最简单流,顾客到达服从参数为 λ（单位时间内到达的平均顾客数）的负指数分布,服务时间服从参数为 μ（单位时间被完成服务的平均顾客数）的负指数分布,s 个

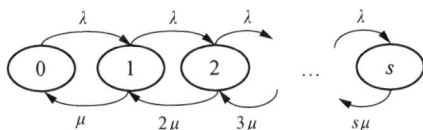

图 6.11　$M/M/s$ 排队系统状态图

($s > 1$) 服务台的排队模型。$M/M/s$ 排队系统状态图如图 6.11 所示。

同 $M/M/1$ 排队模型类似,$M/M/s$ 排队模型所对应的性能参数指标（排队系统特征量）具体如下:

队长

$$L_s = L_q + \rho \tag{6-85}$$

排队长

$$L_q = \frac{\rho^{s+1}}{s! \, s(1 - \rho_s)} P_0 \tag{6-86}$$

逗留时间

$$W_s = L_s \times \frac{1}{\lambda} = \frac{L_q + \rho}{\lambda} \tag{6-87}$$

依据 Little 公式[153]可以获取等待时间,即

$$W_q = \frac{L_q}{\lambda} \tag{6-88}$$

顾客到达时不必等待就接受服务的概率,即系统内没有顾客的概率为

$$P_0 = \cfrac{1}{\displaystyle\sum_{n=0}^{s-1} \frac{\rho^n}{n!} + \frac{s\rho^s}{s!\,(s-\rho)}} \tag{6-89}$$

服务强度为

$$\rho_s = \frac{\lambda}{s\mu} \tag{6-90}$$

$M/M/n/m/m$ 排队模型[154]是 $M/M/s$ 排队模型的一种,表示服务系统输入过程为最简单流,顾客到达服从参数为 λ(单位时间内到达的平均顾客数)的负指数分布,服务时间服从参数为 μ(单位时间被完成服务的平均顾客数)的负指数分布,$n(n>1)$ 个服务台的排队模型,排队空间为 m,客源数量为 m,排队规则为先到先服务。$M/M/n/m/m$ 排队系统状态图如图 6.12 所示。

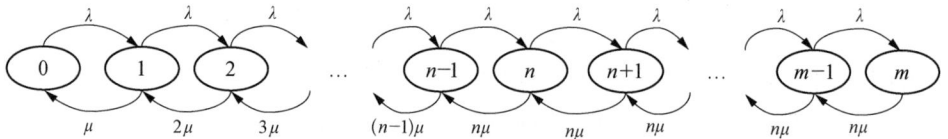

图 6.12 $M/M/n/m/m$ 排队系统状态图

$M/M/c/m/m$ 排队模型相关的性能参数指标(排队系统特征量)如下所示。
队长为等待修理的队长 L_q 与正在接受服务的队长 L_f 之和

$$\begin{aligned}
L_s = L_q + L_f &= \sum_{l=0}^{m} l p_l = \sum_{l=0}^{n-1} l p_l + \sum_{l=n}^{m} (l-n) p_l + \sum_{l=n}^{m} n p_l \\
&= \sum_{l=0}^{n-1} l p_l + L_q + n - \sum_{l=0}^{n-1} n p_l \\
&= L_q + n - \sum_{l=0}^{n-1} (n-l) p_l
\end{aligned} \tag{6-91}$$

逗留时间为

$$\begin{aligned}
W_s = \frac{L_s}{\lambda} &= \cfrac{L_q + n - \displaystyle\sum_{l=0}^{n-1} (n-l) p_l}{\lambda} \\
&= \cfrac{\displaystyle\sum_{l=n+1}^{m} (l-n) \frac{C_m^l l!}{n!\,n^{l-n}} \rho_1^l p_0 + n - \sum_{l=0}^{n-1} (n-l) p_l}{\lambda}
\end{aligned} \tag{6-92}$$

顾客到达时不必等待就接受服务的概率,即系统内没有顾客的概率为

$$P_0 = \left(\sum_{l=0}^{n-1} C_m^l \rho_1^l + \sum_{l=n}^{m} \frac{C_m^l l! \; \rho_1^l}{n! \; n^{l-n}} \right)^{-1} \qquad (6-93)$$

服务强度为

$$\rho_n = \frac{\lambda}{n\mu} \qquad (6-94)$$

6.3　航材库存理论

本节将对航材工程与管理中的库存理论展开论述,主要包括库存理论的基本概念、库存控制策略和消耗补给过程,以及保障效能指标三部分。

6.3.1　库存理论基本概念

库存是解决需求与供应时间存在不一致性的基本策略,在需求与供应这两个环节之间加入库存这一环节,可有效协调需求与供应之间的关系。对于民机而言,过多的航材储备造成库存积压,占用航空公司大量的流动资金,进而导致资源浪费;反之,航材配置过少造成供应不及时,使得民机得不到及时维修,使机队可用度下降、维修效率降低、停场时间和维修费用增加。一般而言,最理想的状态是在任何给定时刻的航材库存数量、航材需求频次以及每次订货数量之间获取经济平衡,并满足系统的使用要求。因此,为了达到上述目的,构成了运筹学的一个分支,即库存论。

库存源于实际需求,为了满足顾客需求,需要取出一定数量的库存,这就是库存的输出过程。其中,有的需求是间断式的,有的需求是连续均匀的,有的需求是确定性的,有的需求是随机性的,经过大量的统计分析后,可以发现需求量的统计规律,称为有一定随机分布的需求。库存由于需求而不断减少,必须加以补充,即库存的输入过程。从开始订货到进入仓库往往需要一段时间,这段时间称为备货时间。从另一个角度,为了在某一时刻能够满足需求,需要提前订货补充库存,那么这段时间称为提前订货时间。

库存的作用是满足需求、避免缺货以及降低缺货造成的损失。因此,库存控制水平通常用缺货率和平均每次缺货延续时间来描述。缺货率是指发生缺货的概率,用发生缺货的次数和总的订货次数的比率进行计算;平均每次缺货延续时间是指每次缺货延续时间的平均值。

备货时间长短不一,有时备货时间可能很长,有时备货时间可能很短,备货时间有可能是随机性的,也有可能是确定性的;而库存理论解决的问题是:确定补货时间以及补货数量,通俗地讲就是多长时间补货一次以及每次补货的数量是多少。决定多长时间补充一次以及每次补充数量的策略称为库存策略。

6.3.2 库存控制策略和消耗补给过程

1. 库存控制策略

库存控制策略可以是基于时间线,也可以是基于库存量变更检查,还可以是两者的结合。工程实际中常见的库存控制策略[155]有:$(s-1, s)$库存控制策略、(R, Q)库存控制策略、(T, S)库存控制策略、EOQ(economic order quantity,经济订货批量)库存控制策略和(t, s, S)库存控制策略,下面将分别对其进行介绍。

1)$(s-1, s)$库存控制策略

$(s-1, s)$库存控制策略也称 one-for-one 订购策略,是指当需求事件发生时,需求量的大小为单个,库存减少一个的同时立即订购一个;即某个部附件出现故障后,立即将故障件送修,如果库存中尚有储备,立即予以更换,如果没有则导致停机。图 6.13 给出了$(s-1, s)$库存控制策略示意图,假定只考虑第 j 项航材,其初始库存为 s,该部附件一旦故障,从送修至修复后返回的修理周转时间(repair turnaround time)为 RTAT_j;设其在时间 τ 内出现故障,故障件立即送修,经 RTAT_j 时间后该故障件修复返回;$\tau+x$ 时再次出现故障,如果 $x \geqslant \text{RTAT}_j$ 则当前库存量保持不变,反之则当前库存变为 $s-2$,依次类推。此外,该图用描述库存数量下降趋势的斜虚线与时间轴的交点 $\tau+t$ 表示,如果在这段时间内库存未能得以补充,库存将被用完。在民机航材工程与管理中,$(s-1, s)$库存控制策略适用于一些关键件、贵重件的库存管理,如可修件、周转件等。

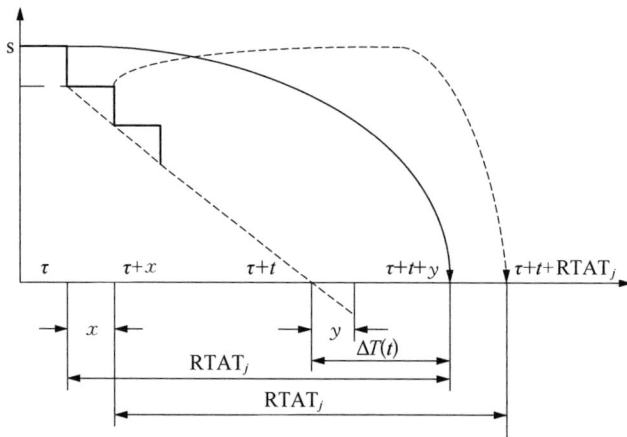

图 6.13　$(s-1, s)$库存控制策略示意图

2)(R, Q)库存控制策略

(R, Q)库存控制策略也称连续性检查的固定订货量、固定订货点库存控制策略,其基本思想是:对库存进行连续性检查,当库存降至订货点水平 Q 时,即发起

一次订货,每次订货量为固定值 R。该策略适用于需求量大、缺货损失大、需求波动性很大的情形,(R, Q)库存控制策略示意如图 6.14 所示,图中 LT 为订货提前期(lead time)。

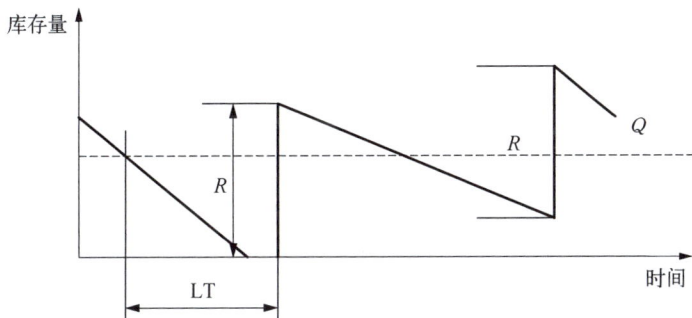

图 6.14　(R, Q)库存控制策略示意图

3)(T, S)库存控制策略

(T, S)库存控制策略本质上也是一种连续性检查、定点订货库存控制方法,它与(R, Q)库存控制策略一样,都是连续性检查类型的策略,也就是需要随时检查库存状态,当发现库存量降低到订货点水平 T 时,就开始订货,订货后使最大库存量保持不变为常量 S。如果发出订单时库存量为 I,则其订货量为 $S-I$。(T, S)库存控制策略与(R, Q)库存控制策略不同之处在于:其订货量依据实际库存量确定,所以其订货量是可变的。(T, S)库存控制策略示意如图 6.15 所示。

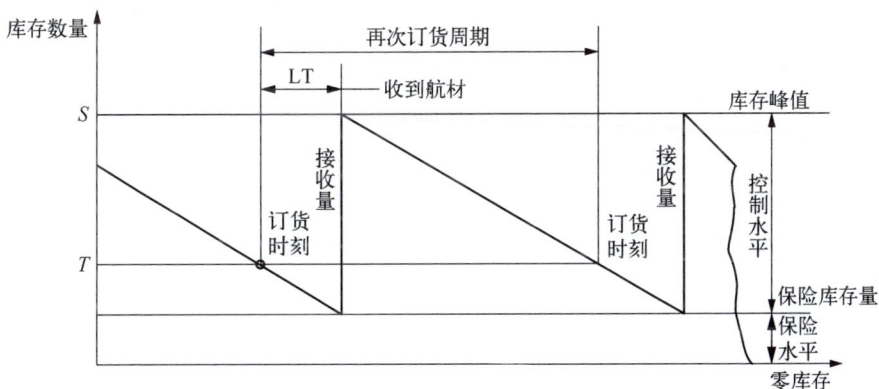

图 6.15　(T, S)库存控制策略示意图

图 6.15 是(T, S)库存控制策略的理论图解,假定 LT 为常数,需求量也是常数,库存的消耗则由图中直线的斜率表示,当库存消耗到规定水平 T 时,就应该在订货时刻点提前补充订购,在库存枯竭之前得到补充;此外,图中涉及的相关属于

定义如下。

（1）控制水平：库存峰值与保险库存量之差；

（2）保险库存量：为补偿以外的需求以及周转时间、订货提前时间、其他不可预见的延迟所需附加的库存量；

（3）再次订货周期：两次连续订货之间的时间间隔；

（4）订货提前时间：从订货之日到该批货收入库存为止的时间，包括：从订货决策之日到供货者收到订货单为止的行政管理时间；从订货者收到订单到生产完毕的生产时间；从生产完成到收入库存的交付时间。

（5）补给距离：供应者至使用者之间的距离，假设有一恒定的供应流程，输送时间为 30 天，而消耗率为每天 1 件，则补给线上经常需要的量为 30 件；

（6）订货时刻：为补充库存发出订货单的时刻，该时刻与给定的库存水平相关联。

4）EOQ 库存控制策略

EOQ 库存控制策略是经济订货批量（economic order quantity）模型，该订货模

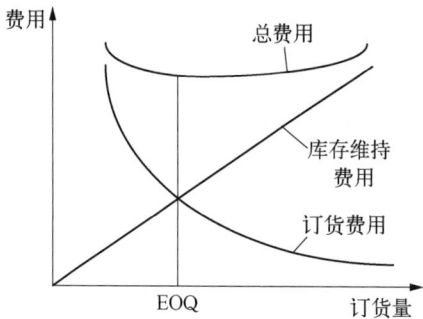

图 6.16　经济订货批量模型示意图

型主要基于如下基本假设：需求速率连续、已知且稳定；补货瞬时完成，提前期稳定并已知；购买价格与购买数量无关；不允许缺货；在保障期内无限延续。依据经济批量订货模型进行订货时，可实现订货成本与储存成本之和最小化，该模型适用于整批间隔订货、不允许缺货的库存问题，如民机运营过程中的消耗件。经济订货批量模型示意如图 6.16 所示。

记年度总成本为 C，每次订货发生的费用为 Ω，年度保管费率（如利率、存储保管费与报废率总和通常选定为 0.2）为 l，年度消耗量为 m，每次订货量为 Q，单位运输成本为 K，单位采购价格为 U，根据年总成本＝年订货成本＋年运输成本＋年采购成本＋年存储成本，则有

$$C(Q) = \frac{\Omega m}{Q} + Km + Um + \frac{1}{2}lUQ \qquad (6-95)$$

为使总成本最低，对式（6-95）求导，可得

$$\frac{\partial C(Q)}{\partial Q} = -\frac{\Omega m}{Q^2} + \frac{1}{2}lU \qquad (6-96)$$

使导函数值为零，可得经济订货批量[51]为

$$Q = \sqrt{\frac{2\Omega m}{lU}} \qquad\qquad (6-97)$$

当需求率足够低而费用足够高时,Q 小于 1,结合实际得出每次订购 1 个库存的策略。当经济性订货量为 1 时,库存水平 s 是一个常数,且再订货点为 $s-1$。

5) (t, s, S)库存控制策略

(t, s, S)库存控制策略是把定期订货与定点订货综合起来的库存控制策略,该策略设置一个固定的检查周期 t、最大库存量 S、固定订货点水平 s,每隔一定时间 t 检查一次库存数量,若高于订货点水平 s,则不需要订货,若低于订货点水平 s,则发起订货,使库存数量达到要求数量 S,如此周期循环,实现周期性库存补给。

2. 消耗补给过程

在民机航材工程与管理方面,$(s-1, s)$库存控制策略和 EOQ 库存控制策略是比较常用的两种策略,其中 EOQ 库存控制策略用于民机消耗件库存管理,$(s-1, s)$库存控制策略用于民机可修件和周转件的库存管理。

对于$(s-1, s)$库存控制策略,当需求发生时,库存减少一个的同时立即订购一个航材,满足经典的库存平衡公式[75],即

$$s = s_{OH} + s_{DI} - s_{BO} \qquad\qquad (6-98)$$

式中,s 为初始库存量且为常量;s_{OH} 为现有航材库存数量;s_{DI} 为修理或供应中获得的航材数量;s_{BO} 为航材短缺数量。

当周转件和可修件发生故障进行维修时,修理获得的航材数量 s_{DI} 将增加 1 个,如果该类航材有库存,则 s_{OH} 数量减少 1 个,如果库存没有存储量,则产生 1 个航材短缺量 s_{BO};在故障件修理完成后,修理获得的航材数量 s_{DI} 将减少 1 个,现有库存航材数量 s_{OH} 将减少 1 个或航材短缺数量 s_{BO} 将增加 1 个。无论何种情况,等式将保持不变,三者的变化关系如图6.17所示。

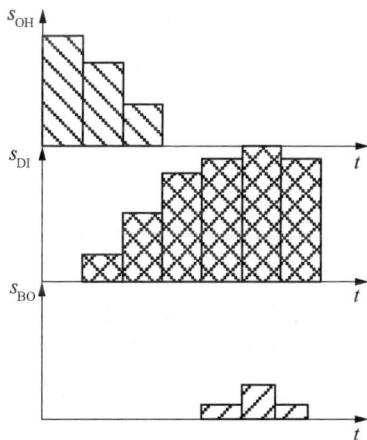

图 6.17　不同状态数量变化图

6.3.3　保障效能指标

民机实际运营过程中,往往通过保障效能指标来衡量航材供应能力,其保障性能指标有多个,常用的保障性能指标主要有期望满足率、期望短缺数、可用度和保障概率,具体含义如下。

期望满足率:随时能满足航材供应的需求所占百分比;

期望短缺数:表示某一时间未满足供应的航材需求数;

可用度:某一随机时间,机群中未因短缺航材而停飞飞机所占的期望百分比;

保障概率:在规定的时间内需要航材时不缺航材的概率,现存量可以满足需求的百分比。

为了更直观地表述民机航材工程与管理中的保障效能指标,下面将从数学角度依次对这四个指标进行说明。

1) 期望满足率

在经典库存平衡公式中,当 s_{DI} 值小于初始库存量 s 时,表示库存还有可用航材,如果此时系统故障需要航材时,这个需求可被满足;反之,当 s_{DI} 值大于或等于 s 时,表示现有库存中没有可用航材,就会相应产生短缺。通过库存量 s 和稳态概率来估计期望满足率 EFR(expected fill rate)[139],表示如下:

$$\text{EFR}(s) = P\{s_{DI} = 0\} + P\{s_{DI} = 1\} + \cdots + P\{s_{DI} = s - 1\}$$
$$= P\{s_{DI} \leqslant s - 1\} \qquad (6-99)$$

式中,$P\{\cdot\}$ 是待收件数的稳态概率分布,当 $s = 0$ 时,期望满足率为 0,随着 s 的增大,期望满足率逐步接近 1。

2) 期望短缺数

期望短缺数(expected back order,EBO)是指在某个时间内未满足供应的航材需求数。当现场无库存航材数量时,若发生一次需求,就会产生一件短缺,在短缺时间持续到有一件在修故障件修复完成为止,期望短缺数数学表达如下:

$$\text{EBO}(s) = 0 \times P(s_{DI} < s) + 1 \times P(s_{DI} = s + 1) + 2 \times P(s_{DI} = s + 1) + \cdots$$
$$= \sum_{x=s}^{\infty} (x - s) P(s_{DI} = x) \qquad (6-100)$$

3) 可用度

可用度是衡量飞机保障效能的重要指标,这里的可用度指的是供应可用度或机队可用度,它不受维修对策的影响,若无特殊说明,在进行航材库存配置分析时,可用度就是供应可用度或机队可用度。设 A 为飞机可用度,根据可用度含义,A 满足如下关系[76]:

$$A = \prod_{i=1}^{n} \left(1 - \frac{\text{EBO}_i(s)}{N \times \text{QPA}_i}\right)^{\text{QPA}_i} \qquad (6-101)$$

式中,n 是分析过程中涉及航材总项数;N 为机队规模或称为机队大小;QPA_i 为第 i 种航材单机安装数量。其基本原理是机队航材有 $N \times \text{QPA}_i$ 个安装位置,任何一个位置出现空缺的概率是 $\text{EBO}_i(s)/(N \times \text{QPA}_i)$。只有在航材的单机安装数中不存在任何空缺,并且其他航材均不存在任何空缺时,飞机才能可供使用。

4) 保障概率

这里的保障概率是指航材保障概率,为减少航空器材投资以及避免资源浪费,RSPL 给出了适当的航材保障概率,该保障概率与航材的重要度代码 ESS (essentiality code) 相互结合使用。对于飞机放行影响最大的 NO GO 件(其 ESS = 1)要采用相对较高的保障概率 94%~96%,将 GO IF 件(其 ESS = 2)和 GO 件(其 ESS = 3)的保护水平降到 85%~92%,从而减少了投资,同时使投资与运营更加匹配。保障概率可由式(6-102)进行计算[73]:

$$P_i = \sum_{l_i=0}^{s_i} \frac{(QPA_i \times \lambda_i)^{l_i}}{l_i!} e^{-QPA_i \times \lambda_i} \qquad (6-102)$$

式中,QPA_i 表示第 i 种航材的单机安装数量;λ_i 为第 i 种航材的故障率;l_i 为第 i 种航材的数量。

6.4　数学优化方法

在民机航材库存管理工作中,经常会遇到一些优化问题,如维修间隔的优化,库存量与订货周期的优化,以及航材供应过程中投资费用、修理时间、库存配置优化等。面对这些优化问题,如果能够在建模求解过程中充分验证目标函数针对决策变量具有一定的变化特性,就可以运用解析方法实现优化问题的求解,或者结合优化问题自身的特性获取问题的最优解。但在实际工程问题中,很多情况下涉及较多的决策变量,优化问题的解往往是相关决策变量的离散组合,这种现象在民机航材优化配置中体现尤为明显,而且很难证明目标函数的变化特性。因此,若要有效解决优化问题,需要借助相关的优化模型和方法。本节将针对优化问题涉及的模型和方法进行介绍。

6.4.1　凸函数规划

函数的凸性是保证其在指定区间内的最大值或最小值具有唯一性,凸函数包含上凸函数和下凸函数,图 6.18 给出了凸函数(包括上凸函数和下凸函数)示意图,本小节将针对下凸函数进行介绍。

1. 凸函数定义及性质

凸函数是一个定义在某个向量空间的凸子集 C 上的实值函数 f,而且对于凸子集 C 中任意两个向量 $\boldsymbol{x}_1$、$\boldsymbol{x}_2$,有

$$f\left(\frac{\boldsymbol{x}_1 + \boldsymbol{x}_2}{2}\right) \leqslant \frac{f(\boldsymbol{x}_1) + f(\boldsymbol{x}_2)}{2} \qquad (6-103)$$

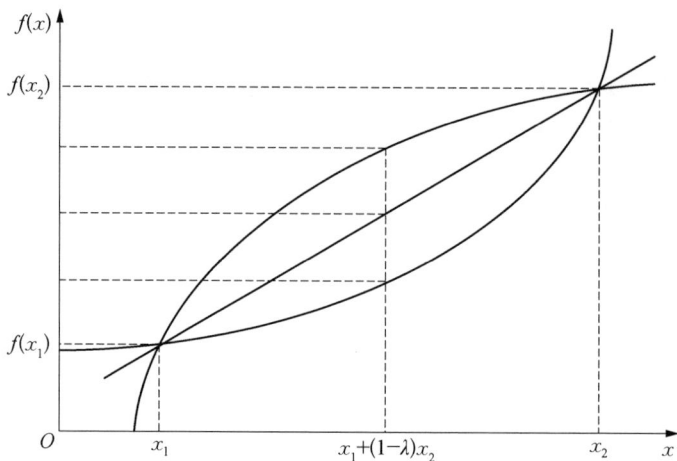

图 6.18　凸函数示意图

若式(6-103)成立,在区间(0,1)存在任意有理数 λ,有

$$f[\lambda \boldsymbol{x}_1 + (1-\lambda)\boldsymbol{x}_2] \leqslant \lambda f(\boldsymbol{x}_1) + (1-\lambda)f(\boldsymbol{x}_2) \qquad (6-104)$$

式中,如果 f 连续,那么 λ 可以改成区间(0,1)的任意实数。

如果将定义中凸集 C 变为某个区间,则凸函数定义可改为:设 f 为定义在区间 I 上的函数,若在区间 I 内任取两点 x_1、x_2 和任意的实数 $\lambda \in (0,1)$,则有

$$f[\lambda x_1 + (1-\lambda)x_2] \leqslant \lambda f(x_1) + (1-\lambda)f(x_2) \qquad (6-105)$$

则称 f 为区间 I 上的凸函数,若定义中的"$\leqslant$"替换为"$<$"也成立时,则可称函数 f 为严格凸函数。

此外,文献[6]中还给出了凸函数另一种定义:令 $f(x)$ 是离散非负变量,当 $f(x)$ 的一阶差分

$$\Delta f(x) = f(x+1) - f(x) \leqslant 0 \qquad (6-106)$$

且二阶差分

$$\Delta^2 f(x) = f(x+2) - 2f(x+1) + f(x) \geqslant 0 \qquad (6-107)$$

则函数 $f(x)$ 是凸函数,该定义可用于判断期望后订货数对库存量函数的凸性。

凸函数的性质具体如下:

(1) 若 $f(x)$ 和 $g(x)$ 是区间 I 上的凸函数,则 $m(x) = \max\{f(x),g(x)\}$ 也是区间 I 的凸函数;

（2）若 $f(x)$ 和 $g(x)$ 是区间 I 上的凸函数，k_1、k_2 为非负实数，则 $h(x) = k_1f(x) + k_2g(x)$ 也是凸函数；

（3）若 $f(x)$ 是区间 I 上的凸函数，$g(x)$ 是区间 J 上的凸函数且是递增函数，$f(I) \subset J$，则 $h(x) = g[f(x)]$ 是凸函数；

（4）若 $f(x)$ 是凸函数，则 $g(y) = f(Ay + b)$ 也是凸函数。

2. 凸函数判定、转换与应用

判定凸函数可利用定义法、已知结论法以及函数的二阶导数。对于实数集上的凸函数，一般的判别方法是运用函数的二阶导数，若二阶导数在区间上恒大于或等于零，则称函数为凸函数；若二阶倒数在指定区间上恒大于零，则称函数为严格凸函数。

凸函数特性保证了该函数在指定区间具有极大值或极小值，因此在最优化问题求解过程中应用最为广泛。当确定所研究的函数为凸函数后，就可以结合相关的优化模型和优化算法求解其最优值，进而解决实际工程问题。

若函数在整个取值空间不具有凸性，但若将其取值空间进行分段处理，函数在各个区间具有凸性，可以通过分段的方式对函数进行求解，进而可以求解函数在整个取值空间上的最大值或最小值。例如，函数 $f(x) = 1/x^2$，在区间 $(0, +\infty)$ 上是凸函数，在区间 $(-\infty, 0)$ 上也是凸函数，但是在区间 $(-\infty, +\infty)$ 上不是凸函数，其根本原因是 $x = 0$ 是函数的奇点，即 $f(0^-) = -\infty$ 和 $f(0^+) = +\infty$。

6.4.2　航材库存优化方法

民机航材工程与管理中，航材配置供应与库存管理是典型的整数规划问题。为了实现民机运营过程中的航材合理配置和库存合理储备，达到降低库存投资费用和航材及时供应的目的，需要结合相关的优化算法对航材库存问题进行研究，目前工程中常用的优化方法有边际分析法和 0-1 非线性整数规划，本小节将对这两种优化方法进行简单论述。

1. 边际分析法

边际代表额外追加的意思，指处在边缘上的已经追加上的最后一个单位，或者可能追加的下一个单位，属于导数或微分的范畴。边际分析是一种渐进的优化技术，常用于分配短缺资源来获取最大利益，具体是指在函数关系中，自变量发生微量变动时，在边际上因变量的变化，边际值表现为两个微变量的比。边际分析法是一种经济分析方法，研究一种可变因素的数量变动会对其他可变因素的变动产生多大影响的方法，运用导数和微分方法研究微增量的变化，用以分析各变量之间的相互关系以及变化过程；此外，边际分析法的提出不仅为管理者决策提供了一个有效的途径，而且还实现了数学与经济学的有效结合。边际分析法的主要意义如下：

（1）经济学研究重心发生了转变，由原来带有一定"社会性、历史性"意义的政治经济学,转为研究如何抉择把有限的稀缺资源分配给无限而又有竞争性的用途上,以有效利用。

(2) 开创了经济学"数量化"的时代,边际分析本身是一种数量分析,使线性代数、集合论、概率论、拓扑学、差分方程等各种数量工具逐步渗入经济学,数量化分析已经成为经济学的主要特征。

(3) 推进了微观经济学的形成,边际分析以个体经济活动为出发点,以需求、供给为重心,强调主观心理评价,形成了以"个量分析"为特征,以市场和价格机制为研究中心的微观经济学,用以研究市场和价格机制如何解决三大基本经济问题,探索消费者如何得到最大满足,生产者如何得到最大利润,生产资源如何得到最优分配的规律。

(4) 奠定了最优化理论的基础,经济学从理论上推出了所谓最优资源配置,最优收入分配,最大经济效率及整个社会达到最优的一系列条件和标准。

(5) 实证经济学得到重大发展,研究变量变动时,整个经济发生了什么变动,这为研究事物本来面目、回答经济现象"是什么"问题的实证经济学提供了方法论基础。

边际分析法有两个重要概念即边际成本和边际效益,其中边际成本指每增加一个单位的产品所引起的成本增量,而边际收益指每增加一个单位的产品所带来的收益增量。通常,在判断经济活动的利弊时,依据其边际收益与边际成本的比较,若前者大于后者,这项活动就有利,反之则不利。边际分析法是寻求最优解的核心工具,其主要应用如下。

(1) 无约束条件下最优投入量。利润最大化是决策的目标,通过边际利润等于零的点获取,边际利润即边际收入与边际成本之差;在无约束条件下,边际利润值为零时,资源的投入量最优。

(2) 有约束条件下最优投入量。在有约束条件下,各方向上每增加单位资源所带来的边际效益都相等,且同时满足约束条件,资源分配的总效益最优。

(3) 当边际收益大于边际成本时应该增加行动,当边际收益小于边际成本时应该减少行动,最优化水平在当边际成本大于边际收益的前一单位水平达到。

(4) 提倡使用增量分析。增量分析是分析决策对收入、成本或利润的影响,这里的决策可以是变量的大量变化,也可以是非数量的变化。

边际分析法的主要步骤为:

(1) 识别控制变量,在航材库存管理中控制变量为民机系统或部附件的不同航材的数量。

(2) 如果对每种类型的控制变量增加1,研究对应的效益,即每种类型增加的单元的边际效益,而在航材库存管理中边际效益可以是期望后订货数、可用度等。

(3) 确定每种类型控制变量加1,在总费用中增加多少,即增加的单元的边际费用、体积、重量等变化。

应当注意的是,当费用保持不变时,当航材的数量增加时其边际效益趋于降低,且目标函数是凸函数。

2. 0-1 非线性整数规划

整数规划是指规划问题中涉及的部分或全部变量为整数,可分为线性整数规划和非线性整数规划,其中,线性整数规划是指自变量与因变量之间呈线性关系且变量限制为整数,而非线性整数规划与线性整数规划区别在于自变量与因变量之间呈非线性关系。若变量只能取 0 或 1,且自变量与因变量之间呈非线性关系,则称为 0-1 非线性整数规划,该规划在航材库存管理中比较常用。

整数规划具有如下特点:

(1) 整数规划具有最优解,其解出现下述情况: 最优解全是整数且与整数规划最优解一致,最优解不全为整数,整数规划最优解小于原规划最优解或大于原规划最优解,整数规划无可行解。

(2) 整数规划最优解不能按照实数最优解简单取整获得。

对于整数规划求解方法主要有分支定界法、割平面法、隐枚举法、匈牙利法、蒙特卡罗法等,下面对相关解法进行简要介绍。

(1) 分支定界法。对有约束条件的最优化问题的可行解空间适当地进行系统搜索,通常把全部可行解空间反复地分割为越来越小的子集,称之为分支,对每个子集内的解集计算目标下界称为定界,此外,每次分支后凡是界限劣于可行解集目标值的那些子集可不予考虑,称之为剪枝。

(2) 割平面法。割平面法是由美国的 Gomory 提出,其基本思想是: 先不考虑整数性约束,求解相应的规划问题,若最优解恰好是整数解,则此解即整数规划问题的最优解;否则,就增加一个新的约束条件,称为割平面。割平面必须具有两条性质:① 从可行域中至少割掉目前的非整数最优解;② 不割掉任何整数可行域,然后在缩小的可行域上求解规划问题,重复以上做法,经有限次切割后,必可在缩小的可行域的一个整数极点上达到整数规划问题的最优解。

(3) 隐枚举法。隐枚举法是求解 0-1 整数规划最容易想到的方法,该方法的实质就是穷举法,即检查变量取值为 0 或 1 的每一种组合,比较目标函数值以求得最优解,实现该求解需检查 2^n 个组合,对于变量个数 n 较大的情况较难实现,因此在求解此类问题过程中只检查变量取值组合的一部分,这种方法称为隐枚举法。

(4) 匈牙利法。匈牙利法是 Kuhn 利用匈牙利数学家 Konig 的关于矩阵中独立"0"元素的定理,提出了求解指派问题的一种方法[156,157]。对于指派问题匈牙利法的算法步骤为:对系数矩阵进行变换,使每行每列至少有一个元素为"0";从第一行(第一列)开始,若该行(列)只有一个零元素,就对这个零元素加括号,若该行没有零元素或者有两个以上零元素,则转下一行,依次进行到最后一行;重复上述步骤依据相关定理进行变换,直到矩阵的每一行都有一个加括号的零元素为止,即找到最优分配方案。

(5)蒙特卡罗法。蒙特卡罗法又称为随机取样法,对于维数较高和自变量取值范围较大的整数规划问题,如果运用穷举法来寻求问题的最优解,其计算量比较大甚至无法实现,因此可以借助概率论为基础的蒙特卡罗法来实现整数规划的最优解。

对于 0-1 非线性整数规划,考虑由 n 个组件串联在一起的系统,假设第 i 个组件的故障前时间分布服从累积分布为 $F_i(t)$ 的任意分布,令 c_i 表示一个组件航材的费用,C 为最大预算,N_i 为组件 i 的最大航材数量,其优化目标是满足预算限制的同时将系统的可用度最大化,即

$$Z_{i,j} = \begin{cases} 1, & \text{分配给组件 } i \text{ 的 } j \text{ 个备件} \\ 0, & \text{其他} \end{cases} \tag{6-108}$$

假设航材不修复,组件 i 的可用度表示为

$$A_i = \sum_{j=0}^{N_i} \sum_{k=0}^{j} \left[F_i^k(t) - F_i^{k+1}(t) \right] z_{i,j} \tag{6-109}$$

式中,$F_i^k(t)$ 为分布函数 $F_i(t)$ 的 k 重卷积。

优化问题可写为

$$\max \quad A = \prod_{i=1}^{n} A_i$$

$$\text{s.t.} \quad \sum_{i=1}^{n} \sum_{j=0}^{N_i} j \times c_i \times z_{i,j} \leqslant C \tag{6-110}$$

该式目标函数为最大化的系统可用度,约束条件为费用小于等于规定预算的费用。

6.4.3　智能优化方法

智能优化方法,如遗传算法、免疫算法、退火算法、粒子群算法、鱼群算法、蚁群算法等均属于启发式算法,为了更好地理解这些算法的基本原理,需要明确如下几个概念[158,159]。

(1)启发式算法:一个问题的最优算法求得该问题在整个取值空间的最优解,而该方法是相对于最优算法提出的,即一个基于直观或经验构造的算法,在可接受的计算时间下寻找待解决问题的解,但不一定能保证所得解的可行性和最优性,甚至在多数情况下,无法阐述所得解同最优解的近似程度。

(2)邻域:令 D 为优化问题可行的集合,对于问题当前的某一个可行解 x,从 x 出发通过一定的映射规则,构建得出的所有可行解的集合 $N(x)$ 称为当前解 x

的邻域，$y \in N(x)$ 称为 x 的一个邻域。

对于目标函数 f 在 D 上的极小值求解问题，其邻域搜索可以表述为：

（1）任意选取一个初始解 $x_0 \in D$；

（2）在 $N(x_0)$ 中按一定规则选择一个 x，若 $f(x) < f(x_0)$，则 $x_0 = x$；否则，$N(x_0) = N(x_0) - \{x\}$。若 $N(x_0) - \{x\} = \varnothing$ 则停止，否则重新执行计算。

简单的邻域搜索可以从任何一点出发，达到一个局部最优值点。从算法中可以看出，停止时间得到的点的性质依赖于初始解选取、邻域结构、局部最优值点跳出规则、停止规则等方面，这些即启发式算法在针对具体问题求解时需要解决的问题。

目前，国内外对启发式算法，包括禁忌搜索算法[160]、遗传算法[161,162]、粒子群算法[163,164]、模拟退火算法[165]等，在航材库存方面的优化进行了有益的尝试，但由于航材优化问题变化多样，这些算法的应用还远未达到工程化的程度。下面对禁忌搜索算法、遗传算法的原理进行简要介绍。

1）禁忌搜索算法

禁忌搜索算法是一种元启发式随机搜索算法，它从一个初始可行解出发，选择一系列的特定搜索方向作为试探，选择实现让特定的目标函数值变化最多的移动。禁忌搜索算法是对局部搜索算法的扩展，是人工智能与局部搜索算法的结合，为了避免陷入局部最优解，禁忌搜索算法采用了一种灵活的记忆技术，对已经进行的优化过程进行记录和选择，并在下一步的迭代中避开这些局部最优解或指导下一步的搜索方向。

禁忌搜索算法求解流程如下：

（1）令禁忌表 $H = \varnothing$，并随机生成一个初始解 x^0；

（2）满足停止规则时停止计算，输出当前最优解；否则，从 x^0 的邻域 $N(x^0)$ 中选出不受禁忌的候选集 $Can\_N(x^0)$，在其中选取一个评价值最优的解 $x^i(i = 1,$ $2, \cdots)$，更新禁忌集。

由此可见，禁忌搜索算法的设计需要明确邻域、禁忌表、禁忌长度、候选解、特赦准则等几部分内容。

2）遗传算法

遗传算法由密歇根大学 Holland 教授于 20 世纪 60 年代提出，是一种基于生物遗传和进化机制的适用于复杂计算的优化技术，其基本原理是借鉴了遗传、突变、自然选择、杂交等进化生物学中的一些现象，即仿效生物界中的物竞天择、适者生存的演化规则。遗传算法是把问题参数编码为染色体，利用迭代的方式进行选择、交叉以及变异等运算来交换种群中染色体的信息，最终生成符合优化目标的染色体。

在遗传算法中，染色体对应的是数据或数组通常是由一位串结构数据来表示，

```
编码
  ↓
种群初始化
  ↓
适应度计算
  ↓
选择
  ↓
交叉
  ↓
变异
  ↓
是否满足
终止条件?  ──否──┐
  ↓是
结束
```

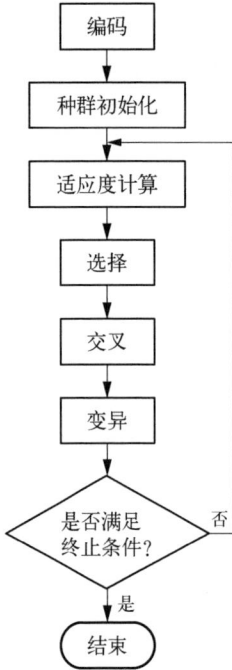

图 6.19　遗传算法流程图

各个位置对应基因的取值。基因组成的串就是染色体携带的信息,一定数量的个体组成了群体,群体中个体数目称为群体规模,各个个体对环境的适应程度称为适应度。20 世纪 80 年代中期以前遗传算法的研究还仅仅限于理论方面,直到匹兹堡召开第一次遗传算法大会,以及随着计算机技术的发展和实际工程需求的增加,遗传算法逐步进入到实际应用阶段。遗传算法流程如图 6.19 所示。

由图 6.19 可知,遗传算法的具体步骤如下。

(1) 编码。遗传算法在进行搜索之前先将空间的解数据表示成一串空间的基因型串结构数据,这些串结构数据的不同组合便构成了不同的点。

(2) 初始种群的生成。随机产生 N 个初始串结构数据,每个串结构数据称为一个个体,N 个个体构成一个种群。

(3) 适应度计算。适应度表明个体或解的优劣性,不同的问题适应度函数的定义方式存在差异。

(4) 选择。选择的目的是从当前种群中选出优良的个体,使它们有机会作为父代为下一代繁殖子孙,进行选择的原则是适应性强的个体为下一代贡献一个或多个后代的概率大,其体现了达尔文的适者生存原则。

(5) 交叉。交叉操作是遗传算法中最主要的遗传操作,通过交叉操作可以得到新一代个体,新个体组合了其父辈的特性,交叉体现了信息交流的思想。

(6) 变异。变异首先在种群中随机选择一个个体,对于选中的个体以一定的概率随机地改变串结构数据中某个串的值,其变异发生概率很低,通常取值较小。

经过这一系列操作,产生的新一代个体不同于初始的一代,且随着代数增加其适应度值也增加,原因是最好的个体总是更多地被选择去产生下一代,而适应度低的个体逐渐被淘汰。这样的过程不断重复执行,直到满足终止条件为止,一般终止条件有以下几种:

(1) 迭代次数限制;

(2) 计算资源限制;

(3) 一个个体已满足最优值条件;

(4) 适应度已经达到饱和;

(5) 人为干预。

此外,基于上述论述可以看出遗传算法主要有以下要素:

(1) 染色体编码,常用的编码方式有二进制编码、顺序编码等;

（2）个体适应度,用于衡量个体优劣的准则,决定个体的繁殖与死亡;

（3）遗传算子,包括选择算子、交叉算子、变异算子;

（4）运行参数,主要有种群大小、繁殖代数、交叉概率、变异概率。

当运用遗传算法进行优化问题求解时,需要给出具体问题的上述四个要素之间的关系以及表达方式;另外,遗传算法能够跳出局部最优而找到全局最优点,且允许使用较复杂的目标函数,并对变量的取值范围进行限制。

第 7 章　民机航材库存配置管理

■
■
■
■

　　航材库存配置在民机航材与管理中起到重要作用,其目的是保障民机在发生故障时能够得到及时维修,合理配置民机运营过程中所需航材,进而达到提高维修效率、降低运营支持成本的目的。因此,本章从全寿命周期管理的角度,结合修理特点,将对民机单级修理模式下航材配置进行研究,逐步拓展到多级修理模式航材配置管理;此外,对于具有冗余特性的系统和横向供应等特殊条件,将分别从考虑冗余系统和具有横向供应的角度对民机航材配置进行研究,进而全面阐述民机航材配置管理方法,为民机全寿命周期航材配置管理提供适用的解决方案。

7.1　单级修理模式下航材库存配置管理

　　单级修理模式是指装备在维修过程中仅涉及一个修理级别的修理方式,对于民机其单级修理模式涉及的修理级别是航线级、维修对象为 LRU。本节考虑机队规模、飞机年飞行时间(flight hour,FH)、QPA、MTBUR 等因素的影响,并分别将维修比例、重要度、地面支持设备(ground support equipment,GSE)等引入模型,开展单级修理模式下民机航材库存配置管理技术研究,即从模型的描述与假设、数学模型的建立、求解流程及案例分析四个方面进行描述。其中,维修比例[101]是指由于各个修理机构存在一定的修理能力,发生故障的可修件在修理过程中存在不能修复的概率;重要度是指航材对飞机正常运行的影响程度大小,重要度指标来源于飞机主最低设备清单(master minimum equipment list,MMEL)[166-168]的放行差异码和 RSPL[169, 170, 44]的ESS 数据。

7.1.1　模型的描述与假设

对于民机部附件或系统的维修系统一般是由飞机、维修机构和航材库组成,假设民机部附件或系统由多个项目组成,定义 I 为一个部附件或系统中所有部件 LRU 的集合,即 $I=\{LRU_1，LRU_2，LRU_3，\cdots，LRU_n\}$,部附件或系统中 LRU_i 的数量为 n 个,如果部附件或系统中任何一个 LRU 失效,则整个部附件或系统面临失效。单级修理模式下民机航材库存配置中的供应流程如图 7.1 所示。

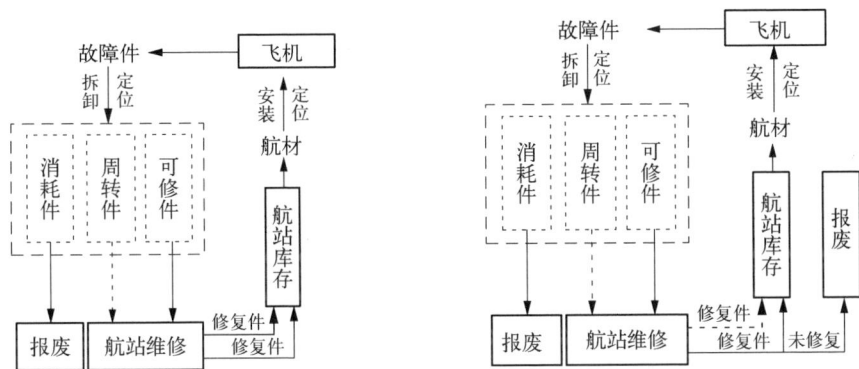

(a) 单级修理模式下通用民机航材供应流程　　　(b) 单级修理模式下考虑维修比例的民机航材供应流程

图 7.1　单级修理模式下民机航材供应流程图

在图 7.1 中,图(a)为单级修理模式下通用民机航材供应流程,图(b)为单级修理模式下考虑维修比例的民机航材供应流程。由图 7.1 可知,单级修理模式下民机航材供应流程为:当发现飞机部附件或系统故障时,由站点维修人员对故障件进行定位拆卸。如果该故障件为消耗件则选择报废并由航站库存提供该类航材对其进行更换;如果该故障件为周转件,则将该故障件移至航站进行维修,同时由航站库存提供航材进行安装,而修复的周转件存储到航站库存;如果该故障件为可修件,在考虑维修比例影响的情况下,对该故障件在航站进行维修,由航站库存提供航材进行更换,若在航站可以进行修复则将修复的项目存储到航站航材库,在航站无法修复则选择报废并申请订购一个航材,在不考虑维修比例影响的情况下,认为航站可以对故障件完全修复。

在上述航材供应过程中:当航材对象为消耗件时,采用 EOQ 批量订货即依据时间周期 T 进行补充量为 Q 的库存补货行为;当对象为周转件和可修件时,选取 $(s,s-1)$ 库存控制策略即项目发生需求时,库存减少一个的同时立即订购一个航材,并且满足经典的库存平衡公式(6-98)。

对所构建的数学模型在配置过程中的影响因素进行一些合理的假设：

（1）航站具有对故障件进行拆卸、安装和维修的能力；

（2）在航站后方设置库存站点对所需航材进行供应且不考虑横向供应；

（3）拆卸的故障件为消耗件时选择报废，拆卸的故障件为可修件时分别将不考虑维修比例影响和考虑维修比例影响两种情况下运送至航站进行维修；

（4）在航站对故障件进行维修过程中不考虑串件拼修的状况；

（5）故障件在航站维修过程中，若不考虑 GSE 的影响则不存在排队等待的现象，若考虑 HSE 的影响需要考虑排队等待的现象，且两种维修情况工作相互独立、互不影响；

（6）故障件在航站的拆卸和安装时所用时间忽略不计。

当发生 LRU 失效后，若有现成库存则从库存中取出航材，同时对失效的部附件或系统的 LRU 进行修理，若没有库存航材那么将产生一次短缺，需要等待直至部附件或系统的 LRU 修理完毕。理论上若没有费用限制，可以储备大量航材，这样航材就不会产生短缺，系统可用度为 1，而实际上航材的预算费用有限，那么在给定的预算费用下使可用度 A 最大就是我们需要优化的目标。

7.1.2 数学模型的建立

在单级修理模式下民机航材库存配置研究中，由于考虑的因素不同，其库存配置模型也存在差异，因此将从（考虑重要度的）单级修理模式数学模型和考虑 GSE 的单级修理模式数学模型这两个方面分别进行阐述。

1. （考虑重要度的）单级修理模式数学模型

为了合理地建立（考虑重要度的）单级修理模式下民机航材库存配置模型，根据波音、空客模型理论[75]分别对消耗件、周转件和可修件的相关参数进行计算，其具体步骤如下。

（1）在确定航材项目和相关输入参数的基础上，计算航材在航站库存的年平均需求量即等于一年内的平均更换量，计算公式如下：

$$m_i = \frac{\text{FH} \times N \times \text{QPA}_i}{\text{MTBUR}_i} \tag{7-1}$$

式中，N 为机队规模；m_i、QPA_i 和 MTBUR_i 分别代表第 i 种航材的年需求量、单机安装数量和非计划平均拆换间隔时间，$i=1, 2, \cdots, n$，n 为所有航材项目的种类数量。

（2）依据不同分类代码分别计算消耗件在供应周期内的期望需求量和周转件、可修件的年期望需求量，则有

$$\begin{cases} u_{1i} = m_{1i} \times \dfrac{\mathrm{ET}_i \times \mathrm{OT}_i}{365} \\[3mm] u_{2i} = m_{2i} \times \dfrac{\mathrm{RTAT}_i}{365} \\[3mm] u_{6i} = m_{6i} \times \left[\dfrac{\mathrm{RTAT}_i}{365} \times \left(1 - \dfrac{\mathrm{SR}_i}{1\,000} \right) + \dfrac{\mathrm{SR}_i}{1\,000} \left(\dfrac{\mathrm{DT}_i + \mathrm{OT}_i}{365} \right) \right] \end{cases} \tag{7-2}$$

式中，u_{1i}、u_{2i} 和 u_{6i} 分别为消耗件供应周期内的期望需求量和周转件、可修件的第 i 种航材年期望需求量；ET_i 为第 i 种消耗件供应周期；OT_i 为第 i 种航材的订货操作时间；DT_i 为交货时间；RTAT_i 为第 i 种航材修理周转时间；SR_i 为第 i 种可修件的报废率。其中，第 i 种航材的修理周转时间 RTAT_i 可通过式(7-3)运算：

$$\mathrm{RTAT}_i = \mathrm{MSPT}_i + \mathrm{TT}_i \tag{7-3}$$

式中，MSPT_i 为第 i 种航材在航站维修花费的时间；TT_i 为第 i 种航材的运输时间。

（3）航材库存配置的重要基础理论是 Palm 定理：若一项航材的需求服从年需求均值为 m 的泊松过程，且每一故障件的修理时间相互独立，并服从均值为 T 年的同一分布，则在修件数的稳态概率分布服从均值为 mT 的泊松分布。Palm 定理从固定时间段内的需求过程的分布和故障修复时间分布的平均值出发，进行估计修理件数的稳态概率分布。该过程需满足以下假定：需求过程是泊松过程；需求和修理过程是独立的；修理时间是独立同分布；修理能力无限。在这些条件下，Palm 定理计算任何时间内的修理件数，这在可修件的计算中发挥了巨大的作用。基于各个航材的期望需求量，在故障件失效服从独立泊松分布的条件下，根据式(7-4)求解航站库存的期望短缺数：

$$\mathrm{EBO}_i(s) = \frac{(u_i)^{x_i}}{x_i!} \mathrm{e}^{-u_i} \sum_{i=s+1}^{\infty} (x_i - s) \tag{7-4}$$

式中，$\mathrm{EBO}_i(s)$ 是在航站库存为 s 时第 i 种航材的期望短缺数。

（4）基于航站库存的期望短缺数，可用度依据式(6-101)进行运算；基于上述理论，建立单级修理模式下民机航材库存配置优化模型，即以可用度为优化目标、费用和保障概率为约束条件的单级航材库存配置模型如式(7-5)所示：

$$\begin{cases} \max \quad A \\ \mathrm{s.t.} \quad \displaystyle\sum_{i=1}^{n} C_i \times s_i \leqslant C_{\mathrm{total}} \\ \qquad P_i \geqslant (P_{\min})_i \end{cases} \tag{7-5}$$

式中，C_i 为第 i 种航材的单价；C_{total} 为给定航材费用；s_i 为第 i 种航材的航站存储数量;$(P_{\min})_i$ 为第 i 种航材的最低保障概率。

对于考虑重要度的单级修理模式数学模型与不考虑重要度的单级修理模式数学模型本质上并无差异,其不同点主要在于航材库存的求解流程,相关内容将在后续介绍。

2. 考虑 GSE 的单级修理模式数学模型

对于 GSE 与航材单级修理模式联合优化问题,除了要考虑民机运营参数外,还需要考虑 GSE 的影响,其影响主要在于航材维修过程中的修理时间,如果 GSE 为 1 套时,则采用 $M/M/1$ 排队模型确定相关影响参数;如果 GSE 大于或等于 2 套时,则采用 $M/M/s$ 排队模型确定相关影响参数。在上述基础上,可以依据以下流程建立考虑 GSE 的单级修理模式数学模型:

(1) 确定民机运营参数、航材参数及 GSE 影响参数,进而结合式(7-1)计算航材在航站库存的年需求量。

(2) 航材的年期望需求量通过式(7-6)求得:

$$u_i = m_i \times \frac{\text{RTAT}_i}{365} \tag{7-6}$$

此处,第 i 种航材的修理周转时间 RTAT_i 为

$$\text{RTAT}_i = \text{TT}_i + W_q \tag{7-7}$$

式中,W_q 为故障件维修逗留时间,通过排队论进行求解,若维修机构只有一套 GSE 则通过式(6-80)计算,若维修机构拥有多套 GSE 则通过式(6-88)计算。

(3) 基于航材的期望需求量,在故障件失效服从独立泊松分布的条件下根据式(6-4)求解航站库存的期望短缺数。

(4) 建立考虑 GSE 的单级修理模式下民机航材库存配置优化模型,即以投资费用最小为优化目标、可用度为约束的单级航材库存配置模型,如式(7-8)所示:

$$\begin{cases} \min \quad C_e \times n_e + \sum_{i=1}^{n} C_i \times s_i \leq C_{\text{total}} \\ \text{s.t.} \quad A \geq A_{\min} \end{cases} \tag{7-8}$$

式中,C_e 为 GSE 的单价;n_e 为 GSE 的数量。

通过以上论述,可以建立单机修理模式下民机航材库存配置模型,其中相关模型如式(7-5)和式(7-8)仅仅是实际工程中一种情况,在数学模型的建立过程中,其约束和目标可以根据实际需求进行选取。

7.1.3 求解流程

依据单级修理模式下民机航材库存配置数学模型,本节将从单级航材库存配

置求解流程、考虑重要度的单级航材库存配置求解流程和考虑 GSE 的单级航材库存配置求解流程三个方面论述。

1. 单级航材库存配置求解流程

为了科学合理地实现单级修理模式下民机航材库存配置求解,在建立的单级修理模式下,即以机队可用度为优化目标、投资费用为约束条件的库存优化模型[式(7－5)],通常运用边际分析法[171-173]来完成航材的库存优化配置。基于边际分析法的单级航材库存配置求解流程图如图 7.2 所示。

由图 7.2 可知,航材库存配置是一个非线性整数规划问题,其具体求解流程为:首先,确定研究对象,初始化各个航材项目的库存数量以及相应的库存数量对应的费用;其次,计算航材的期望短缺数,并结合式(7-9)计算每个航材数量增加 1 时的边际增量,选取边际增量最大的航材将其数量增加 1;最后,比较所花费用与所投资费用的大小,若计算费用小于投资费用,则应用边际分析法,对于每一个项目,计算单位费用的边际增量,选取边际增量最大的部件使其库存数量增加一个,再进行比较直至所花费用小于等于投资费用。此时,得到各个航材库存配置数量、航材的购置费用并得到相应航材配置数量的机队可用度。

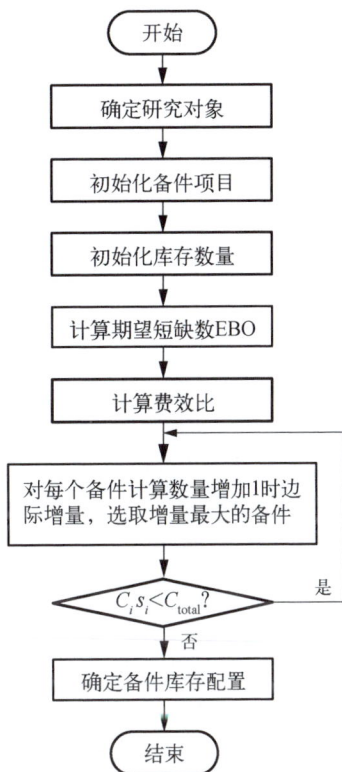

图 7.2　基于边际分析法的单级航材库存配置求解流程图

$$\Delta_i = \frac{\mathrm{EBO}_i(s) - \mathrm{EBO}_i(s+1)}{C_i} \qquad (7-9)$$

2. 考虑重要度的单级航材库存配置求解流程

在考虑重要度的情况下,建立以可用度为优化目标、航材费用和保障概率为约束条件的单级航材库存配置模型,运用分解协调边际分析法实现消耗件、周转件和可修件的库存优化配置。分解协调边际分析法的思想是[7]:首先,依据重要度代码和分类代码将项目分成不同重要度的消耗件、周转件和可修件;然后,对重要度和种类不同的航材分别进行库存优化配置;最后,通过协调的方式完成所有航材的配置。考虑重要度的单级航材库存配置求解流程如图7.3所示,在图7.3 中,ESS 为航材的重要度代码(ESS＝1 为 NO GO 件;ESS＝2 为 GO IF 件,ESS＝3 为 GO 件);SPC 为航材的分类代码(SPC＝1 为消耗件;SPC＝2 为周转件,SPC = 6 为可修件);$\{EBO_{ESS=i}(s)\}_{i=1,2,3}$ 为不同重要度消耗件、周转件和可修件在航站仓库为 s 时的期望短缺数;$\{C_{ESS=i}\}_{i=1,2,3}$ 为不同重要度消耗件、周转件和可修件的单价;$\{C_{S,ESS=i}\}_{i=1,2,3}$ 为购买不同重要度消耗件、周转件和可修件的相应配置所需费用;$\{P_{ESS=i}\}_{i=1,2,3}$ 为不同重要度消耗件、周转件和可修件的相应配置的保障概率;$\{(P_{\min})_{ESS=i}\}_{i=1,2,3}$ 为不同重要度消耗件、周转件和可修件的最低保障概率。

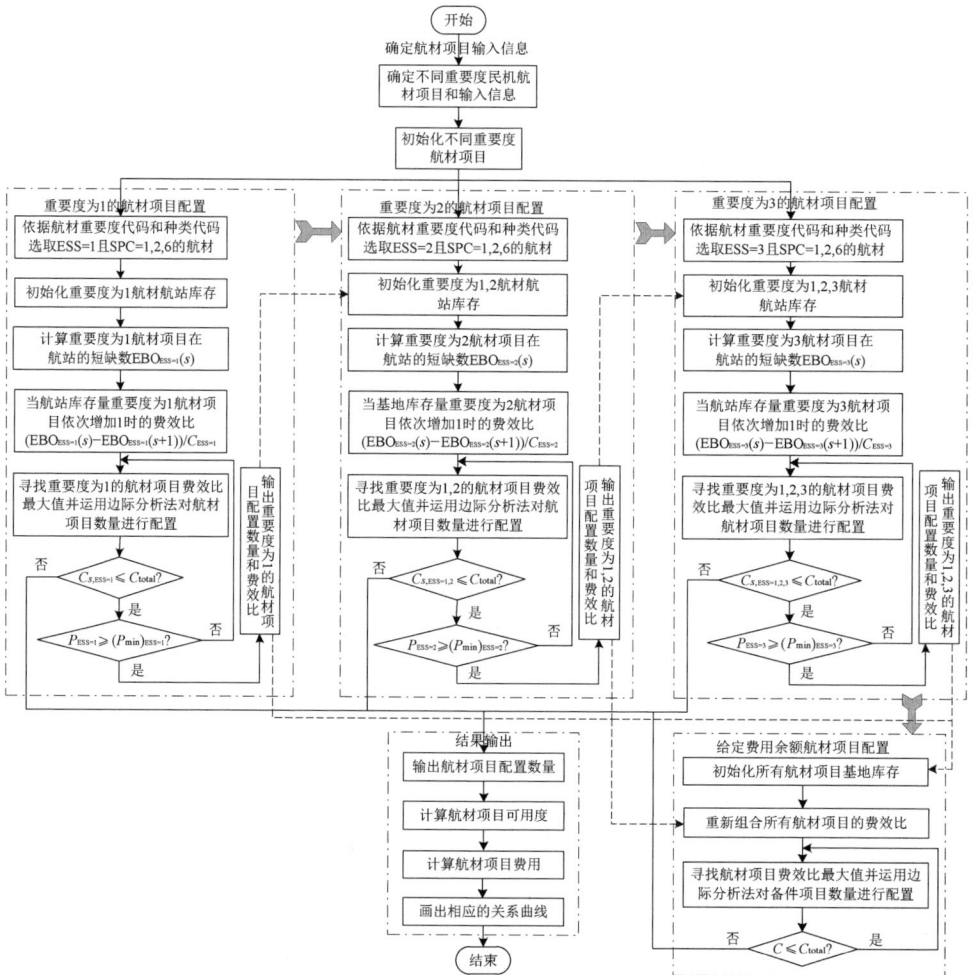

图 7.3　考虑重要度的单级航材库存配置求解流程图

由图 7.3 可以看出,考虑重要度的单级航材库存优化配置主要包括如下内容:确定民机航材项目(消耗件、周转件和可修件)及输入信息,配置重要度代码为 1 的航材,配置重要度代码为 2 的航材,配置重要度代码为 3 的航材,配置给定费用余额所有航材项目和输出民机航材库存优化配置结果。在执行上述配置过程中,针对每一类航材需要依次进行以下流程:先初始化航站库存数量,再计算航材短缺数和费效比,然后依据费效比配置航材数量,最后确定航材的库存数量。在确定民机航材项目及输入信息时,根据民机部附件本身所具有的特性选取重要度和种类不同的航材项目并确定相关航材项目的参数;在对考虑重要度的消耗件、周转件和可修件进行库存优化配置过程中,基于构建的以机队可用度为优化目标、航材费用和保障概率为约束条件的单级航材库存优化配置模型计算出相关航材的年需求量、期望短缺数、效费比等参数,运用分解协调边际分析法实现各个航材项目的配置;在结果输出阶段,输出航材项目的配置数量、机队可用度和购买航材费用并得到相关的关系曲线。

3. 考虑 GSE 的单级航材库存配置求解流程

对于 GSE 与航材联合优化配置问题,为了合理有效地实现民机 GSE 和航材配置管理,基于建立的以机队可用度为优化目标、投资费用为约束条件的GSE 与航材单级库存优化配置数学模型,运用边际分析法实现联合优化配置。基于边际分析法的单级修理模式下 GSE 与航材联合优化配置模型求解流程如图 7.4 所示。

由图 7.4 可知,考虑 GSE 的单级航材库存配置流程为:结合 AMM、RSPL、IPC 等确定研究对象即选取 GSE 与航材联合所需研究的 GSE 和航材项目;初始化各航材项目对应的费用;初始化 GSE 数量使其等于 1,基于 $M/M/1$ 排队模型理论计算相关修理参数;初始化航材项目的库存数量,计算航材的期望短缺数和每个航材数量增加 1 时的边际增量,选取边际增量最大的航材项目将其数量增加1 并比较所花费用与所投资费用的大小,若航材的费用小于总投资费用则应用边际分析法,对于每一个航材项目,计算单位费用的边际增量,选取边际增量最大的部件使其库存数量增加一个,再进行比较直至 GSE 与航材所花费用小于等于投资费用,其中需要依次增加 GSE 数量,进而结合 $M/M/s$ 排队模型求解相关参数,并依据边际分析法寻找最优的GSE 和航材的配置数量;最后,得到 GSE 和航材的配置数量、购置费用以及相应的机队可用度。

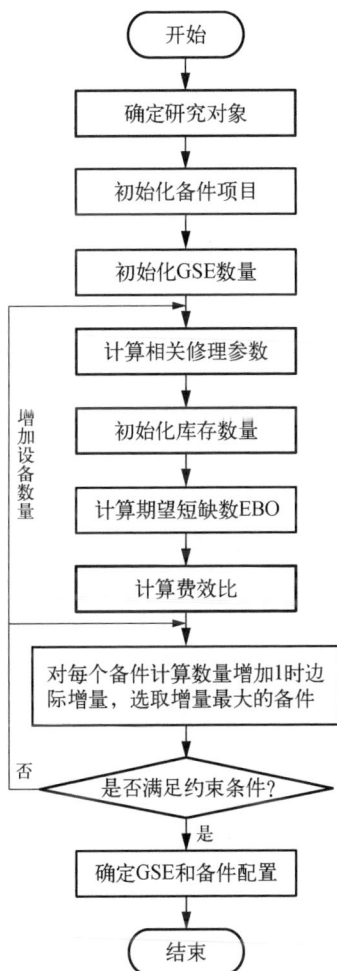

图 7.4　考虑 GSE 的单级航材库存配置求解流程

7.1.4　案例分析

本小节将通过三个工程案例来验证上述理论在单级修理模式下民机航材库存配置管理领域的适用性,主要包括:单级航材库存配置案例、考虑重要度的单级航材库存配置案例和考虑 GSE 的单级航材库存配置案例。

1. 单级航材库存配置案例

以某航空公司同一型号飞机为例,运营数量 $N = 10$,年飞行小时为 FH = 2 500 h,将起落架作为研究对象,其所包含的 LRU 相关参数如表 7.1 所示,其中相关参数是通过 RSPL、IPC 和 AMM 获取,在给定航材项目费用 50 000 美元的条件下,求航材项目的最优配置数量以及相应配置的可用度。

表 7.1　民机起落架关键 LRU 参数

PI	PN	CSUFI	C/美元	QPA/件	MTBUR/h	RATA/d
LRU1	029 − 616 − 0	32452101 010	780	1	300	23
LRU2	039 − 688 − 0	32452101 010Q	336	1	300	23
LRU3	039 − 688 − 1	32452101 010L	785	1	300	23
LRU4	M12801IND02	32452101 010J	1 082	1	300	23
LRU5	113A8245 − 1	32132103 075	1 245	2	27 800	30
LRU6	69 − 54784 − 1	32515102 020	390	2	51 000	25

注: PI 为航材项目编号;PN 为航材在 IPC 中对应的零件编号;CSUFI 为航材项目查询代号;RATA 为航材的平均修理周转时间;C 为费用;QPA 为平均装机数量;MTBUR 是平均非计划拆换间隔时间。

依据所给出的机队规模、FH、MTBUR、QPA 等信息基于式(7-1)可以得到各个航材项目在维修站点的年需求量;结合航材的平均修理周转时间 RTAT 并参照式(7-2)计算各航材的年期望需求量;基于各个航材的年期望需求量,在故障件失效服从独立泊松分布的条件下根据式(7-4)求解库存的期望短缺数,进而运用式(7-9)结合航材单价计算不同库存数量下的效费比;最后运用边际分析法配置航材库存并得到相关配置的机队可用度和投资费用。由上述求解流程可以得到航材配置信息及可用度与费用的关系曲线,如表 7.2 和图 7.5 所示。

表 7.2　民机起落架航材库存配置信息

库存量/套	LRU$_1$/套	LRU$_2$/套	LRU$_3$/套	LRU$_4$/套	LRU$_5$/套	LRU$_6$/套	可用度	费用/美元
0	0	0	0	0	0	0	0.049 4	0
1	0	1	0	0	0	0	0.060 2	336
2	0	2	0	0	0	0	0.070 3	672
3	0	3	0	0	0	0	0.079 7	1 008

续 表

库存量/套	LRU$_1$/套	LRU$_2$/套	LRU$_3$/套	LRU$_4$/套	LRU$_5$/套	LRU$_6$/套	可用度	费用/美元
4	0	4	0	0	0	0	0.087 8	1 344
5	0	5	0	0	0	0	0.094 1	1 680
6	1	5	0	0	0	0	0.113 8	2 460
7	1	6	0	0	0	0	0.119 2	2 796
8	1	6	1	0	0	0	0.144 2	3 581
9	2	6	1	0	0	0	0.168 5	4 361
10	2	6	2	0	0	0	0.196 8	5 146
11	3	6	2	0	0	0	0.223 1	5 926
12	3	6	3	0	0	0	0.252 8	6 711
13	4	6	3	0	0	0	0.278 4	7 491
14	4	6	4	0	0	0	0.306 5	8 276
15	4	6	4	1	0	0	0.370 7	9 358
16	4	6	4	2	0	0	0.433 2	10 440
17	4	6	4	3	0	0	0.490 9	11 522
18	4	7	4	3	0	0	0.505 3	11 858
19	5	7	4	3	0	0	0.541 7	12 638
20	5	7	5	3	0	0	0.580 6	13 423
21	5	7	5	4	0	0	0.639 3	14 505
22	5	7	5	5	0	0	0.685 3	15 587
23	6	7	5	5	0	0	0.717 9	16 367
24	6	7	6	5	0	0	0.752 2	17 152
25	6	8	6	5	0	0	0.764 7	17 488
26	6	8	6	6	0	0	0.801 1	18 570
27	7	8	6	6	0	0	0.824 6	19 350
28	7	8	7	6	0	0	0.848 8	20 135
29	7	9	7	6	0	0	0.856 1	20 471
30	7	9	7	7	0	0	0.881 2	21 553
31	8	9	7	7	0	0	0.895 9	22 333
32	8	9	8	7	0	0	0.910 7	23 118
33	8	9	8	7	0	1	0.916 7	23 508
34	8	9	8	8	0	1	0.931 9	24 590
35	8	10	8	8	0	1	0.935 9	24 926
36	8	10	8	8	1	1	0.948 9	26 171
37	9	10	8	8	1	1	0.957 1	26 951
38	9	10	9	8	1	1	0.965 5	27 736
39	9	10	9	9	1	1	0.973 9	28 818
40	9	11	9	9	1	1	0.975 7	29 154
41	10	11	9	9	1	1	0.979 8	29 934
42	10	11	10	9	1	1	0.983 9	30 719

库存量/套	LRU$_1$/套	LRU$_2$/套	LRU$_3$/套	LRU$_4$/套	LRU$_5$/套	LRU$_6$/套	可用度	费用/美元
43	10	11	10	10	1	1	0.988 1	31 801
44	11	11	10	10	1	1	0.989 9	32 581
45	11	11	11	10	1	1	0.991 9	33 366
46	11	12	11	10	1	1	0.992 6	33 702
47	11	12	11	11	1	1	0.994 5	34 784
48	12	12	11	11	1	1	0.995 3	35 564
49	12	12	12	11	1	1	0.996 1	36 349
50	12	13	12	11	1	1	0.996 4	36 685
51	12	13	12	11	2	1	0.997 4	37 930
52	12	13	12	12	2	1	0.998 2	39 012
53	12	13	12	12	2	2	0.998 4	39 402
54	13	13	12	12	2	2	0.998 7	40 182
55	13	13	13	12	2	2	0.998 9	40 967
56	13	14	13	12	2	2	0.999 1	41 303
57	13	14	13	13	2	2	0.999 4	42 385
58	14	14	13	13	2	2	0.999 5	43 165
59	14	14	14	13	2	2	0.999 6	43 950
60	14	15	14	13	2	2	0.999 6	44 286
61	14	15	14	14	2	2	0.999 7	45 368
62	15	15	14	14	2	2	0.999 8	46 148
63	15	15	15	14	2	2	0.999 8	46 933
64	15	15	15	14	3	2	0.999 9	48 178
65	15	16	15	14	3	2	0.999 9	48 514
66	15	16	15	15	3	2	0.999 9	49 596

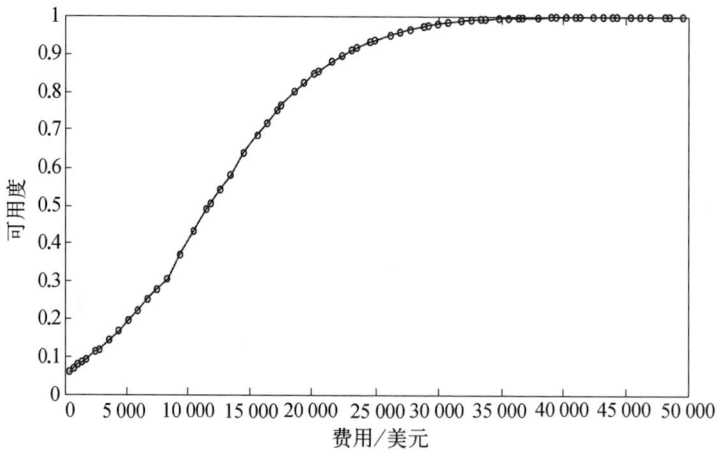

图 7.5　可用度与费用的关系曲线

由表 7.2 可知,当库存量达到 66 时,航材购置费用为 49 596 美元,小于预期投资费用 50 000 美元,而当库存数量达到 67 时其购置费用超过预期投资费用;可用度从开始的 0.049 4 增加到 0.999 9。由图 7.5 可知,可用度在前期随着费用的增加其增长速率较快,在此费用范围内投资时,可得到最优的费效比;后期随着费用的增加其增长变缓,费用-可用度曲线比率趋缓,要提高系统可用度,须有较大的费用投入,具体如何对航材库存数量进行配置需依据航空公司的费用进行决策。

2. 考虑重要度的单级航材库存配置案例

以某航空公司某机型 RSPL 中 38 项民机舱门航材为例,其航空公司运营数据:机队规模 $N = 15$,年飞行小时 FH = 3 248.5 h;运输时间为 TT = 40 d,故障处理时间 MSPT = 5 d,订货操作时间 OT = 5 d 和交货时间 DT = 25 d,报废率 SR = 0.1;最低保障概率分别为 $(P_{\min})_{\mathrm{ESS}=1} = 0.92$、$(P_{\min})_{\mathrm{ESS}=2} = 0.90$ 和 $(P_{\min})_{\mathrm{ESS}=3} = 0.85$;航材相关参数及属性通过 IPC、MMEL 和 AMM 获取如表 7.3 所示,在给定费用 200 000 美元情况下进行单级航材库存配置。

表 7.3　航材相关参数及属性

PI	PN	C/美元	QPA/件	SPC	ESS	MTBUR/h
1	106324	40.30	20	1	1	100 000
2	141A6004 − 1	177.00	1	1	2	30 000
3	141A6105 − 6	4 989.00	1	2	1	40 000
4	141A6217 − 1	290.00	1	1	1	13 300
5	141A6718 − 1	687.00	3	1	3	44 400
6	147A6130 − 1	712.00	1	1	1	13 300
7	149A6301 − 1	609.00	1	6	1	30 000
8	411A2119 − 134A	446.00	1	1	3	25 000
9	411A2119 − 135A	889.00	1	1	3	25 000
10	411A2119 − 171A	434.00	1	1	3	25 000
11	411A2119 − 172A	1 779.00	1	1	3	25 000
12	411A2128 − 47B	246.00	1	1	3	90 000
13	411A2129 − 235A	370.00	1	1	3	40 000
14	411A2129 − 236A	362.00	1	1	3	40 000
15	411A2129 − 356B	477.00	1	1	3	40 000
16	411A2780 − 5	582.00	1	6	3	75 000
17	411A2781 − 1	223.00	1	1	3	50 000
18	411N1109 − 14	572.00	1	6	3	40 000
19	411N2016 − 32	421.00	1	6	1	45 000
20	411N2052 − 3	237.00	1	1	3	90 000
21	65 − 52854 − 7	1 222.00	1	6	1	40 000
22	66 − 14800 − 2	135.00	1	1	1	50 000

续　表

PI	PN	C/美元	QPA/件	SPC	ESS	MTBUR/h
23	66 − 15645 − 1	4.50	1	1	1	55 600
24	66 − 4453 − 15B	3.10	4	1	3	30 000
25	66 − 4453 − 18B	3.30	4	1	3	30 000
26	69 − 34971 − 11	1 642.00	1	6	1	44 400
27	69 − 41730 − 33	12.60	1	1	1	30 000
28	69 − 41730 − 34	25.00	1	1	1	30 000
29	69 − 41730 − 35	24.60	1	1	1	30 000
30	69 − 41730 − 65	65.10	1	1	1	30 000
31	69 − 41730 − 67	70.50	1	1	1	30 000
32	69 − 41730 − 68	83.40	1	1	1	30 000
33	69 − 58432 − 1	86.00	1	6	1	50 000
34	69 − 76131 − 2	65.70	1	1	1	111 100
35	69 − 78241 − 2	224.00	1	1	1	50 000
36	C125L2S17	8.39	1	1	1	55 600
37	NE16BACH	48.40	1	1	1	100 000
38	R6166M1	30 551.25	1	2	1	27 000

依据给出的已知信息和表 7.3 中的参数,结合式(6 − 1)~式(6 − 3)可以得到航材在航站库存的年平均需求量,随着航站库存数量增加通过式(6 − 4)计算航材的期望短缺数,进而基于建立的以可用度为目标函数、费用和保障概率为约束条件的单级航材库存优化模型,根据 7.1.3 节数学模型的求解流程计算效费比并运用分解协调边际分析法得到满足条件的单级修理模式下航材库存配置数量 s_i 和相应费用 $C_{i, \text{total}}$(表 7.4)。

表 7.4　航材配置数量和费用

PI	1	2	3	4	5	6	7	8	9	10
s_i/件	27	10	3	14	13	13	4	10	9	10
$C_{i, \text{total}}$/美元	1 088.1	1 770	14 967	4 060	8 931	9 256	2 436	4 460	8 001	4 340
PI	11	12	13	14	15	16	17	18	19	20
s_i/件	9	6	8	8	8	3	7	3	3	6
$C_{i, \text{total}}$/美元	16 011	1 476	2 960	2 896	3 816	1 746	1 561	1 716	1 263	1 422
PI	21	22	23	24	25	26	27	28	29	30
s_i/件	3	8	9	23	23	3	11	11	11	10
$C_{i, \text{total}}$/美元	3 666	1 080	40.5	71.3	75.9	4 926	138.6	275	270.6	651

PI	31	32	33	34	35	36	37	38	—
s_i/件	10	10	4	6	7	9	6	2	
$C_{i,\,\text{total}}$/美元	705	834	344	394.2	1 708	75.51	290.4	61 102.5	

注：s_i 为航站库存量。

由表 7.4 可知,考虑重要度的库存优化优先对影响民机运营较大的航材进行配置,而不考虑重要度的库存优化依据费效比的大小确定航材配置数量,因此考虑重要度的航材配置在库存优化过程中更具有针对性从而在有限的费用下使航材库存配置能够保证民机的正常运营。

通过分解协调边际分析法的考虑重要度航材库存优化配置和边际分析法的不考虑重要度航材库存优化配置分析,可以得到可用度与费用的关系曲线和综合保障概率与费用的关系曲线,如图 7.6 和图 7.7 所示。

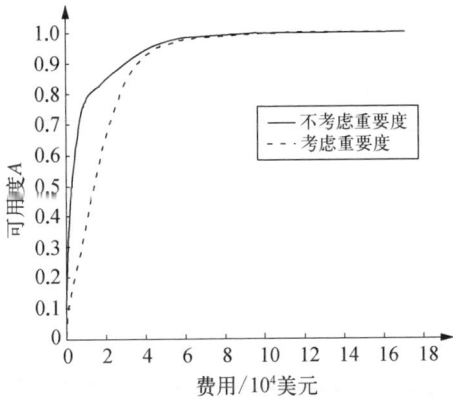

图 7.6　可用度与费用的关系曲线

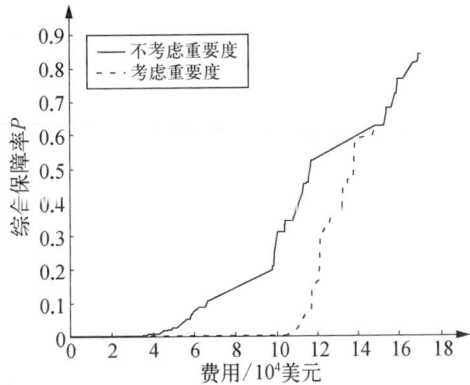

图 7.7　综合保障概率与费用的关系曲线

由图 7.6 和图 7.7 可知,在航材库存配置过程中,当购买航材的费用小于 148 086.63 美元时不考虑重要度的可用度高于考虑重要度的可用度且不考虑重要度的综合保障概率高于考虑重要度的综合保障概率;其主要原因是重要度等级较高的航材不仅对机队起重要作用,而且其费用相对也较高;当购买航材费用大于 148 086.63 美元时考虑重要度的可用度和综合保障概率等于不考虑重要度的可用度和综合保障概率;此外,在给定费用条件下,最终航材库存配置的机队可用度为 0.999 9,综合保障概率为 0.837 0。因此,足以说明在有限的保障费用条件下,考虑重要度的分解协调边际分析法航材配置优先配置比较重要的航材,合理有效地规划库存储量;在充足的保障费用条件下,考虑重要度的分解协调边际分析法航材库存优化与传统的边际分析法达到相同的配置效果。

3. 考虑 GSE 的单级航材库存配置案例

以某航空公司购买的 4 架波音 737 为例,航空公司的运营数据为:年飞行小时数 FH = 3 248.5 h,航材送修周转时间 RTAT = 30 d。如果送修点的 GSE 为 1 套时,每次只能维修 1 个且以最简单流到达,平均为 4 个/天;维修时间服从负指数分布,平均为 5 个/天,按先后顺序依次维修,该 GSE 的进价为 195 000 元/套;LRU 相关参数依据 RSPL、IPC 等获取,具体信息见表 7.5,当机队可用度大于 0.9 时,确定合理 GSE 和航材配置数量。

表 7.5　航材参数表

LRU	MTBUR/h	安装数量/套	C/元
1	3 800	4	49 003
2	9 000	9	29 246
3	6 700	5	38 269

结合 7.1.2 小节中的相关理论建立单级修理模式下 GSE 与航材联合配置模型,即以投资费用最小为优化目标、可用度为约束的单级航材库存配置模型式(7-8);在建立优化配置模型的基础上,依据 7.1.3 小节的单级修理模式下 GSE 与航材联合配置模型的求解流程,基于 $M/M/1$ 和 $M/M/s$ 排队模型理论计算不同 GSE 数量下相关维修时间参数,确定故障件维修过程中的维修时间,具体如表 7.6 所示。

表 7.6　不同 GSE 数量的维修时间

GSE 数量/套	维修时间/d	GSE 数量/套	维修时间/d
1	1	6	0.200 0
2	0.238 1	7	0.200 0
3	0.204 7	8	0.200 0
4	0.200 6	9	0.200 0
5	0.200 1	10	0.200 0

在获取故障件处理时间的基础上,计算周转时间进而运用获取的周转时间结合航站维修站点的年需求量求解各航材的期望需求量和期望短缺数,不同 GSE 数量下的期望短缺数如表 7.7 所示(由于信息量较大,本实例仅列出 GSE 数量为 1 和 2 的期望短缺数)。

表 7.7　不同 GSE 数量下的期望短缺数

GSE 数量/套	库存/套	期望短缺数			GSE 数量/套	库存/套	期望短缺数		
		LRU_1	LRU_2	LRU_3			LRU_1	LRU_2	LRU_3
1	0	1.161 6	1.103 6	0.823 5	2	0	0.677 9	0.659 2	0.552 1
	1	0.474 6	0.435 2	0.262 4		1	0.313 1	0.292 3	0.192 4
	2	0.151 1	0.132 9	0.062 7		2	0.106 3	0.094 9	0.047 9
	3	0.038 8	0.032 6	0.011 8		3	0.028 2	0.024 0	0.009 8
	4	0.008 3	0.006 6	0.001 8		4	0.006 1	0.004 9	0.001 4
	5	0.001 5	0.001 2	0.000 2		5	0.001 1	0.000 9	0.000 2
	6	0.000 2	0.000 1	0		6	0.000 2	0.000 1	0

依据表 7.7 不同 GSE 数量下的期望短缺数,结合航材单价可以得到费效比矩阵,如表 7.8 所示。

表 7.8　不同 GSE 数量下的费效比矩阵

GSE 数量/套	库存/套	费效比			GSE 数量/套	库存/套	费效比		
		Δ_1	Δ_2	Δ_3			Δ_1	Δ_2	Δ_3
1	0	0.140 2	0.228 5	0.146 6	2	0	0.138 3	0.225 4	0.144 2
	1	0.066 0	0.103 4	0.052 1		1	0.063 8	0.099 9	0.050 2
	2	0.022 9	0.034 2	0.013 2		2	0.021 7	0.032 4	0.012 5
	3	0.006 2	0.008 8	0.002 6		3	0.005 7	0.008 2	0.002 4
	4	0.001 3	0.001 8	0.000 4		4	0.001 2	0.001 7	0.000 4
	5	0.000 2	0.000 3	0		5	0.000 2	0.000 3	0
	6	0	0	0		6	0	0	0

在此基础上,利用边际分析法对航材进行配置,即依次对费效比最大的相应航材数量增加 1,直至满足 GSE 与航材联合优化配置模型的约束条件。通过上述分析,在满足机队可用度约束条件下,可以得到不同 GSE 数量下的投资费用与机队可用度关系曲线和航材数量与投资费用之间的关系曲线,如图 7.8 和 7.9 所示。

由图 7.8 和 7.9 可知,在满足约束的条件下,GSE 数量为 1 的情况下其航材配置数量分别为 2、3 和 2 时,投资费用最小,此时的投资费用为 457 282 元;如果总投资费用比较多,可适当增加 GSE 购置数量或航材的库存数量,以期所花费的费用能够得到良好的效益,保证机队正常营运。

7.2　多级修理模式下航材库存配置管理

多级修理模式是指装备在维修过程中涉及多个修理级别的修理方式,民机多

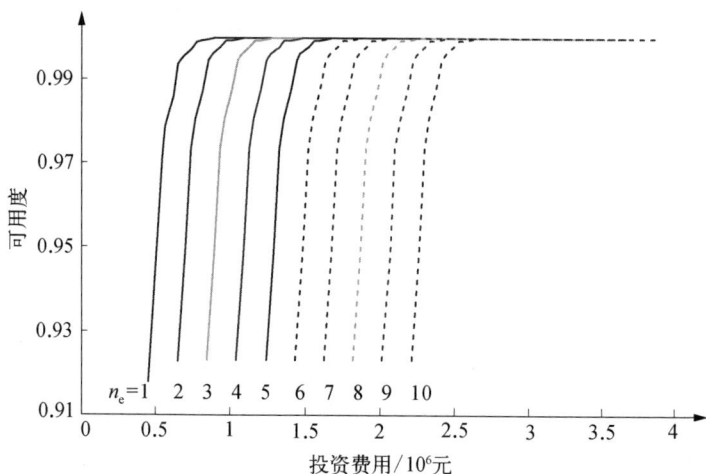

图 7.8　不同 GSE 数量下的投资费用与机队可用度关系曲线

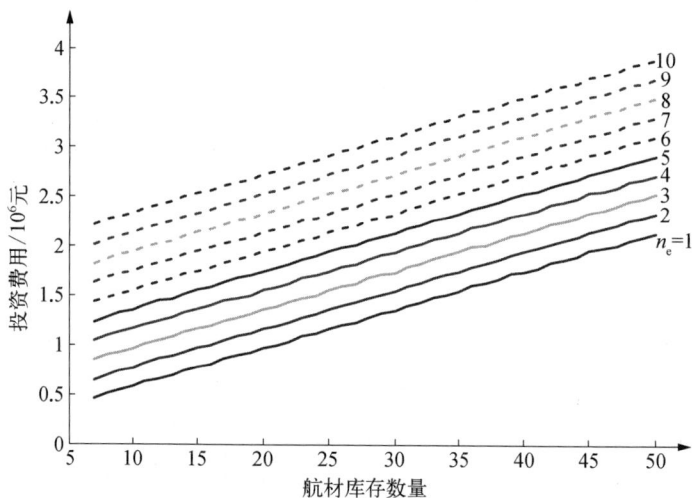

图 7.9　不同 GSE 数量下航材数量与投资费用之间的关系曲线

级修理模式下航材库存配置管理一般涉及航线级和基地级两个修理级别,因此,若无特殊说明,本书中的多级修理模式是指两级修理模式。本节将综合考虑民机运营过程中的影响因素,基于 METRIC(multi-echelon technology for recoverable item control)理论,实现民机多级修理模式下航材库存配置管理研究;在此基础上,分别将维修比例、GSE 等引入 METRIC 模型,开展多级修理模式下考虑维修比例和考虑 GSE 的民机航材库存配置研究。其中,本节中的案例分析将考虑维修比例与不考虑维修比例的多级航材库存配置。

7.2.1 模型的描述与假设

在航材库存管理理论中,多级库存配置问题是较复杂的问题,也是研究的热点问题。所谓多级,这里面有三层含义[7]。第一层含义是多修理级别,如航空中采用的航线维修、车间维修、基地维修;第二层含义是航材产品树内部的隶属层级,如 LRU、SRU;第三层含义是指装备全寿命周期所处的各个阶段。本节主要是针对两级修理模式(航线级和基地级)航材库存配置进行研究,其维修对象为 LRU 或 LRU 与 SRU。

民机的两级维修供应系统由飞机、保障维修结构和航材库等要素组成,其示意图如图 7.10 所示,其中 m 为基地修理点的数量,n 为航站修理点的数量,一般 $m<n$;k 为研究对象所包含的 LRU 数量,l 为研究对象所包含的 SRU 数量。航材在两级维修供应系统的状态转移流程如图 7.11 所示。

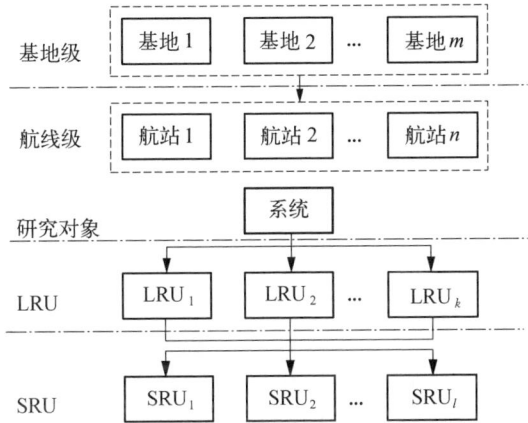

图 7.10 两级维修供应系统示意图

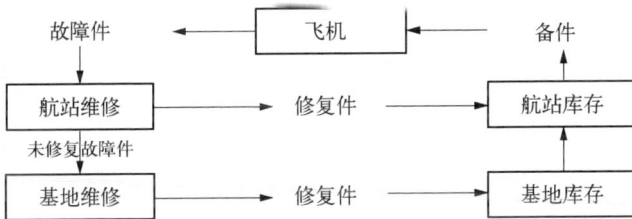

(a) 不考虑报废的两级维修供应流程

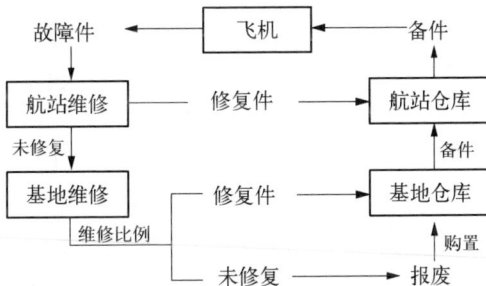

(b) 考虑报废的两级维修供应流程

图 7.11 两级维修供应流程

在图 7.10 中,需要说明的是,当多级修理模式航材库存配置研究仅涉及的研究对象为 LRU 时,其配置过程中仅涉及 SRU 单一层级,且该过程是在考虑维修比例这一实际因素影响的情况下完成;若不考虑维修比例的影响,则航材配置属于单级修理模式。

飞机部附件发生故障时,航线维修站点若有航材则进行更换,否则向上一级即基地申请所需航材,如果基地维修站点也发生航材短缺的情况,则需重新订购一个新航材。故障件在航线级有一定的修理概率,若不能在航线维修则送往基地级,当不考虑维修比例的影响时在基地级可对故障件进行修复,当考虑维修比例这一实际工程因素时,则在基地级存在一定的维修比例,不能修复的故障件将选择报废。故障件修理成功后,放入库存作为新的航材。

为了简化多级航材库存配置建模过程,现对其进行如下假设:

(1)单位时间内,飞机 LRU 和 SRU 等航材需求率服从泊松分布,不同故障单元在修数量相互独立;

(2)部件的故障由其一个子部件单独引起,航材短缺对装备可用度影响程度相同,即各个子部件的重要程度相同;

(3)各个 LRU 互不隶属,且 SRU 也相互独立;

(4)任意部附件的修理间隔相互独立,同一个部件在不同地方修理时修理间隔时间分布相同,部附件维修后,修复如新;

(5)任意部附件报废后采购相互独立且在基地级选择报废,且服从同一分布;

(6)任意部附件的订货和运输时间相互独立,且服从同一分布;

(7)部附件送修服从 $(s-1, s)$ 库存控制策略,不存在批次性送修,部件是一对一的替换或采购,缺少一件就向上一级维修站点申请一件;

(8)在基地和航站修理时,故障部件按照先到先服务原则接受服务;

(9)按照逐级向上申请模式进行故障部件的送修和补给,不考虑处于同一级别保障站点之间的横向供应。

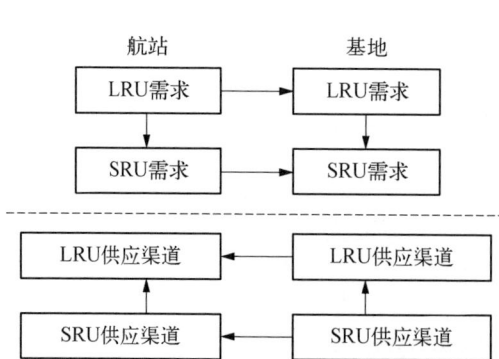

图 7.12　多级库存配置需求量与供应渠道流程图

由于在配置过程中涉及 LRU 和 SRU,多级航材库存模型的需求量和供应渠道数求解顺序如图 7.12 所示。

由图 7.12 可知,根据航站 LRU 的需求量,结合因修理 LRU 导致的 SRU 的概率,计算航站 SRU 的需求量;结合 LRU 在航站的修理概率等,计算基地 LRU 的需求量,以及基地与航站对 SRU 的需求量。接下来从基地对 SRU 的需求入手,计算基地供应渠道 SRU 的数量,以及 LRU 航站与基地补给延误的时间。最后计算航站 LRU 延误时间和期望短缺数。

7.2.2　数学模型的建立

为了合理实现多级修理模式下民机航材配置,本节将从以下三个方面进行研究: 多级修理模式数学模型,考虑维修比例的多级修理模式数学模型,以及考虑 GSE 的多级修理模式数学模型。

1. 多级修理模式数学模型

对于多级修理模式下民机航材配置管理,通常借鉴 METRIC 理论[174, 175]进行建模。基于 METRIC 理论结合机队运营信息和维修信息构建多级航材库存配置模型流程包括: 年平均需求量计算、期望需求量的计算、目标函数建立。多级航材库存配置的数学模型建立的具体流程如下。

1) 年平均需求量计算

飞机在运营过程中 LRU 和 SRU 故障随时都可能发生,其 LRU 和 SRU 年平均需求量等于一年内的平均更换量,其具体的航站和基地年平均需求量计算如下:

（1）航站 SRU 的年平均需求量:

$$m_{ij} = m_{0j}\lambda_{ij}^{\text{rep}}\lambda_{ij}^{\text{cause}} \qquad (7-10)$$

式中,m_{ij} 为第 i 个 SRU 在航站 j 的年平均需求量;m_{0j} 为 LRU 在航站 j 的年平均需求量;$\lambda_{ij}^{\text{rep}}$ 为第 i 个 SRU 在航站 j 的维修比例;$\lambda_{ij}^{\text{cause}}$ 为航站 j 的 LRU 故障导致第 i 个 SRU 故障的概率,假设多重故障不同时发生。

（2）基地 LRU 的年平均需求量:

$$m_{00} = \sum_{j=1}^{l} m_{0j}(1 - \lambda_{0j}^{\text{rep}}) \qquad (7-11)$$

式中,m_{00} 为 LRU 在基地的年平均需求量;m_{0j} 为 LRU 在航站 j 的年平均需求量;$\lambda_{0j}^{\text{rep}}$ 为 LRU 在航站 j 的维修比例。

（3）基地 SRU 的年平均需求量:

$$m_{i0} = \sum_{j=1}^{l} m_{ij}(1 - \lambda_{ij}^{\text{rep}}) + m_{00}\lambda_{i0}^{\text{cause}} \qquad (7-12)$$

式中,m_{i0} 为第 i 个 SRU 在基地的年平均需求量;m_{00} 为 LRU 在基地的年平均需求量;$\lambda_{i0}^{\text{cause}}$ 为基地的 LRU 故障导致第 i 个 SRU 故障的概率。

2) 期望需求量的计算

期望需求量又称为供应渠道件数,是指修理周转时间内发生的航材平均需求量[176]。在多级航材库存配置模型中,航材的供应渠道件数一般由四部分组成: 修理中的航材,运输中的航材,因上一级短缺而延迟供应的航材,以及因下一级短缺而延误修理的航材。在假设需求发生符合泊松分布的前提下,由基地 LRU 或 SRU 短缺导致的航线短缺数等于航线需求占总需求的比例与基地短缺量的乘积。具体计算如下。

(1) 基地 SRU 的供应渠道件数均值:

$$\mu_{i0} = m_{i0} \, \text{MSPT}_{i0} \qquad (7-13)$$

式中,μ_{i0} 表示第 i 个 SRU 在基地的供应渠道件数均值;MSPT_{i0} 表示第 i 个 SRU 在基地的平均修理时间。

(2) 基地 LRU 的供应渠道件数均值。

基地所有的 SRU 需求中因修理 LRU 所产生的比例为

$$f_{i0} = \frac{m_{00} \lambda_{i0}^{\text{cause}}}{m_{i0}} \qquad (7-14)$$

对于两级修理模式的航材库存配置管理,基地是最高等级的修理级别,LRU 包含 SRU 层级,所以供应渠道件数由修理中的航材和因上一级短缺而延迟供应的航材两部分组成,即

$$\mu_{00} = m_{00} \, \text{MSPT}_{00} + \sum_{i=1}^{l} f_{i0} \text{EBO}(s_{i0} \mid m_{i0} \, \text{MSPT}_{i0}) \qquad (7-15)$$

式中,MSPT_{00} 为 LRU 在基地的平均修理时间;s_{i0} 为 SRU 在基地的当前库存数量。

(3) 航站 SRU 的供应渠道件数均值。

基地所有的 SRU 需求中因航站修理 SRU 产生的比例为

$$f_{ij} = \frac{m_{ij}(1 - \lambda_{ij}^{\text{rep}})}{m_{i0}} \qquad (7-16)$$

航站 SRU 的供应渠道件数由修理中的航材、运输中的航材和因下一级短缺而延误修理的航材三部分组成,即

$$\mu_{ij} = m_{ij} \lambda_{ij}^{\text{rep}} \, \text{MSPT}_{ij} + m_{ij}(1 - \lambda_{ij}^{\text{rep}}) \tau_{ij} + f_{ij} \text{EBO}(s_{i0} \mid m_{i0} \, \text{MSPT}_{i0}) \qquad (7-17)$$

式中,τ_{ij} 为基地有库存时,航站 j 到基地申请至交付时间。

(4) 航站 LRU 的供应渠道件数均值。

航站能修理 LRU 的比例为

$$f_{0j} = \frac{m_{0j}(1 - \lambda_{i0}^{\text{cause}})}{m_{00}} \qquad (7-18)$$

航站 LRU 的供应渠道件数由修理中的航材、运输中的航材、因上一级短缺而延迟供应的航材和因下一级短缺而延误修理的航材四部分组成,即

$$\mu_{0j} = m_{0j}(1 - \lambda_{0j}^{\text{rep}})\tau_{0j} + m_{0j}\lambda_{0j}^{\text{rep}}\text{MSPT}_{0j} + f_{0j}\text{EBO}(s_{00} \mid E[X_{00}], \text{Var}[X_{00}])$$
$$+ \sum_{i=1}^{l} \text{EBO}(s_{ij} \mid E[X_{ij}], \text{Var}[X_{ij}]) \tag{7-19}$$

式中,$E[X_{00}]$ 和 $\text{Var}[X_{00}]$ 为基地送修 LRU 的均值和方差,可由式(7-20)表示;$E[X_{ij}]$ 和 $\text{Var}[X_{ij}]$ 为航站 j 在修或正在补给到航站 j 的第 i 个 SRU 件数的均值和方差,可由式(7-21)表示。

$$E[X_{00}] = m_{00}\text{MSPT}_{00} + \sum_{i=1}^{l} f_{i0}\text{EBO}(s_{i0} \mid m_{i0}\,\text{MSPT}_{i0})$$

$$\text{Var}[X_{00}] = m_{00}\text{MSPT}_{00} + \sum_{i=1}^{l} f_{i0}(1 - f_{i0})\text{EBO}(s_{i0} \mid m_{i0}\,\text{MSPT}_{i0})$$
$$+ \sum_{i=1}^{l} f_{i0}^2\text{VBO}(s_{i0} \mid m_{i0}\,\text{MSPT}_{i0}) \tag{7-20}$$

$$E[X_{ij}] = m_{ij}[(1 - \lambda_{ij}^{\text{rep}})\tau_{ij} + \lambda_{ij}^{\text{rep}}\,\text{MSPT}_{ij}] + f_{ij}\text{EBO}(s_{i0} \mid m_{i0}\,\text{MSPT}_{i0})$$

$$\text{Var}[X_{ij}] = m_{ij}[(1 - \lambda_{ij}^{\text{rep}})\tau_{ij} + \lambda_{ij}^{\text{rep}}\,\text{MSPT}_{ij}]$$
$$+ f_{ij}(1 - f_{ij})\text{EBO}(s_{i0} \mid m_{i0}\,\text{MSPT}_{i0})$$
$$+ f_{ij}^2\text{VBO}(s_{i0} \mid m_{i0}\,\text{MSPT}_{i0}) \tag{7-21}$$

3)目标函数建立

在多级航材库存配置管理中,结合实际需求建立目标函数,如建立以投资费用为约束、期望短缺数为目标的多级航材库存模型。

2. 考虑维修比例的多级修理模式数学模型

针对考虑维修比例的多级航材库存配置,本小节将以 LRU 的配置为例,论述其数学模型的建立流程,一般包括:年平均需求量与报废量的计算、期望需求量的计算、期望短缺数与可用度的求解和数学模型的构建。下面将依次进行说明。

1)年平均需求量与报废量

航站年平均需求量按照航程进行计算,如式(7-22)所示:

$$m_i^j = \frac{D_j}{\sum\limits_{j=1}^{n} D_j} m_i \lambda_i^j \tag{7-22}$$

式中,$j = 1, 2, \cdots, n$,n 为航站的数量;m_i^j 为第 i 个 LRU 在第 j 个航站的年平均需求量;D_j 为第 j 个航站与前一航站的航程。

基地年平均需求量为

$$m_i^0 = \lambda_i^0 \sum_{j=1}^{n} m_i^j (1 - \lambda_i^j) \qquad (7-23)$$

式中,m_i^0 为第 i 个 LRU 在基地的年平均需求量;λ_i^j 为第 i 个 LRU 在第 j 个航站的维修比例;λ_i^0 为第 i 个 LRU 在基地的维修比例。

LRU 的年平均报废量为

$$m_{is} = (1 - \lambda_i^0) \sum_{j=1}^{n} m_i^j (1 - \lambda_i^j) \qquad (7-24)$$

式中,m_{is} 为第 i 个 LRU 的年平均报废量。

2)期望需求量的计算

LRU 失效服从独立的泊松分布,依据 Palm 定理可得基地的期望需求量为

$$\mu_i^0 = m_i^0 \, \mathrm{RTAT}_i \qquad (7-25)$$

式中,μ_i^0 为第 i 个 LRU 在基地的期望需求量;RTAT_i 为第 i 个 LRU 修理周转时间,其计算原理可由式(7-26)表示:

$$\mathrm{RTAT}_i = \mathrm{TT}_i + \mathrm{MSPT}_i \qquad (7-26)$$

其中,TT_i 为第 i 个 LRU 航站到基地的运输往返时间;MSPT_i 为第 i 个 LRU 在基地的修理时间。

由报废而产生的期望需求量通过年平均报废量 m_{is} 和购置时间 PT_i 求得,即

$$\mu_{is} = m_{is} \, \mathrm{PT}_i \qquad (7-27)$$

航站的期望需求量由运输中的航材和基地航材短缺而延迟供应航站的航材两部分组成,则航站的期望需求量由式(7-28)表示

$$\mu_i^j = m_i^j \mathrm{TRT}_i + \frac{m_i^j}{m_i} [\, \mathrm{EBO}_i^0(s) + \mathrm{EBO}_{is}(s) \,] \qquad (7-28)$$

式中,μ_i^j 为第 i 个 LRU 在第 j 个基地的期望需求量;$\mathrm{EBO}_i^0(s)$ 为第 i 个 LRU 基地库存量为 s 时的期望短缺数;$\mathrm{EBO}_{is}(s)$ 为第 i 个 LRU 基地购置数量为 s 时的期望短缺数。

3)期望短缺数和可用度的求解

设某一随机时刻待收库存数有 $s+k$ 件,由经典库存平衡公式可知有 k 件短缺,则期望短缺数如下:

$$
\begin{cases}
\mathrm{EBO}_i^0(s) = \displaystyle\sum_{x=s+1}^{\infty} (x-s)\,\frac{(\mu_i^0)^x \mathrm{e}^{-\mu_i^0}}{x!} \\[2mm]
\mathrm{EBO}_{is}(s) = \displaystyle\sum_{x=s+1}^{\infty} (x-s)\,\frac{(\mu_{is})^x \mathrm{e}^{-\mu_{is}}}{x!} \\[2mm]
\mathrm{EBO}_i^j(s) = \displaystyle\sum_{x=s+1}^{\infty} (x-s)\,\frac{(\mu_i^j)^x \mathrm{e}^{-\mu_i^j}}{x!}
\end{cases}
\tag{7-29}
$$

式中，$\mathrm{EBO}_i^j(s)$ 为第 i 个 LRU 在第 j 个航站库存量为 s 时的期望短缺数。

在获取相应期望短缺数的基础上，对每项 LRU 可用度进行如下计算：

$$
\begin{cases}
A_i^0 = \left[1 - \dfrac{\mathrm{EBO}_i^0(s)}{N \times \mathrm{QPA}_i} \right]^{\mathrm{QPA}_i} \\[3mm]
A_{is} = \left[1 - \dfrac{\mathrm{EBO}_{is}(s)}{N \times \mathrm{QPA}_i} \right]^{\mathrm{QPA}_i} \\[3mm]
A_i^j = \left[1 - \dfrac{\mathrm{EBO}_i^j(s)}{N \times \mathrm{QPA}_i} \right]^{\mathrm{QPA}_i}
\end{cases}
\tag{7-30}
$$

式中，A_i^0 为第 i 个 LRU 在基地库存量为 s 时的可用度；A_{is} 为第 i 个 LRU 在基地购置量为 s 时的可用度；A_i^j 为第 i 个 LRU 在第 j 航站库存量为 s 时的可用度。

4）数学模型的构建

基于上述理论，建立以费用为优化目标、保障率和可用度为约束的多级航材库存配置模型如式（7-31）所示：

$$
\begin{cases}
\min & C \\
\mathrm{s.t.} & A \geqslant A_{\min} \\
& P_i \geqslant P_{i(\min)}
\end{cases}
\tag{7-31}
$$

式中，C 为维修费用；A 为可用度；P_i 为第 i 个 LRU 的保障率；$A_{\min}$ 为可用度规定最小值；$P_{i(\min)}$ 为第 i 个 LRU 的规定保障率。其中，可用度 A 可用式（6-101）表达，需要说明的是，$\mathrm{EBO}_i(s)$ 包含 $\mathrm{EBO}_i^0(s)$、$\mathrm{EBO}_{is}(s)$ 和 $\mathrm{EBO}_i^j(s)$，μ_i 包含 μ_i^0、μ_{is} 和 μ_i^j。

3. 考虑 GSE 的多级修理模式数学模型

考虑 GSE 影响的多级航材库存配置管理，主要是在多级库存理论的基础上将 GSE 的影响，与考虑 GSE 的单级修理模式数学模型构建类似，GSE 在多级库存配置中主要影响在于航材在维修过程中的修理时间，如果 GSE 为 1 套，则采用 $M/M/1$ 排队模型确定相关影响参数；如果 GSE 大于或等于 2 套，则采用 $M/M/s$ 排队模型确定相关影响参数。在上述基础上，可以依据本节第 1 部分多级修理模式数学模型建立考虑 GSE 的多级航材库存配置模型，即以期望短缺数为目标函数，投资费用为约束条件的多级航材库存规划模型。

$$\begin{aligned} \min \quad & \mathrm{EBO}(s) \\ \text{s.t.} \quad & C \leqslant C_{\mathrm{total}} \end{aligned} \qquad\qquad (7-32)$$

7.2.3 求解流程

为了科学合理地实现多级航材库存的配置,结合 7.2.2 小节中建立的多级航材库存配置数学模型,分别从多级航材库存配置求解流程、考虑维修比例的多级航材库存配置求解流程和考虑 GSE 的多级航材库存配置求解流程对其进行研究。

1. 多级航材库存配置求解流程

基于 METRIC 理论建立多级库存优化配置模型,运用边际分析法对模型进行求解,其求解流程如图 7.13 所示。

由图 7.13 可以看出,多级航材库存配置求解的具体流程如下:

（1）计算 LRU 在航站的年平均需求量;

（2）从基地库存量为 0 开始计算;

（3）计算基地的期望短缺数;

（4）计算基地库存量为 s_{i0} 时 LRU 的供应渠道件数均值和方差;

（5）计算航站库存量从 0 依次增加时对应的 $\mathrm{EBO}(s_{ij})$ 和 $\mathrm{VBO}(s_{ij})$,并对每个航站重复进行计算;

（6）计算每个航站的边际效应即费效比,比对所有航站,选取费效比较大的库存增加 1,继续循环依次增加库存;

（7）如果库存满足条件,进入第 8 步操作;否则,基地库存量增加 1 件并执行第 3 步操作;

（8）计算所有库存量及对应的航材配置;

（9）对各项航材重复步骤（1）～（8）;

（10）综合各项航材,利用边际分析法求解,并得到航材配置、费用以及相关曲线。

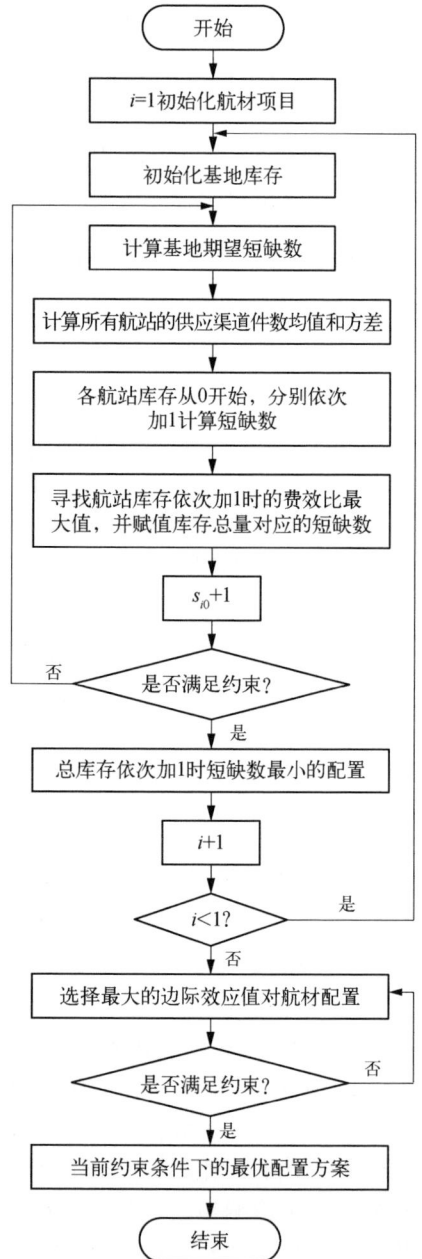

图 7.13　多级航材库存配置求解流程图

2. 考虑维修比例的多级航材库存配置求解流程

为了实现考虑维修比例的多级航材库存配置，结合边际分析法对模型进行求解，其求解分为两步：针对各个航材项目，在航站和基地之间优化配置库存量；综合考虑将所有种类的航材，运用边际分析法优化配置库存量。考虑维修比例的多级航材库存配置求解流程如图 7.14 所示。

由图 7.14 可知，考虑维修比例的多级航材库存配置求解流程具体如下：

（1）确定研究对象所包含的航材项目，运用式（7－22）~ 式（7－24）计算基地年平均需求量 m_i^0、航站年平均需求量 m_i^j 以及报废量 m_{is}；

（2）初始化基地和航站的库存量，使基地和航站的初始库存量为 0；

（3）基于式（7－25）和式（7－27）计算基地期望需求量 μ_i^0 和 μ_{is}，通过式（7－29）计算基地期望短缺数 $\mathrm{EBO}_i^0(s)$ 和 $\mathrm{EBO}_{is}(s)$；

（4）通过式（7－28）和式（7－29）对航站期望需求量 μ_i^j 和期望短缺数 $\mathrm{EBO}_i^j(s)$ 进行计算；

（5）在上述基础上，求解库存量不同情况下的效费比；

（6）依次寻找效费比的最大值并将其对应的库存量增加一个，直至满足约束条件；

（7）输出满足条件的配置方案，并画出机队可用度和保障费用关系曲线。

3. 考虑 GSE 的多级航材库存配置求解流程

期望短缺数关于库存数量的函数是单调增凸函数，故多级修理模式下 GSE 与航材库存配置模型可以用边际分析法来求解，其具体求解步骤为：

（1）设置航材初始库存和 GSE 的初始配置数量，其中 GSE 数量应使等待维修队伍不至于越排越长；

（2）将各级各基地的航材数和 GSE 数量分别加单位数量，并比较由此引起的期望短缺数的减少量与其单价的比值，即比较费效比，将费效比最大值对应的航材数量单位相应增加 1。

（3）计算此时的总投资费用 C，如果 $C \leqslant C_{\mathrm{total}}$，则返回至第 2 步；若 $C > C_{\mathrm{total}}$，则计算结束。

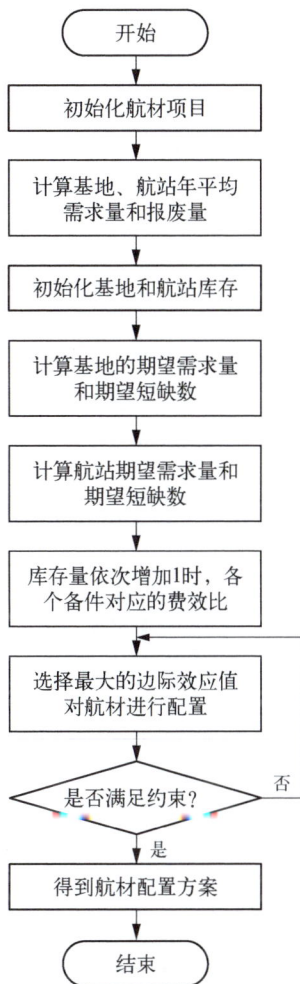

图 7.14　考虑维修比例的多级航材库存配置求解流程图

7.2.4 案例分析

本小节将结合两个案例来验证上述理论在多级航材库存配置中的适用性,主要包括(考虑重要度的)多级航材库存配置案例和考虑 GSE 的多级航材库存配置案例。其中,(考虑维修比例的)多级航材库存配置案例包括多级航材库存配置案例和考虑维修比例的多级航材库存配置案例。

1. (考虑维修比例的)多级航材库存配置案例

以某航空公司购买的波音 737 的起落架 LRU 作为研究对象且 LRU 重要程度相同,机队由 10 架飞机组成,年平均飞行小时 FH = 2 920 h,可用度规定最小值 A_{min} = 0.98,维修保障组织结构由 1 个基地和 4 个航站组成,其示意图如图 7.15 所示,LRU 的参数如表 7.9 所示。

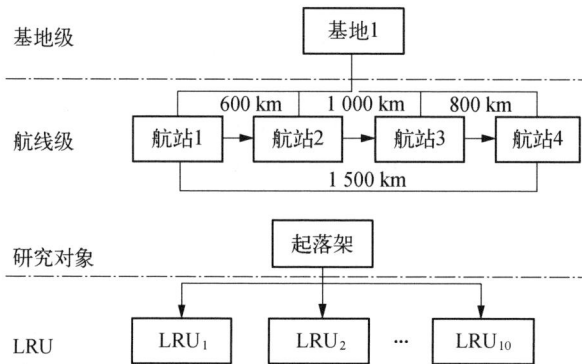

图 7.15　起落架 LRU 维修保障体系结构图

表 7.9　起落架 LRU 参数

编号	C /美元	MTBUR /h	QPA/件	λ_i^j	λ_i^0	TT /y	MSPT /y	PT /y	$PL_{i(min)}$	C_{TT1} /美元	C_{MSPT1} /美元	C_{TT2} /美元	C_{MSPT2} /美元
1	29 438	1 500	1	0.4	0.6	0.03	0.1	0.18	0.971	200	300	250	250
2	5 259	300	1	0.5	0.7	0.03	0.1	0.18	0.960	100	200	150	150
3	27 360	1 500	2	0.5	0.8	0.05	0.12	0.2	0.976	200	300	250	250
4	18 326	300	1	0.5	0.7	0.03	0.1	0.18	0.960	200	300	250	250
5	33 086	1 000	2	0.5	0.8	0.05	0.12	0.2	0.956	200	300	250	250
6	53 549	15 000	1	0.4	0.6	0.08	0.15	0.24	0.922	200	300	250	250
7	19 524	300	1	0.5	0.7	0.03	0.1	0.18	0.952	200	300	250	250
8	6 032	300	1	0.5	0.7	0.03	0.1	0.18	0.955	100	200	150	150
9	120 966	15 100	1	0.5	0.8	0.08	0.15	0.24	0.982	300	400	350	350
10	16 115	34 000	1	0.4	0.7	0.07	0.15	0.24	0.931	200	500	250	450

注：C_{TT1} 为航站到基地的往返运输费用;C_{MSPT1} 为基地修理费用;C_{TT2} 为购置运输费用;C_{MSPT2} 为航站修理费用。

基于上述已知信息,依据式(7-22)~式(7-24)可以得到年平均需求量和报废量,进而运用式(7-25)~式(7-30)计算民机起落架 LRU 的期望需求量、期望短缺数和可用度,在此基础上建立以保障费用为目标、保障率和可用度为约束的民机起落架 LRU 两级单层库存配置模型,利用边际分析法对该模型进行配置各个航材项目在基地和航站的库存数量,其库存配置和保障费用如表 7.10 所示。

表 7.10　考虑维修比例的民机起落架 LRU 库存配置与保障费用

保障体系	1	2	3	4	5	6	7	8	9	10	C/美元
基　地	4	14	7	12	9	2	12	13	1	2	1 500 032
航站 1	2	2	1	1	1	1	1	2	1	1	373 534
航站 2	1	1	1	1	1	1	1	1	0	1	210 939
航站 3	1	2	1	1	1	1	1	1	1	1	337 664
航站 4	1	2	1	1	1	1	1	1	1	1	337 664

由表 7.10 可知,当民机起落架 LRU 总库存量为 121 时满足约束条件,其可用度为 0.980 6,保障费用为 2 759 833 美元。

为了验证考虑维修比例的多级航材库存配置模型的可行性和有效性,基于表 7.9 起落架 LRU 参数和机队运营信息,在不考虑维修比例影响的情况下运用边际分析法对传统的 METRIC 模型进行求解完成航材多级库存配置,民机起落架 LRU 多级库存配置和保障费用如表 7.11 所示。

表 7.11　不考虑维修比例的民机起落架 LRU 库存配置与保障费用

保障体系	1	2	3	4	5	6	7	8	9	10	C/美元
基　地	3	9	5	8	7	1	8	9	1	1	1 074 565
航站 1	2	2	1	1	1	1	1	2	1	1	373 534
航站 2	1	1	1	1	1	1	1	1	0	1	210 939
航站 3	1	2	1	1	1	1	1	1	1	1	337 664
航站 4	1	1	1	1	1	1	1	1	1	1	332 255

由表 7.11 可知,在不考虑维修比例的情况下对航材进行多级库存配置,民机起落架 LRU 总库存量为 96 时满足约束条件,其可用度为 0.984 1,保障费用为 2 328 957 美元。

通过考虑维修比例和不考虑维修比例的民机起落架 LRU 多级库存配置优化研究,可以得到可用度与费用的关系曲线,如图 7.16 所示。

由图 7.16 显示,考虑维修比例的民机起落架 LRU 多级库存配置在满足约束条件的情况下其可用度稍低于不考虑维修比例的可用度,而考虑维修比例的保障费用稍高于不考虑维修比例的保障费用;由表 7.10 和表 7.11 对比可知,在满

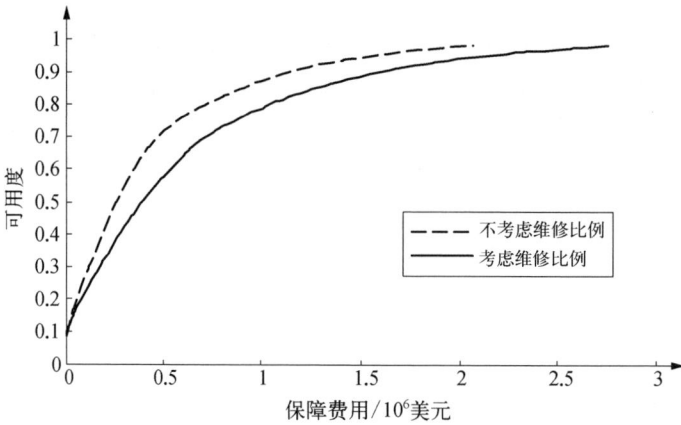

图 7.16　可用度与费用的关系曲线

足约束条件的情况下,考虑维修比例和不考虑维修比例影响的民机起落架 LRU 库存在航站配置数量和保障费用基本相同,而在基地配置数量和保障费用存在较大差异。出现上述结果的原因主要是不考虑维修比例的多级库存配置在分析过程中认为基地具有无限的修复能力且不存在报废的现象,相对考虑维修比例的多级库存配置其配置数量较少且保障费用较低,其考虑因素过于理想化,但是其配置结果与实际工程所需的配置不相符。因此,考虑维修比例的多级航材库存配置模型更符合民机维修资源规划的实际情况,为合理科学地配置多级航材库存提供指导。

2. 考虑 GSE 的多级航材库存配置案例

选取国航执飞美国航线机队的发动机维修资源规划问题为研究对象,机队由 5 架波音 747‑8 客机和 10 架波音 777‑300ER 客机组成,波音 747‑8 客机执飞重庆—北京—旧金山和北京—纽约航线,而北京—洛杉矶、北京—休斯敦和北京—华盛顿由波音 777‑300ER 执飞。这两种飞机分别采用 GEnx 和 GE90 发动机,具体的参数见表 7.12 和表 7.13。国航的航线级维修点为各机场的维修厂,基地级为北京的国航股份工程技术分公司。一套 GE 发动机的航线级检修设备价值 100 万美元,基地级维修设备单价为 4 000 万美元。

表 7.12　GEnx 发动机参数

名　称	机队规模 N/架	QPA/件	FH/h	MTBUR/h	C/美元
GEnx‑2B67	5	4	2 920	4 000	1 700 万美元
（国内）$RTAT_1$	（国外）$RTAT_2$	修理时间/h	维修比例 λ_1（国内）	维修比例 λ_2（国外）	—
30	50	90	0.2	0.1	—

表 7.13　GE90 发动机参数

名　称	机队规模 N/架	QPA	FH/h	MTBUR/h	C/美元
GE90	10	2	3 942	4 000	2 750 万美元
（国内）RTAT$_1$	（国外）RTAT$_2$	修理时间/h	修理概率 r_1（国内）	修理概率 r_2（国外）	—
30	50	90	0.2	0.1	—

通过建立的考虑 GSE 的多级航材库存配置数学模型,并应用边际分析法进行求解,可以得到在 68 400 万美元的投资费用下,整个机队的可用度达到了 0.96,满足发动机的可用度要求,此时航材和 GSE 的配置情况如表 7.14 和表 7.15 所示。维修资源费用与期望短缺数和可用度的关系曲线如图 7.17 和图 7.18 所示。

表 7.14　发动机航材配置情况

地　点	北京	重庆	旧金山	纽约	国航分公司
GEnx 航材数量/套	2	0	1	2	6
地　点	北京	洛杉矶	休斯敦	华盛顿	国航分公司
GE90 航材数量/套	2	1	1	1	7
投资费用	51 700 万美元				

表 7.15　GSE 配置情况

地　点	北京	重庆	旧金山	纽约	国航分公司	洛杉矶	休斯敦	休斯敦
GSE 数量/套	1	1	1	1	4	1	1	1
投资费用	16 700 万美元							

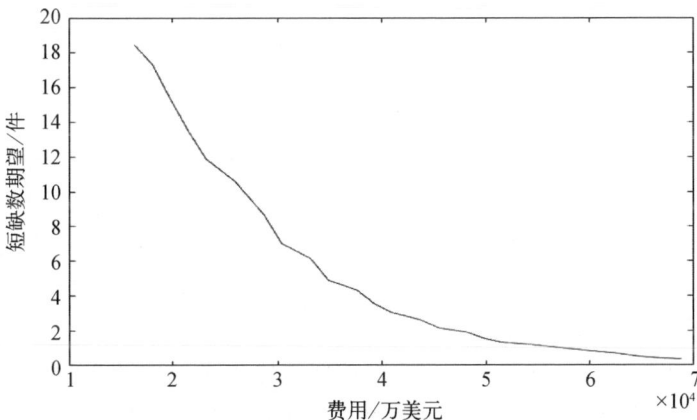

图 7.17　维修资源费用与期望短缺数关系曲线

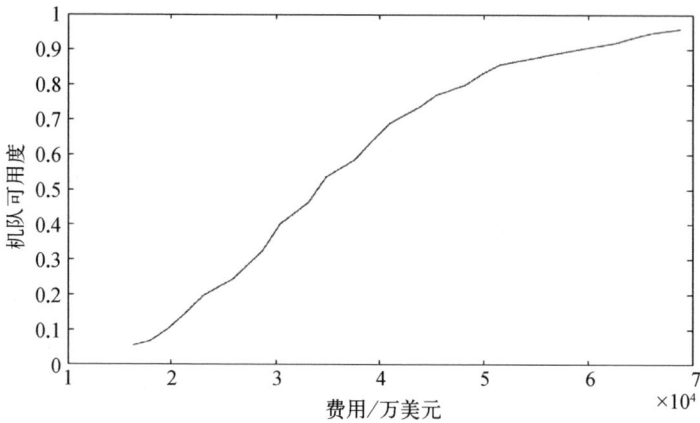

图 7.18   维修资源费用与机队可用度关系曲线

由计算结果可以看出以下两点：一是可用度随着投资费用的增加而提高，但增长的趋势越来越缓，故一般在工程应用中只需将可用度保持在 0.85～0.95 即可，对于发动机这种重要部件可用度可以保持在 0.95～0.97；二是 GSE 数量如果不足会引起短缺数的大幅增加，但是当其达到一定的数量后，其数量的增加对短缺数的影响就会急剧减小，故不能通过大量增加 GSE 数量来提高可用度。

如果不考虑维修设备的影响，采用无限维修能力的假设，可以得到同样达到 0.96 的可用度时，发动机航材的库存配置如表 7.16 所示。

表 7.16   无限维修能力下发动机航材配置情况

地　　点	北京	重庆	旧金山	纽约	国航分公司
GEnx 航材数量/套	2	0	1	1	4
地　　点	北京	洛杉矶	休斯敦	华盛顿	国航分公司
GE90 航材数量/套	2	1	1	1	4
投资费用	39 750 万美元				

观察无限维修能力下发动机航材的配置情况，发现维修能力是否无限对于航材配置方案的影响主要体现在基地级维修上，这是因为基地级维修所承受的维修任务比较重，当采用无限维修能力的假设时，故障件能够快速修复并及时转化为库存，从而降低了基地级对航材数量的需求。

对比是否考虑 GSE 的费用与可用度的费效比曲线，如图 7.19 所示。

通过对比可以看出，由于考虑了 GSE 的影响，在投资费用较低、航材数量较少的情况下，是否考虑 GSE 求出的可用度相差很大，但随着投资费用的增加，两者可

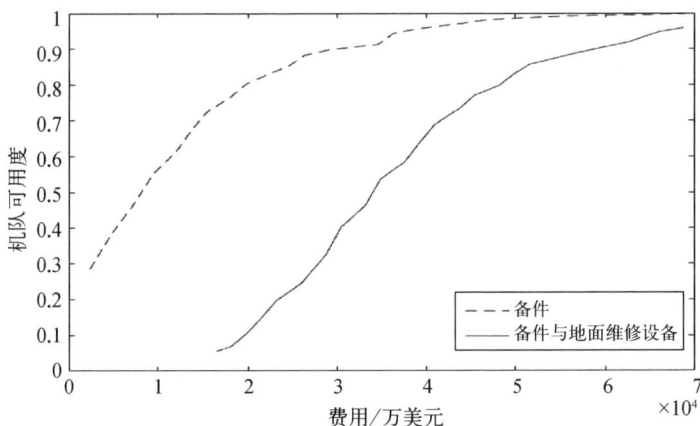

图 7.19　是否考虑 GSE 情况下的费效比曲线

用度之间的差距逐渐减小,主要原因是在 GSE 达到一定数量之后,其对修理时间的影响越来越弱,此时主要由航材数量决定机队的可用度,维修设备的数量基本固定。综上所述,考虑 GSE 的多级航材配置能够有效地对民机维修资源进行合理配置。

7.3　考虑冗余系统的航材库存配置管理

针对民机上普遍采用的冗余系统,结合民机运营信息,考虑由冷/热备份系统冗余导致民机运行最低设备要求的变化,确定冗余系统部件级和系统级可用度的计算方法,并在此基础上建立考虑冗余系统的航材配置数学模型,运用边际分析等优化算法对所建立的模型进行求解,进而实现民机研制阶段的单级修理模式和多级修理模式下冗余系统航材库存优化配置。

7.3.1　问题描述与假设

本节将从单级修理模式下考虑冗余系统的航材库存配置和多级修理模式下考虑冗余系统的航材库存配置两个方面分别描述航材配置问题与假设条件。

1. 考虑冗余系统的单级航材库存配置问题与假设

针对的冗余系统为一系列部件级冗余子系统(k_i/n_i)串联组成的冗余系统,设冗余子系统的个数为 M,假设系统的航材中,定义 I 为一个部件或系统中所有部件 LRU 的集合,即 $I = \{ LRU_1, LRU_2, LRU_3, \cdots, LRU_M \}$,部件或系统中 LRU_i 的数量为 M 个,该冗余系统的可用度计算模型参见 7.3.2 小节。民机的维修系统一般是由飞机、维修机构和航材库三部分组成,单级修理模式下航材库存配置供应

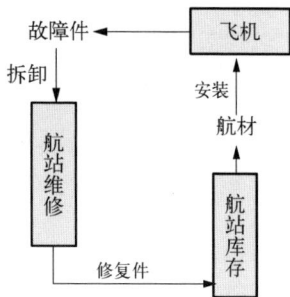

图7.20 单级修理模式下航材
库存配置供应流程图

流程如图7.20所示。

由图7.20可知,当发现飞机部附件故障时,由站点维修人员对故障件进行定位拆卸,将故障件送往航站维修站点进行修理,同时由航站仓库提供航材由维修人员将其安装在飞机上,而修复的故障件存储到航站库存。考虑冗余系统的航材库存配置选取$(s, s-1)$库存控制策略且满足经典的库存平衡公式。

单级修理模式下考虑冗余系统的航材库存配置,其假设条件与7.1.1小节相同,即

(1)航站具有对故障件进行拆卸、安装和维修的能力;

(2)在航站后方设置库存站点对所需航材进行供应且不考虑横向供应;

(3)可修部件具有无限修复能力;

(4)对故障件进行维修过程中不考虑串件拼修的状况;

(5)故障件在维修过程中不存在排队等待的现象,维修工作相互独立、互不影响;

(6)故障件在航站的拆卸和安装时所用时间忽略不计。

2. 考虑冗余系统的多级航材库存配置问题与假设

K/N冷备份系统[177-180]是指开始时(如编队执行任务的飞机架数)的可用系统数为N,满足任务的最小系统数为K($K < N$),$N - K$个系统处于冷备份状态。每个任务系统由m个不同的部件串联组成,任意一个部件的失效都会导致系统故障;若K个系统中任意一个系统发生故障,则用处于冷备份状态的系统进行更换,之后,对故障系统进行诊断,发现失效部件后,用航材进行替换修理,修理完成的系统重新进入冷备份系统中。若因缺少航材而无法修理故障系统,从而导致无系统备份时,任意任务系统发生故障将会导致整个任务的失败,K/N冷备份系统相互关系见图7.21。

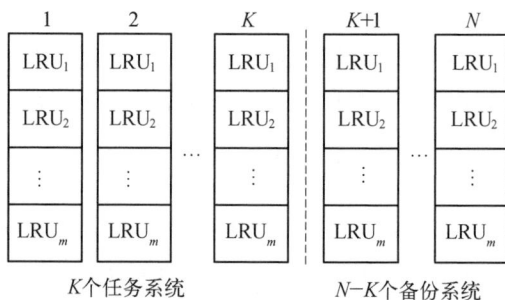

图7.21 K/N冷备份系统结构图

令$I = \{LRU_1, LRU_2, \cdots, LRU_m\}$,假设部件$i$($i \in I$)是两级修理,即航线修理与基地修理,且报废只能在基地修理点进行。设修理位置集合为N,航线修理站点用N_{ba}表示,若有n个航线修理站点,则下标用$1, 2, \cdots, n$区分,基地修理点用N_o表示。设部件LRU_i在航线的年故障率为m_{in},修理概率为λ_{in},在基地的修理概率

为 λ_{iO}；部件在航线、基地的修理时间分别为 T_{in}、T_{iO}^{R}；航线因缺少航材而向中心申请订货及运输时间为 O_{in}；考虑到可修航材的报废，在基地要进行外部采购，假设采购时间为 T_{iO}^{P}，两级维修供应图见图 7.22。在系统执行任务过程中，当发现部件 LRU 发生故障时，故障件就从系统上拆卸下来首先到航线维修点进行维修，航线仓库若有该 LRU 的库存，就发出代替故障的 LRU，否则就向基地仓库申请航材，若基地仓库有该航材，就将航材通过运输渠道补充到航线的航材仓库，LRU 故障件修复后发送到航线仓库进行储备，若航线不具有 LRU 故障件的修理能力，则将故障件发送到基地修理点进行维修，维修后作为基地仓库航材进行储备。若 LRU 发生故障后，航材仓库没有储存的航材可以更换，则发生了一次短缺。

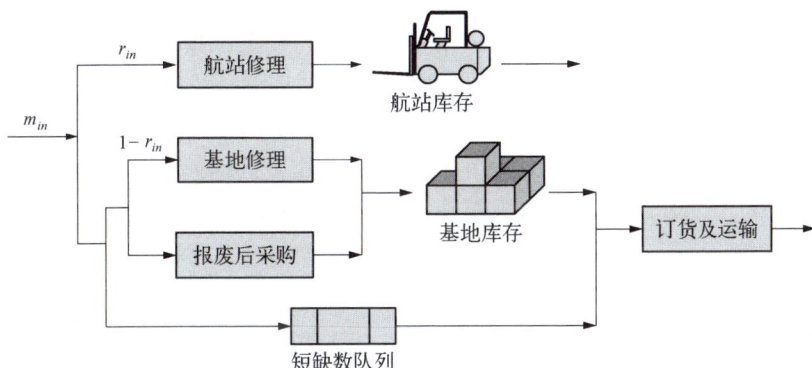

图 7.22　考虑冗余系统的两级维修供应图

相比无备份系统，K/N 系统一般具有较高的初始可用度，其大小取决于备份数量 $N-K$ 的大小，但 K/N 系统若要保持更高的可用度和降低保障费用，必须要进行航材的储备及维修。

考虑冗余系统的多级库存配置建模作出如下假设：

（1）系统的故障部件由其航材进行替换，替换时间忽略不计，且系统间不存在串件拼修现象；

（2）系统内各部件相互独立，其失效时间服从指数分布，任意一部件失效均会导致系统的失效；

（3）部件的修理和运输过程相互独立，修理过程服从先到先服务的保障策略；

（4）部件送修服从 $(s, s-1)$ 库存策略，即，不存在批次性送修，部件是一对一的替换或采购；

（5）维修设备或人员数量足够大，故障件维修不存在排队现象。

7.3.2　数学模型的建立

对于考虑冗余系统的航材库存配置，与一般系统存在差异，由于冗余系统备份元件的存在,其可用度计算方法与传统方法存在差异,因此首先给出冷/热备份冗余系统的可用度修正计算方法,在此基础上建立考虑冷备份、热备份冗余系统可修件的单级和多级航材库存配置数学模型。

1. 冗余系统可用度建模

1) 冷备份冗余系统可用度建模

冷备份冗余系统的假设条件为:规定的任务时间为 T,部件 i 的失效服从指数分布,即部件的失效间隔服从泊松分布。

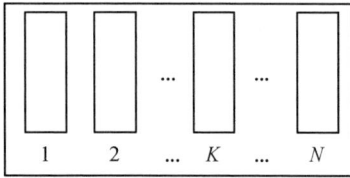

图 7.23　部件级 K/N 系统结构图

部件级冗余:设系统有 n 个部件,且每个部件均相同,要使系统正常工作,则至少有 k 个部件能正常工作,部件级冗余结构见图 7.23。

根据 Plam 定理,若一项航材服从年需求均值为 m 的泊松过程,且每一故障件的修理时间相互独立,并服从均值为 ET 年的同一分布,则在修件数的稳态概率分布服从均值为 mET 的泊松分布。

设初始库存为 s_i 的部件 LRU_i 出现短缺的概率为 $PBO(s_i)$,即

$$PBO(s_i) = P(s_{DI} > s_i) = \sum_{x=s+1}^{\infty} P(s_{DI} = x)$$

$$= 1 - \sum_{x=0}^{s} P(s_{DI} = x) = 1 - \sum_{x=0}^{s} \frac{(m_i ET_i)^x}{x!} e^{-m_i ET_i} \qquad (7-33)$$

对于部件级冗余系统,要保证系统的正常工作,n 个部件中至少有 k 个部件保持正常,由于所有部件相同,因此初始库存为 s_i 的部件级冗余系统可用度为

$$A = \sum_{s_{BO}=0}^{n-k} PBO(s_i) \qquad (7-34)$$

通常该模型用于若干个部件级冗余系统串联的模式,即某冗余系统由 N 个部件级冗余系统串联组成,每个部件级冗余系统记为 $(k_i/n_i):G$,则整个系统的可用度为

$$A_s = \prod_{i=1}^{N} A_i \qquad (7-35)$$

系统级冗余:与部件级冗余中,所有 N 个元素都部件不同,对于系统级冗余,N 中的每个元素不是由单个部件组成,而是由多个不同部件组成的系统。在系统级的航材冷备份系统中,设系统可用度为 A,工作时为 X,规定的任务时间为 T,部件 i 的失效服从指数分布,年失效数为 r_i,那么系统可用度为

$$A = P(X > T) \qquad (7-36)$$

K/N 系统中,要保持系统正常工作,航材的短缺数 s_{BO} 应小于或等于 $N-K$,于是,式(7-36)可等价为

$$A = P(X > T) = P(s_{BO} \leqslant N - K) \tag{7-37}$$

由此可见冗余系统可用度转化为求解短缺数的概率问题,求解的方法通常有列举法和迭代法,下面分别介绍这两种方法。

列举法:设 K/N 系统中第 i 个部件短缺数为 j 时的概率为 $P_i(j)$,由于部件失效服从指数分布[181],故 $P_i(j)$ 满足

$$P_i(j) = \begin{cases} \displaystyle\sum_{x=0}^{s_i} \frac{(r_i T)^x \mathrm{e}^{-r_i T}}{x!}, & j = 0 \\[3mm] \displaystyle\frac{(r_i T)^{s_i+j} \mathrm{e}^{-r_i T}}{(s_i + j)!}, & j > 0 \end{cases} \tag{7-38}$$

假设每个系统中有 M 个部件,将短缺数 j 为 0, 1…时的值代入式(7-38)即可得到相应的短缺概率为

$$P(s_{BO} = 0) = \prod_{i=1}^{M} p_i(0)$$

$$P(s_{BO} = 1) = \sum_{i=1}^{M} \left(p_i(1) \prod_{j \neq i} p_j(0) \right) = p(0) \sum_{i=1}^{M} \frac{p_i(1)}{p_i(0)}$$

$$P(s_{BO} = 2) = P(0) \sum_{i=1}^{M} \frac{p_i(2)}{p_i(0)} + P(0) \sum_{i=1}^{M} \sum_{j=i+1}^{M} \frac{p_i(1)p_j(1)}{p_i(0)p_j(0)}$$

$$\vdots \tag{7-39}$$

因此,将式(7-39)代入式(7-37)可以计算冗余系统可用度。

迭代法:设 $\pi_M(i)$ 为每个系统(包含 M 个部件)短缺数为 i 的概率,那么整个 K/N 系统至多有 $N-M$ 个短缺的概率为

$$P(s_{BO} \leqslant N - M) = \sum_{i=1}^{M} \pi_M(i) \tag{7-40}$$

$\pi_M(i)$ 的概率可转化为每个系统中 $M-1$ 部件短缺 j 个的概率乘以第 M 个部件短缺 $i-j$ 个的概率 $P_M(i-j)$,然后在短缺数范围内求和,即

$$\pi_M(i) = \sum_{j=0}^{i} \pi_{M-1}(j) P_M(i - j) \tag{7-41}$$

将式中的 $\pi_{M-1}(j)$ 再次代入该式,反复递归直至出现 $\pi_1(i)$,易知,$\pi_1(i) = P_1(i)$。以此为基础,将 $\pi_1(i)$ 代入式(7-41),可以得到 $\pi_2(i)$,$\pi_3(i)$,…,直至得到 $\pi_M(i)$

的值，问题得解。

对于系统级冗余，当系统中任意一个子系统 K（$1 \leqslant K \leqslant N$）仅有一个部件时，系统级冗余就转化为部件级冗余。部件级冗余的可用度可以按照系统级冗余的思路进行求解。本节提到的 K/N 冷备份系统可用度用到的两种方法，计算可用度时的计算次数列举法需要 $M^{(N-K)}$ 次，迭代法需要 $M(N-M)$ 次。因此，列举法适用于冗余系统中部件较少，冗余较少的情况；对于系统中大量部件且冗余较大时，需使用迭代法求解。

2）热备份冗余系统可用度建模

K/N 热备份系统中，所有的分系统都正常运行，要保持整个系统正常工作，则需要 K 个分系统工作。可用度的计算公式与冷备份表达式一致，但是需要对公式进行修正。设热备份系统的工作时间为 T，在两级修理模式下，考虑系统的任务时间为 T，在时间 T 内的修理或采购才会有意义。因此，在应用 Plam 定理时，需对时间进行修正，计算时间应取 T 与修理、采购时间的最小值。故在求解在供应渠道件数时，应该就时间进行修正[182]，修正后的计算公式为

$$E[X_{in}] = m_{in}(\lambda_{in}\min(\mathrm{ET}_{in}, T) + (1 - \lambda_{in})\min(\mathrm{EO}_{in}, T)) + f_{in}E[s_{\mathrm{BO},iO}]$$
$$\mathrm{Var}[X_{in}] = m_{in}(\lambda_{in}\min(\mathrm{ET}_{in}, T) + (1 - \lambda_{in})\min(\mathrm{EO}_{in}, T))$$
$$+ f_{in}(1 - f_{in})E[s_{\mathrm{BO},iO}] + f_{in}^2\mathrm{Var}[s_{\mathrm{BO},iO}] \tag{7-42}$$

热备份系统中航材需求随着短缺数的增加而减少，航材的需求率趋于 0，热备份系统部件在基地的供应渠道件数修正公式[183]为

$$P'(x) = \begin{cases} kP(x), & x \leqslant s_{in} \\ kP(x)a, & s_{in} + 1 \leqslant x \leqslant s_{in} + Z_{in}N \end{cases} \tag{7-43}$$

式中

$$a = \frac{(Z_{in}N)! (Z_{in}N)^{s_{in}}}{(Z_{in}N - x + s_{in})! (Z_{in}N)^x} \tag{7-44}$$

式中，k 为归一化系数，$P(x)$ 为修正后的式(7-42)求得的供应渠道概率分布，进而可获取修正后的部件短缺数均值及方差。

当 $P(x)$ 的分布未知时，可结合 VARI - METRIC[184,185,4] 通过 $P(x)$ 的差均比进行近似估计，当差均比小于 1 时，$P(x)$ 服从二项分布；当差均比等于 1 时，$P(x)$ 服从泊松分布；当差均比大于 1 时，$P(x)$ 服从负二项分布。在求出供应的渠道件数均值及方差的基础上，近似估计供应渠道件数的概率分布，进而计算出航材期望短缺数。

3）基于马尔可夫链的冗余系统可用度建模

冗余系统可用度的主要方法有解析算法和经典模型法，解析算法中的马尔可

夫理论是分析冗余系统可用度最常用的方法,下面给出基于马尔可夫链的冗余系统可用度建模理论。

对于由 n_i 个相同的部件组成的 k_i/n_i 子系统,假设当前的故障件数为 p_i,替换时间忽略不计,直到航线级维修站点的航材被全部用完时子系统的正常工作件数才可能小于 n_i。本小节采用研究现状中提到的混合停机准则[186],即子系统的工作件数为 s_i 时将处于停机状态,因此 $0 \leqslant s_i \leqslant k_i - 1$, $0 \leqslant p \leqslant n_i - s_i + m_{i0}$。

当子系统的工作模式为热备份时,子系统故障率为

$$r(p) = [n_i - (p_i - m_{i0})^+]r_h \qquad (7-45)$$

当子系统的工作模式为冷备份时,子系统故障率为

$$r(p) = [n_i + m_{i0} - k_i - p]^+ r_c + \min\{k_i, n_i + m_{i0} - p\}r_h \qquad (7-46)$$

式中,r_c 表示冷备份模式下冗余部件故障率;$r_c = r$ 表示热备份下的故障率;对于任意变量 X,$[X]^+ = \max\{0, X\}$。当处理冷备份与热备份这两种不同的工作模式时,只需要将相应的故障率公式代入即可进行求解。

同时,由于考虑维修比例为 λ,因此子系统的维修率为

$$\mu(\Phi) = \min\{\Phi\mu, \lambda\mu\} \qquad (7-47)$$

式中,Φ 表示当前在修理件数。

基于马尔可夫链的可用度模型通常考虑故障件的维修过程以及部件的故障过程,已知对于故障件数 p_i 有 $0 \leqslant p_i \leqslant n_i + m_{i0} - s_i$,因此可以建立具有 $n_i + m_{i0} - s_i + 1$ 个状态的马尔可夫链来描述子系统状态转移过程。图 7.24 是该方法的状态转移关系图,假设 $\pi(p)$ 为当 $t \to \infty$ 时,子系统当前故障件数为 p 的稳态概率,则稳态概率列阵可表示为

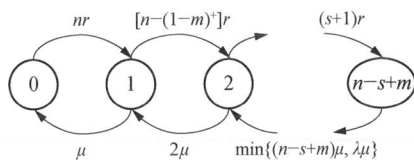

图 7.24　传统方法的马尔可夫建模过程

$$\boldsymbol{\pi} = [\pi(0), \pi(1), \pi(2), \cdots, \pi(n_i + m_{i0} - s_i)] \qquad (7-48)$$

马尔可夫链的平衡方程为

$$\frac{\mathrm{d}\boldsymbol{P}}{\mathrm{d}t} = \boldsymbol{\pi Q} = 0 \qquad (7-49)$$

式中,$\boldsymbol{P}$ 为转移概率矩阵;$\boldsymbol{Q}$ 为转移速率矩阵。转移速率矩阵中元素 q_{uv} 表示从状态 u 转移到状态 v 的转移速率,可按式(7-50)进行计算:

$$q_{uv} = \begin{cases} -\sum\limits_{v \neq u} q_{uv}, & 1 \leqslant u = v \leqslant n - s + m \\ \lambda(u-1), & v = u + 1 \\ \mu(u-1), & v = u - 1 \\ 0, & \text{其他} \end{cases} \qquad (7-50)$$

式中，$u = p + 1$ 且 $1 \leqslant u$、$v \leqslant n_i + m_{i0} - s_i + 1$；进而结合式(7-51)可以求得 $t \to \infty$ 时子系统 i 在 $p = 0, 1, 2, \cdots, n_i - s_i + m_{i0}$ 情况下的稳态概率分布，并求解可用度。

$$\sum_{p=0}^{n_i + m_{i0} - s_i} \pi(p) = 1 \qquad (7-51)$$

得到子系统的稳态概率分布，子系统的可用度为

$$A_{\text{sub}}^i = P(p \leqslant n_i - s_i + m_{i0}) = \sum_{p=0}^{n_i - k_i + m_{i0}} \pi(p) \qquad (7-52)$$

考虑一系列子系统 i 串联组成单个系统，并且每一个分系统的可用度都可用上述马尔可夫过程建模处理，假设各子系统之间是相互独立的，因此单个系统的可用度为

$$A_s = \prod_{i=1}^{N} A_{\text{sub}}^i \qquad (7-53)$$

2. 考虑冗余系统的航材库存配置数学模型

考虑冗余系统的单级航材库存配置数学模型的建立，与单级航材库存配置数学模型类似，在此不再赘述。需要说明的是，本节所采用的数学模型是以投资费用最小为优化目标、可用度为约束的单级优化库存配置模型，其可用度计算可参考7.3.1节。

对于多级修理模式下考虑冗余系统的航材库存配置，设 T^M 为 K/N 系统的任务时间，T_a 为工作时间，s_{inba}、s_{ino} 为部件 i 在航站和基地的航材数量，A 为可用度，它是航材储备量的函数，A^* 为目标可用度。那么，只有当系统工作时间大于或等于任务时间时，冗余系统才处于完好可用状态，因此，冗余系统的可用度含义表示为

$$A(s_{\text{inba}}, s_{\text{ino}}) = P(T_a \geqslant T^M) \qquad (7-54)$$

在 K/N 冷备份系统中，有 $N-K$ 个系统处于备份状态，K 个系统处于可用状态时，$P(T_a \geqslant T^M)$ 近似等于航材短缺数小于等于备份系统数 $N-K$ 的概率为

$$P(s_{\text{BO}} \leqslant N - K) = \sum_{i=0}^{N-K} P(s_{\text{BO}} = i) \qquad (7-55)$$

因此，在保证系统可用度达到 A^* 前提下，应使投资费用最低，其优化模型为

$$\min \quad \sum_{i \in I} \sum_{n \in N} c_i s_{in} + \sum_{i \in I} c_i s_{io} \qquad (7-56)$$

$$\text{s.t.} \quad A \geqslant A^*$$

式中, s_{in} 为部件 i 在航站 n 的航材库存量。

7.3.3　求解流程

通过上述研究内容,基于所建立的考虑冗余系统的不同修理模式下的航材库存配置数学模型,本节将对考虑冗余系统的单级航材库存配置求解流程和多级航材库存配置求解流程开展研究。

1. 考虑冗余系统的单级航材库存配置求解流程

基于建立的以冗余系统可用度为约束条件、投资费用为优化目标的单级航材库存配置数学模型,运用边际分析法完成模型的求解进而实现航材优化配置。基于边际分析法的单级修理模式下考虑冗余系统的航材配置模型求解流程如图 7.25 所示。

由图 7.25 可知,考虑冗余系统的航材配置是一个非线性整数规划问题,其具体求解流程为:确定研究对象即选取所需航材项目;初始化各航材项目对应的费用;初始化航材项目的库存数量,计算考虑冗余系统的可用度和每个航材数量增加 1 时的边际增量,选取边际增量最大的航材将其数量增加 1 并比较所花费用与所投资费用的大小,若航材的费用小于总投资费用,则应用边际分析法,对于每一个航材项目,计算单位费用的边际增量,选取边际增量最大的部件使其库存数量增加一个,再进行比较直至航材所花费用小于等于投资费用;最后,得到航材的配置数量、购置费用及可用度。

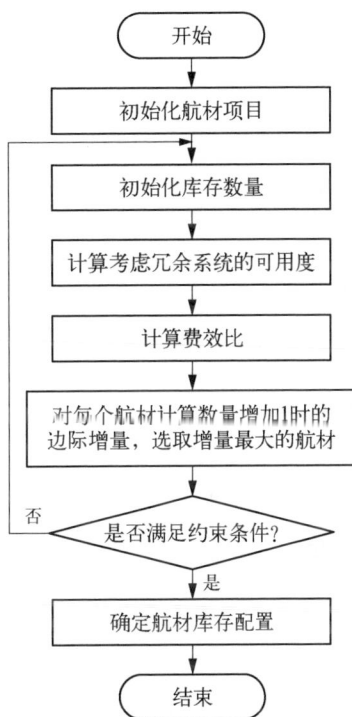

图 7.25　考虑冗余系统的单级航材配置模型求解流程

2. 考虑冗余系统的多级航材库存配置求解流程

在运用边际分析法对考虑冗余系统的多级航材库存配置进行求解时,应分别计算航材在航站和基地的边际增量,选取边际值最高的航材进行可用度计算,直至可用度大于目标可用度,其主要的求解历程如下:

(1) 初始化,令航站和基地的航材数量均为零,即 $s_{\text{inba}} = (0, 0, \cdots, 0)$, $s_{\text{ino}} = (0, 0, \cdots, 0)$,并计算系统此时的可用度 $A(s_{\text{inba}}, s_{\text{ino}})$;

（2）对每一个航站及基地航材，计算航材数量增加 1 个时其在航站和基地的边际增量，选取增量最大的航材；

（3）计算航材短缺数的分布，将结果反馈至式（6-54），计算此时的可用度 $A(s_{inba}, s_{ino})$；

（4）将可用度 $A(s_{inba}, s_{ino})$ 与目标可用度 A^* 进行比较，若 $A(s_{inba}, s_{ino}) < A^*$，则返回至步骤 2；反之，则确定航材库存配置，结束循环。

7.3.4　案例分析

为了验证考虑冗余系统的航材库存配置理论的有效性，本节将运用两个工程案例实现考虑冗余系统的单级修理模式和多级修理模式下的航材库存配置，用以阐明相关理论在民机航材工程与管理中的实用性。

1. 考虑冗余系统的单级航材库存配置案例

以某航空公司购买的 5 架波音 737 为例，航空公司的运营数据为：年飞行小时数 3 000 h；航材送修往返时间 30 d；航材平均维修时间 10 d。该冷备份系统为部件级冗余系统，由若干个系统和部件串联组成，其中子系统 1、2、4 为部件级冗余，总共具有 4 个 LRU 类别。LRU 相关参数依据 RSPL、IPC 等获取，具体信息见表7.17，当机队可用度大于 0.99 时，确定合理的航材数量。

表 7.17　航 材 参 数 表

LRU	MTBUR/h	QPA/件	C/美元
1	10 204.08	5	25 000
2	4 213.48	3	15 000
3	2 702.70	1	3 000
4	11 764.71	4	20 000

根据考虑冗余系统的单级修理模式下航材库存配置方法，利用边际分析法对其进行配置，即依次对费效比最大的相应航材数量增加 1，直至满足可用度要求。通过上述分析，在满足可用度约束条件下，可以得到可用度与航材库存数量关系曲线和航材库存数量与投资费用之间的关系曲线，经 13 步优化以后该冗余系统可用度达到 99.18%，如图 7.26 和图 7.27 所示，航材配置结果见表7.18。

表 7.18　航材库存配置表

迭代步骤	投资费用/美元	可用度/%	LRU$_1$/套	LRU$_2$/套	LRU$_3$/套	LRU$_4$/套
0	0	29.34	0	0	0	0
1	3 000	53.76	0	0	1	0

迭代步骤	投资费用/美元	可用度/%	LRU_1/套	LRU_2/套	LRU_3/套	LRU_4/套
2	6 000	63.93	0	0	2	0
3	9 000	66.75	0	0	3	0
4	24 000	78.53	0	1	3	0
5	39 000	83.24	0	2	3	0
6	64 000	90.10	0	3	3	0
7	67 000	90.89	0	3	4	0
8	87 000	94.19	0	3	4	1
9	102 000	95.90	0	4	4	1
10	127 000	97.91	1	4	4	1
11	130 000	98.05	1	4	5	1
12	150 000	98.71	1	4	5	2
13	165 000	99.18	1	5	5	2

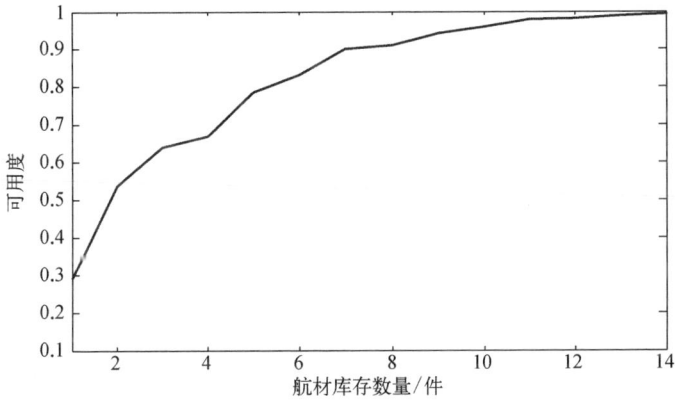

图 7.26　考虑冗余系统的航材库存数量与可用度之间关系曲线

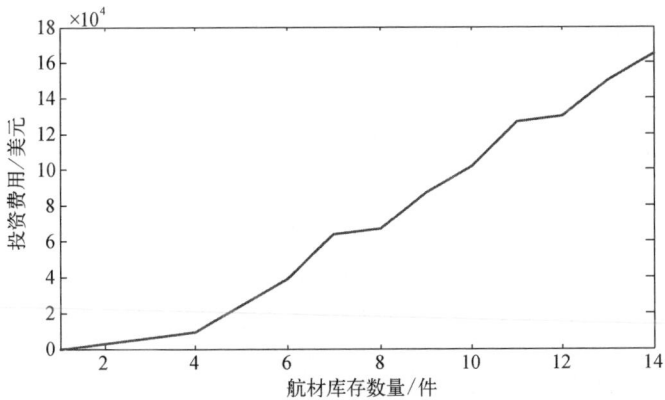

图 7.27　考虑冗余系统的航材库存数量与投资费用之间关系曲线

　　由表 7.18 可知,在满足约束的条件下,航材配置数量分别为 1、5、5 和 2 时,投资费用最小,此时的投资费用为 165 000 美元。

　　若上述案例中部件级冗余系统为热备份系统,其他条件不变,可用度的计算基于马尔可夫链的冗余系统可用度计算模型,利用边际分析法对航材进行配置,得到投资费用与航材库存数量关系曲线和航材库存数量与投资费用之间的关系曲线如图 7.28 和图 7.29 所示,经 28 步优化以后可用度达到 99.18%。从图中可以看出相同投资条件下热备份系统的可用度低于冷备份系统,其原因是热备份系统中所有元件均可能发生故障并产生需求,而冷备份系统中备份元件故障率为零。

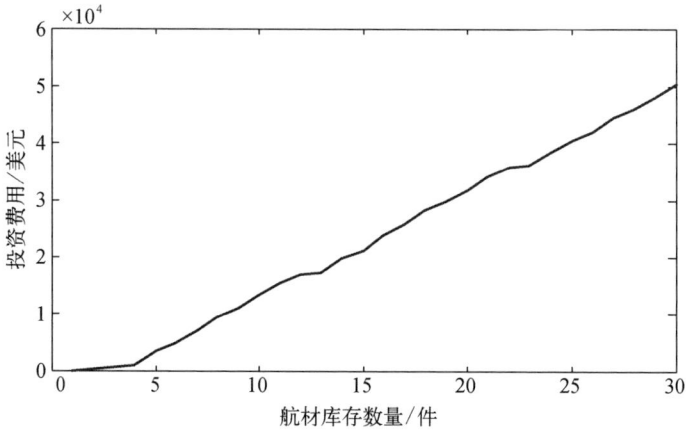

图 7.28　热备份系统下航材库存数量与投资费用之间关系曲线

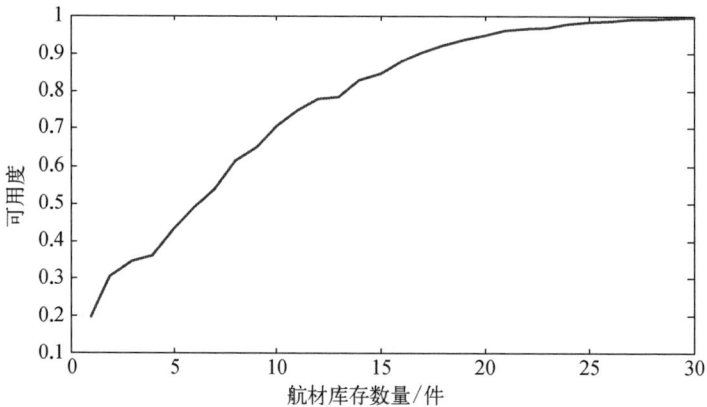

图 7.29　热备份系统下航材库存数量与可用度之间关系曲线

2. 考虑冗余系统的多级航材库存配置案例

　　某机载雷达冗余系统是一个 3/5 的系统级冷备份冗余系统,每次开机保持 3

套雷达系统警戒,另外 2 套处于备份状态,每套雷达系统由 5 个关键的不相同 LRU 组成,LRU 相关参数见表 7.19 和表 7.20,为简化计算,本案例直接给出各 LRU 的年需求率等相关信息,系统由两级维修供应,即"基地-航线"方式进行维修,包含航线级维修站点 3 个,基地级维修中心 1 个。在规定的任务时间内,机队目标可用度为 0.99。

表 7.19　冷备份冗余系统航线级年需求率及相关参数

参数	m_{in}/件			λ_{in}			ET_{in}/y			EO_{in}/y		
航站	N1	N2	N3	N1	N2	N3	N1	N2	N3	N1	N2	N3
LRU_1	1.2	2.0	0.45	0.5	0.5	0.5	0.01	0.015	0.02	0.3	0.1	0.05
LRU_2	1.8	3.76	3.5	0.5	0.5	0.5	0.01	0.015	0.02	0.3	0.1	0.05
LRU_3	1	1.48	0.85	0.5	0.5	0.5	0.01	0.015	0.02	0.3	0.1	0.05
LRU_4	0.8	0.98	2.46	0.5	0.5	0.5	0.01	0.015	0.02	0.3	0.1	0.05
LRU_5	2	1.23	4.0	0.5	0.5	0.5	0.01	0.015	0.02	0.3	0.1	0.05

表 7.20　冷备份冗余系统基地级年需求率及相关参数

参数	λ_{iO}	ET_{iO}^R/y	ET_{iO}^P/y	T^M/y	C/美元
LRU_1	0.8	0.2	0.2	0.3	10 000
LRU_2	1	0.2	0.2	0.3	36 000
LRU_3	1	0.2	0.2	0.3	88 000
LRU_4	1	0.2	0.2	0.3	60 000
LRU_5	0.8	0.2	0.2	0.3	2 000

通过多级修理模式下的冗余系统航材库存配置模型,运用边际分析法进行求解,可以得到在 984 000 美元的投资费用下,整个机队的可用度达到了 99.06%,满足相应的目标可用度要求,此时航材配置情况如表 7.21 所示。投资费用和可用度以及航材库存数量与可用度的关系曲线如图 7.30 和图 7.31 所示。

表 7.21　冷备份冗余系统航材库存配置结果

参数	航站 1	航站 2	航站 3	基地
LRU_1	2	2	1	1
LRU_2	1	2	2	2
LRU_3	0	2	1	1
LRU_4	1	1	2	1
LRU_5	3	2	3	2

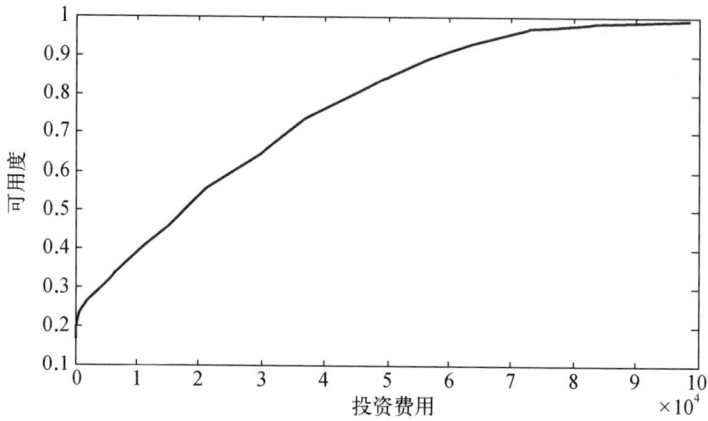

图 7.30　投资费用与可用度之间关系曲线

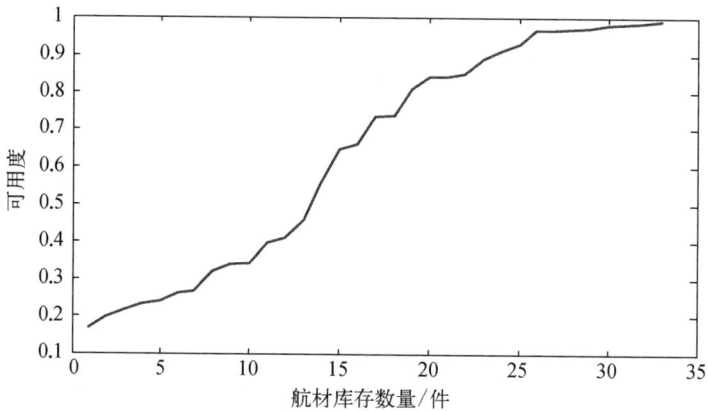

图 7.31　航材库存数量与可用度之间关系曲线

由计算结果可以看出机队可用度随着投资费用的增加而提高,但增长的趋势越来越缓,一般在工程应用中冗余系统的机队可用度保持在 0.95 以上。

7.4　具有横向供应的航材库存配置管理

本节主要是在考虑横向供应影响的情况下,对不同修理模式的民机航材库存配置进行研究,将维修比例、航材重要度等实际工程因素考虑进来,进行民机运营指标的影响分析,建立单级修理模式和多级修理模式下考虑横向供应的民机航材库存配置模型,探究适用于不同修理模式下的考虑横向供应的航材库存配置模型的求解算法。

7.4.1 问题描述与假设

在允许横向供应发生的条件下,为了能够对民机航材进行合理有效的配置,下面将分别从单级修理模式和多级修理模式的角度对具有横向供应的民机航材库存配置模型进行描述并给出合理的假设条件。

1. 具有横向供应的单级航材库存配置问题与假设

民机的航站维修系统一般是由飞机、维修机构和航材库组成,假设民机部附件或系统由多个 LRU 组成,定义 I 为一个部附件或系统中所有部件 LRU 的集合,部附件或系统中 LRU_i 的数量为 n 个,即 $I = \{LRU_1, LRU_2, LRU_3, \cdots, LRU_n\}$,如果部附件或系统中任何一个 LRU 失效,则整个部附件或系统面临失效。假设维修保障系统中有 n 个航站航材库,当某一个仓库出现短缺,无法对故障飞机提供补给,可以由其他航站仓库横向供应,为故障飞机进行补给航材,如图 7.32 为具有横向供应的单级维修系统示意图。

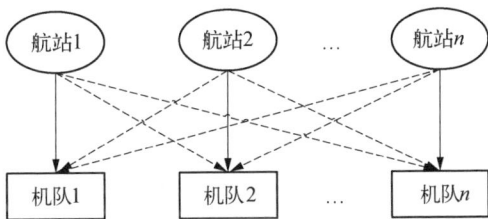

图 7.32 具有横向供应的单级维修系统示意图

当飞机部附件或系统出现故障时,由站点维修人员对故障件进行定位拆卸,如果该故障件在航站仓库有库存,则更换故障件,可以直接满足需求;如果航站仓库中没有库存,可以向邻近的航站提出横向供应申请;当维修保障系统中所有航站都没有库存时,则认为出现短缺,飞机停飞待件。如果该故障件为可修件,则对该故障件在航站进行维修,由航站库存提供航材进行更换,在航站修复完成后则将修复后的航材存储到航站仓库,如图 7.33 给出了具有横向供应的单级维修供应流程。

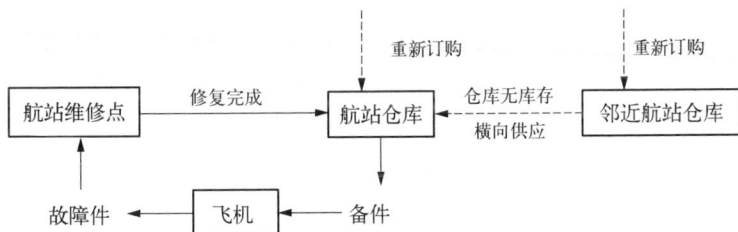

图 7.33 具有横向供应的单级维修供应流程图

对所构建的数学模型在配置过程中的影响因素进行一些合理的假设,如下所示:

(1) 航站具有对故障件进行拆卸、安装和维修的能力;

(2) 所有 LRU 均为可修件,且 LRU 的故障服从泊松分布,不同故障件的维修时间相互独立;

(3) 发生横向供应时,可以立马从相邻航站获得航材,不考虑延误时间;

（4）发生横向供应时，按照供应时间由短到长的顺序选择邻近航站作为横向供应源，且每次横向供应1件航材；

（5）故障件在航站维修过程中不存在排队等待的现象且维修工作相互独立、互不影响；

（6）故障件在航站的拆卸和安装时所用时间忽略不计。

2. 具有横向供应的多级航材库存配置问题与假设

在民机领域，多采用两级维修保障体系，即航线级与基地级。民机的两级单层维修保障系统由飞机、维修保障结构和航材仓库等要素组成，其示意图如图7.34所示，其中基地修理点的数量为 m 个，航站修理点的数量 n 个，一般 $m < n$，系统中研究对象 LRU 的数量为 k 个，在航线级的航站之间会发生横向供应。

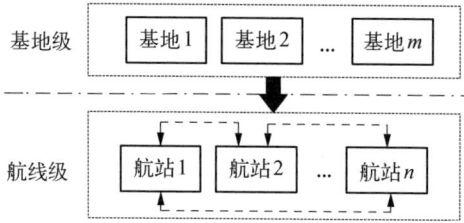

图 7.34　具有横向供应的两级维修保障系统示意图

在两级修理模式下，通常按照航站与基地的距离，将航站划分为几个不同的共享组，且只在共享组内允许横向供应的发生，共享组内一般设有两个或三个航站。当飞机在某航站发生 LRU 故障时，如果该 LRU 在航站仓库有库存，则更换故障件，直接满足需求；如果航站仓库中没有库存，则向邻近的航站提出横向供应申请，并由提供航材的航站向基地仓库提出补货申请；当共享组内的航站中都没有库存时，则认为出现短缺，此时向基地仓库申请补给，飞机停飞待件。拆换下来的故障件先在航站维修站点进行修理，航站有一定的维修比例，修理完成则送往航站仓库；若不能修理，则将故障件送往基地进行修理。基地也存在一定的维修能力，修理完成的航材送往基地仓库；若基地也不能修理，则将故障件报废，订购新的航材补充到基地仓库。在不考虑维修比例影响的情况下，认为航站可以对故障件完全修复。当航材在后方基地修理完成后，若没有横向供应发生，则送回原航站；若存在横向供应情况，则送到有需求的航站仓库（横向供应中提供航材的航站）。在横向供应模式下，考虑维修比例与不考虑报废的多级航材库存配置流程如图7.35和图7.36所示。

为了合理地建立具有横向供应的库存配置模型以及提高模型的工程适用性，可以对库存优化模型做出如下假设：

（1）所有 LRU 均为可修件，且 LRU 的故障服从泊松分布，不同故障件的维修时间相互独立；

（2）认为飞机型号均相同，且 LRU 的重要程度相同，一旦发生短缺将导致飞机停飞；

（3）每个航站的库存控制采用 $(s-1, s)$ 库存补货策略；

（4）航线级的航材可以实现共享，当某航站发生需求且没有库存时，允许在共

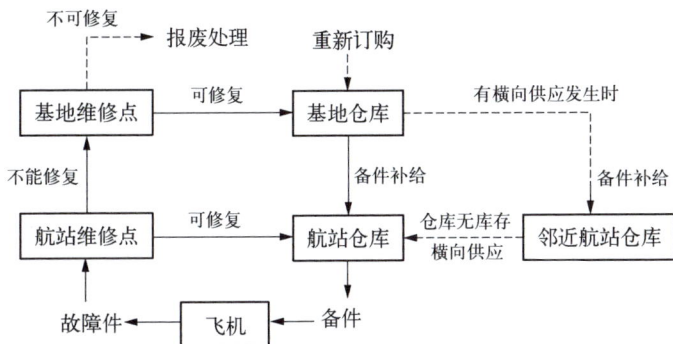

图 7.35　考虑维修比例与横向供应的两级维修供应流程图

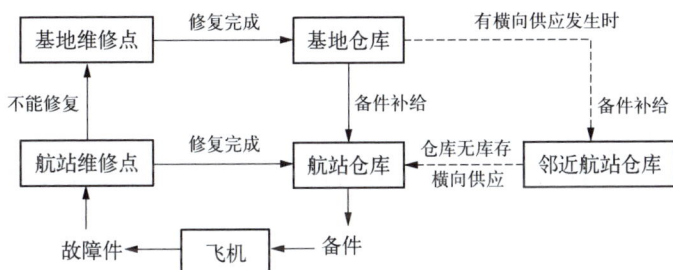

图 7.36　考虑横向供应的两级维修供应流程图

享组内通过横向转运从其他航站获得所需航材,但不可以跨组进行;

（5）组内存在两个以上的库存点时,需要明确转运点的选择原则,即先向距离近的航站申请,只有在近距离的航站没有存货时,才向稍远距离的航站申请;

（6）发生横向供应时,可以立马从相邻航站获得航材,不考虑延误时间;

（7）认为基地级与航线级,以及航线级不同航站之间的运输过程中,无故障发生。

7.4.2　数学模型的建立

在允许横向供应发生的条件下,单级修理模式和多级修理模式在航材库存配置数学模型建立上存在一些差异,因此本小节将从这两个方面分别进行阐述。

1. 具有横向供应的单级航材库存配置数学模型

具有横向供应的单级航材库存配置数学模型具体建立流程如下:

（1）在确定航材项目和输入信息的基础上,依据波音空客模型计算航材在航站库存的年平均需求量即等于一年内的平均更换量。

（2）航站的年平均供应渠道件数为

$$u_i = m_i \left[\frac{\mathrm{RTAT}_i}{365} \times \left(1 - \frac{\mathrm{SR}_i}{1\,000} \right) + \frac{\mathrm{SR}_i}{1\,000} \left(\frac{\mathrm{LT}_i + \mathrm{AT}_i}{365} \right) \right] \qquad (7-57)$$

式中,u_i 为第 i 个航材的年平均供应渠道件数;m_i 为第 i 个航材的年平均需求量;RTAT_i 为第 i 个航材的周转时间;SR_i 为第 i 个航材的报废率;LT_i 为第 i 个航材的供货时间;AT_i 为第 i 个航材的订货操作时间。

（3）横向供应下航线的需求量。

当允许横向供应发生时,航站之间会发生航材的横向转运,邻近航站的库存状态会对航材需求量产生影响,因此引入 3 个参数:α_i^j 为航站仓库中有库存,需求可以直接满足的概率;β_i^j 为航站仓库中无库存,可以由横向供应满足的概率;θ_i^j 为航站发生短缺的概率。

当航站中没有库存时,其需求量等于正常年平均需求量减去年均由其他航站横向供应来的航材数量。所以航站 j 中第 i 项 LRU 无库存时的需求量 h_i^j 为

$$h_i^j = m_i^j - \frac{m_i^j \beta_i^j}{1 - \alpha_i^j} \tag{7-58}$$

式中,m_i^j 为第 i 个航材在航站 j 的年平均需求量。

当航站中有库存时,其需求量等于正常年平均需求量加上年均需要转运到其他航站的航材数量。所以航站 j 中第 i 项 LRU 有库存时的需求量 g_i^j 为

$$g_i^j = m_i^j + \sum_{\substack{l=1 \\ l \neq j}}^{J} \frac{m_i^l \beta_i^l}{\alpha_i^j} \cdot P_{ij}^l \tag{7-59}$$

式中,J 为共享组内的航站数量;l 为发出横向供应申请的航站编号;P_{ij}^l 为由共享组内航站 j 作为航站 l 的航材供应源的条件概率。当维修保障系统内只有两个航站时,条件概率 P_{ij}^l 为 1;当维修保障系统中有三个或三个以上的航站时,选择横向供应的航材供应源时需要考虑横向供应的转运成本,而转运成本与航站间的距离远近有关,即先从距离最近的航站进行补给,只有当最近的航站没有库存时再选择其他航站进行补给,计算条件概率 P_{ij}^l 时需要考虑航站补给的先后顺序以及邻近航站的仓库是否有库存。

在共享组内,每一个航站的库存变化都可以看成是一个生灭过程[187]。建立航站的库存状态转移过程如图 7.37 所示。

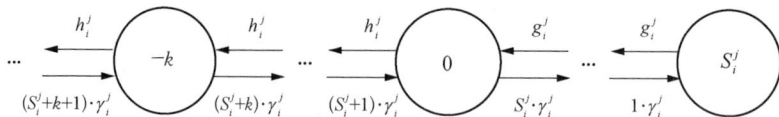

图 7.37　航站库存状态转移过程图

图中每一个库存状态对应于一个库存水平,设航站 j 中第 i 项 LRU 的库存水平为 S_i^j,在这一库存水平下的稳态概率为 $\pi_{S_i^j}^{ij}$,v_i^j 为航站 j 中第 i 项 LRU 的平均修

理时间,令 $1/\gamma_i^j = v_i^j$,可得基地的库存状态转移方程如下:

$$\pi_{S_i^j}^{ij} \cdot g_i^j = \pi_{S_i^{j-1}}^{ij} \cdot \gamma_i^j$$

$$\pi_0^{ij} \cdot (h_i^j + S_i^j \cdot \gamma_i^j) = \pi_1^{ij} \cdot g_i^j + \pi_{-1}^{ij} \cdot (S_i^j + 1)\gamma_i^j$$

$$\pi_{S_i^{j-k}}^{ij} \cdot (g_i^j + k \cdot \gamma_i^j) = \pi_{S_i^{j-k+1}}^{ij} \cdot g_i^j + \pi_{S_i^{j-k-1}}^{ij} \cdot (k+1)\gamma_i^j$$

$$\pi_{S_i^{j-k}}^{ij} \cdot (h_i^j + k \cdot \gamma_i^j) = \pi_{S_i^{j-k+1}}^{ij} \cdot h_i^j + \pi_{S_i^{j-k-1}}^{ij} \cdot (k+1)\gamma_i^j \qquad (7-60)$$

可以得到在某一库存水平下的稳态概率为

$$\pi_{S_i^j}^{ij} = \begin{cases} \pi_0^{ij} \cdot \dfrac{S_i^j!}{k!} \cdot \left(\dfrac{\gamma_i^j}{g_i^j}\right)^{S_i^j-k}, & k = 0, 1, 2, \cdots, S_i^j - 1 \\[3mm] \pi_0^{ij} \cdot \dfrac{S_i^j!}{k!} \cdot \left(\dfrac{\gamma_i^j}{h_i^j}\right)^{-(S_i^j-k)}, & k = S_i^j, S_i^j + 1, \cdots \end{cases} \qquad (7-61)$$

由各库存水平下的稳态概率之和为 0,可得

$$\frac{1}{\pi_0^{ij}} = \sum_{k=0}^{S_i^j-1} \frac{S_i^j!}{k!} \cdot \left(\frac{\gamma_i^j}{g_i^j}\right)^{(S_i^j-k)} + \sum_{k=S_i^j}^{\infty} \frac{S_i^j!}{k!} \cdot \left(\frac{\gamma_i^j}{h_i^j}\right)^{-(S_i^j-k)} \qquad (7-62)$$

由此可得

$$\begin{cases} \alpha_i^j = \displaystyle\sum_{k=1}^{S_i^j} \pi_k^{ij} \\[3mm] \theta_i^j = \displaystyle\prod_{j=1}^{J} \sum_{k=0}^{-\infty} \pi_k^{ij} \\[3mm] \beta_i^j = 1 - \alpha_i^j - \theta_i^j \end{cases} \qquad (7-63)$$

根据期望短缺数的定义,可以得到航站中每项 LRU 的期望短缺数为

$$\mathrm{EBO}\,(s)_i^j = \sum_{k=0}^{-\infty} (-k)\pi_k^{ij} \qquad (7-64)$$

(4)航材库存配置数学模型。

建立具有横向供应的单级修理模式下民机航材库存配置优化模型,即分别以可用度为优化目标、费用为约束条件的单级优化库存配置模型,以可用度为优化目标、费用和保障概率为约束条件的单级优化库存配置模型。

2. 具有横向供应的多级航材库存配置数学模型

本小节介绍一种在允许横向供应发生条件下考虑维修比例的两级库存配置模型,不考虑维修比例的配置模型较为简单,只需在此模型的基础上不考虑基地存在

报废即可。具有横向供应的多级航材库存配置数学模型具体建立流程如下：

（1）基地与航站的年平均需求量与供应渠道数。

年平均需求量的计算可参照前文理论进行计算，航站与基地都具有一定的维修比例，在航站修理不了的故障件将送往基地进行修理。所以基地某 LRU 的年平均需求量为所有在基地修理完成的 LRU 故障件之和。基地中每项 LRU 的年平均需求量为

$$m_i^0 = \lambda_i^0 \cdot \sum_{j=1}^{n} m_i^j (1 - \lambda_i^j) \tag{7-65}$$

式中，m_i^0 为基地中每项 LRU 的年平均需求量；λ_i^0 为基地中每项 LRU 的维修比例；λ_i^j 为航站 j 中每项 LRU 的维修比例。

因为基地维修比例这一实际因素的存在，基地修理能力不是无限大，需要对在基地不能修理的故障件进行报废处理。所以基地的年平均报废量，即在基地不能修理的 LRU 故障件之和。所以基地中每项 LRU 的年平均报废量 m_i^s 为

$$m_i^s = (1 - \rho_i^0) \sum_{j=1}^{n} m_i^j (1 - \rho_i^j) \tag{7-66}$$

根据模型假设 LRU 的失效服从独立的泊松分布，由 Palm 定理可得，基地中每项 LRU 的供应渠道数为

$$\mu_i^0 = m_i^0 \cdot v_i^0 \tag{7-67}$$

式中，μ_i^0 为基地中每项 LRU 的供应渠道数；v_i^0 为每项 LRU 在基地的年平均修理时间。

由报废产生的供应渠道数为

$$\mu_i^s = \lambda_i^s \cdot v_i^s \tag{7-68}$$

式中，μ_i^s 为每项 LRU 由报废产生的供应渠道数；v_i^s 为每项 LRU 的重新订购时间。

航站仓库补充航材的平均延误时间由四部分组成：故障件在航站进行修理的时间；由运输导致的延误时间；基地仓库短缺导致的延误时间；报废产生短缺导致的延误时间。航站 j 中每项 LRU 的平均补货延误时间 $1/\gamma_i^j$ 为

$$\frac{1}{\gamma_i^j} = v_i^j \cdot \rho_i^j + (1 - \rho_i^j) \cdot (T_i^j + \mathrm{MWT}_i^0 + \mathrm{MWT}_i^s) \tag{7-69}$$

式中，v_i^j 为 LRU 在航站 j 的年平均修理时间；T_i^j 为第 i 项 LRU 基地运往航站 j 的运输时间。根据 Little 公式[187]，基地仓库短缺导致的延误时间 $\mathrm{MWT}_i^0 = \mathrm{EBO}(s)_i^0 / m_i^0$；由报废产生短缺导致的延误时间 $\mathrm{MWT}_i^s = \mathrm{EBO}(s)_i^s / m_i^s$。

由 Palm 定理,航站中每项 LRU 的供应渠道数为

$$\mu_i^j = \frac{m_i^j}{m_i^j} \qquad (7-70)$$

(2)横向供应下航线的需求量。

横向供应下的需求量求解参照式(7-58)~式(7-64)进行求解。

(3)基地与航线的期望短缺数与可用度。

基地中每项 LRU 的期望短缺数计算公式为

$$\mathrm{EBO}\ (s)_i^0 = \sum_{k=s+1}^{+\infty} (k-s)\ \frac{(\mu_i^0)^k\mathrm{e}^{-\mu_i^0}}{k!} \qquad (7-71)$$

基地中每项 LRU 由报废产生的期望短缺数为

$$\mathrm{EBO}\ (s)_i^s = \sum_{k=s+1}^{+\infty} (k-s)\ \frac{(\mu_i^s)^k\mathrm{e}^{-\mu_i^s}}{k!} \qquad (7-72)$$

航站中每项 LRU 的期望短缺数为

$$\mathrm{EBO}\ (s)_i^j = \sum_{k=0}^{-\infty} (-k)\pi_k^{ij} \qquad (7-73)$$

在获取相应期望短缺数的基础上,对每项 LRU 可用度运用式(7-30)进行计算。

(4)航材库存配置数学模型。

民机航材库存配置的目的就是希望在满足机队可用度和航材满足率的前提下,使库存系统的总成本达到最低。因此,建立以库存系统总成本为优化目标,以机队可用度和航材满足率为约束条件的两级横向供应库存配置优化模型。

7.4.3 求解流程

基于 7.4.1 小节和 7.4.2 小节的研究,结合所建立的具有横向供应的不同修理模式下的航材库存配置数学模型,分别对具有横向供应的单级航材库存配置流程和多级航材库存配置求解流程展开论述。

1. 具有横向供应的单级航材库存配置求解流程

在航材配置过程中涉及的航材数量和种类具有多样化的特性,而传统的分析只是针对某一种类少量的航次配置进行了研究,进而导致分析方法在配置过程中受到限制。为了更合理有效地配置民机航材库存数量,建立以可用度为优化目标、费用为约束条件的库存优化模型,运用边际分析法实现航材库存优化配置。具有横向供应的单级航材库存配置求解流程如图 7.38 所示。

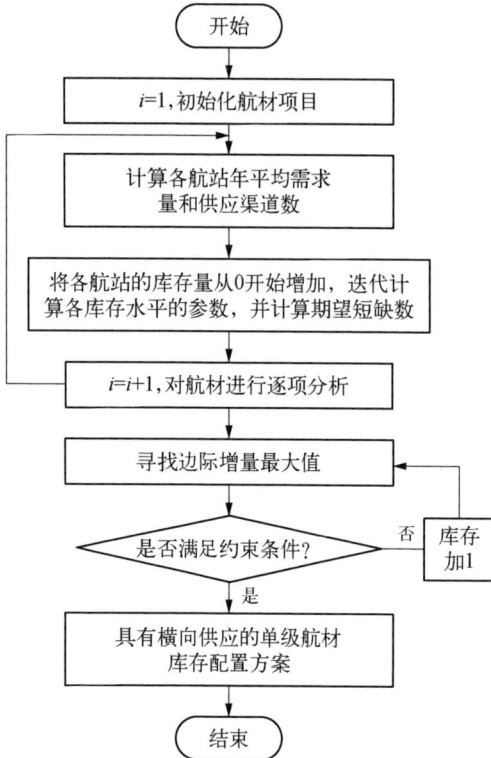

图 7.38　具有横向供应的单级航材
库存配置求解流程图

由图 7.38 可知,具有横向供应的单级航材库存配置求解流程为:

（1）首先计算各航站对每个 LRU 的年平均需求量和供应渠道数。

（2）利用迭代法计算各个航站在库存量为 0 时的 α_i^j、β_i^j 和 θ_i^j,并计算各航站的期望短缺数。

具体的迭代方法为:先给定 α_i^j 和 θ_i^j 的初始值,计算航站有库存时的需求量 g_i^j 和无库存时的需求量 h_i^j,代入库存状态转移方程可以计算出不同库存水平状态下的稳态概率,进而可得一组新的 α_i^j 和 θ_i^j 的值,与初始值进行比较,若不小于误差水平,则令新的 α_i^j 和 θ_i^j 作为初始值重新进行迭代;若小于误差水平,停止迭代。

（3）计算各航站在不同库存量下的期望短缺数,并建立费效比矩阵。

（4）寻找费效比最大的位置,给费效比最大的位置库存量加 1,直到满足约束条件。

2. 具有横向供应的多级航材库存配置求解流程

依据 7.4.2 小节中建立的具有横向供应的多级航材库存配置模型,结合边际分析法完成模型的求解,实现航材库存配置管理。具有横向供应的多级航材库存配置求解流程如图 7.39 所示。

由图 7.39 可知,具有横向供应的多级航材库存配置求解流程为:

（1）首先计算各航站对每个 LRU 的年平均需求量,根据航站的年平均需求量计算基地的年平均需求量和年平均报废量;

（2）初始化基地的库存量,使基地的库存为 0;

（3）计算基地以及因报废产生的供应渠道数和期望短缺数;

（4）计算各个航站在库存量为 0 时的平均补货延误时间,利用迭代法计算各个航站的 α_i^j、β_i^j 和 θ_i^j,并计算各航站的期望短缺数;

（5）计算基地与各航站在不同库存量下的期望短缺数,并建立费效比矩阵;

（6）寻找费效比最大的位置,给费效比最大的位置库存量加 1,直到满足约束条件;

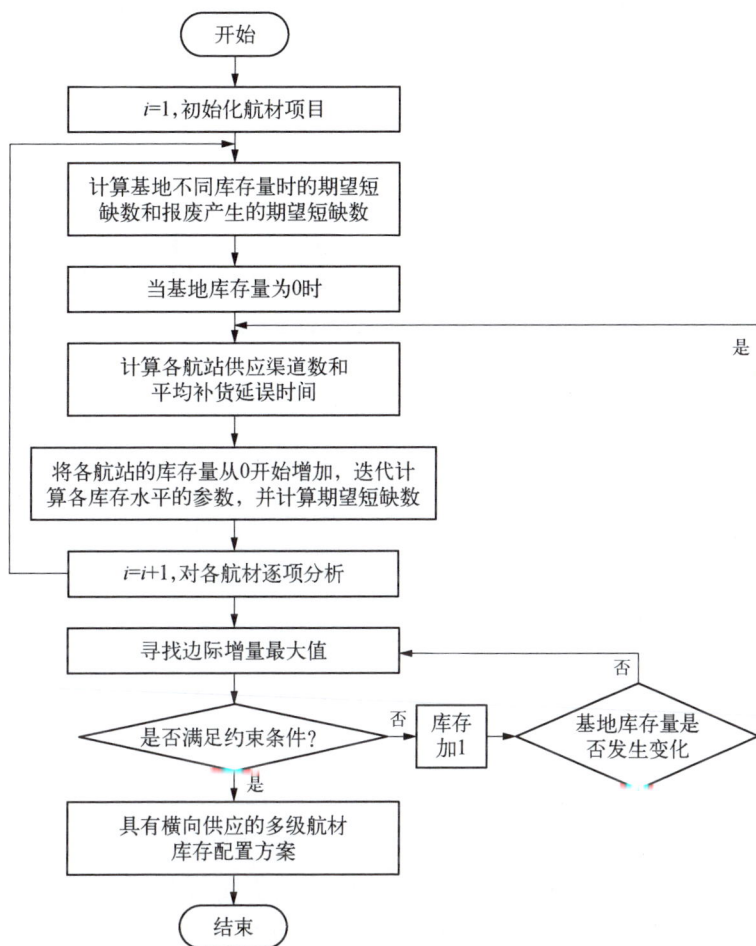

图 7.39　具有横向供应的多级航材库存配置求解流程图

（7）当基地的库存量发生变化时,航站的平均补货延误时间也会发生变化,所以返回第 4 步和第 5 步更新航站的费效比矩阵。

7.4.4　案例分析

本节将以案例的方式验证前述章节中的模型和求解流程在实际工程中的适用性,主要包括 4 个案例分析：具有横向供应的单级航材库存配置案例、具有横向供应的多级航材库存配置案例、考虑维修比例的多级航材库存配置案例和考虑重要度的多级航材库存配置案例。

1. 具有横向供应的单级航材库存配置案例

对一个由 6 个不相同 LRU 组成的民机典型系统进行分析,系统中共有 5 个航站,且每个 LRU 都为可修件并且重要度均相同,如图 7.40 所示。每个 LRU 的参数如表 7.22 所示,计算投资费用为 100 万美元时的航材配置,并计算此时的可用度。

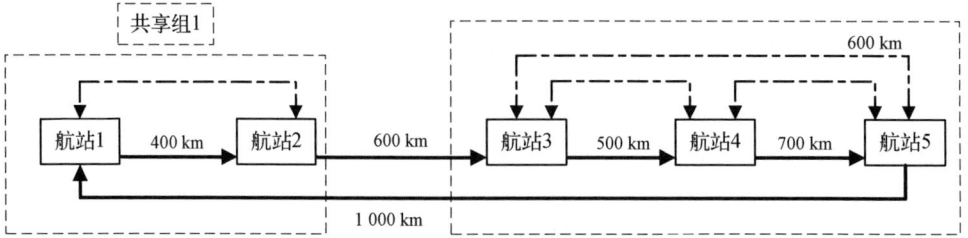

图 7.40　单级航材库存配置系统示意图

表 7.22　航材项目输入信息

编号	MTBUR$_i$/h	C_i/10^4 美元	QPA$_i$/件	ν_i^j	TT$_i^s$	$P_{i(\min)}$
LRU$_1$	1 500	2.7	2.0	0.10	0.03	0.97
LRU$_2$	1 000	3.3	2.0	0.14	0.04	0.96
LRU$_3$	300	0.3	1.0	0.13	0.06	0.97
LRU$_4$	1 500	2.9	3.0	0.12	0.05	0.96
LRU$_5$	1 500	2.8	2.0	0.15	0.06	0.95
LRU$_6$	300	0.1	1.0	0.14	0.05	0.96

在已知条件的基础上,运用每个航站的年需求量计算每个航材的年平均需求量以及年期望需求量;求出各航材在库存量不同情况下的期望短缺数,并计算航材在库存量不同的情况下的效费比,在获取效费比的前提下运用边际分析法对航材的库存进行配置,直至满足优化模型的约束条件并输出满足费用约束条件下的航材库存配置数量以及相应配置条件下的可用度。系统中航材库存配置数量和可用度与费用的关系曲线分别如表 7.23 和图 7.41 所示。

表 7.23　考虑横向供应的单级航材库存配置

库存系统	LRU$_1$/套	LRU$_2$/套	LRU$_3$/套	LRU$_4$/套	LRU$_5$/套	LRU$_6$/套	C_i/10^4 美元
航站 1	2	2	6	2	2	6	25.8
航站 2	2	2	5	1	2	6	22.6
航站 3	1	2	4	1	1	5	16.7
航站 4	1	2	4	1	1	5	16.7
航站 5	1	2	4	1	1	5	16.7

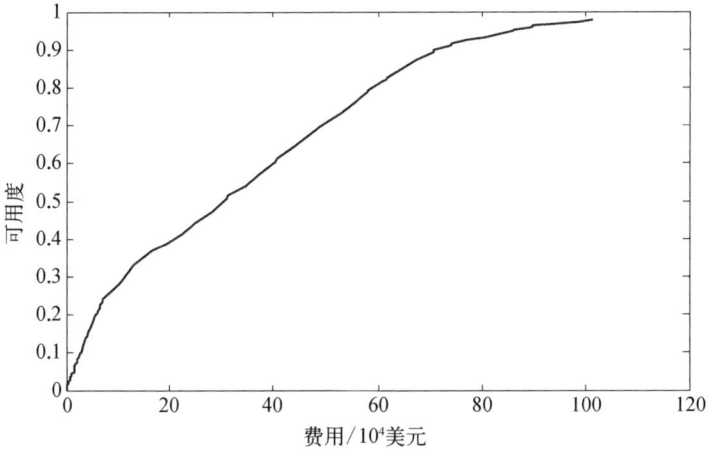

图 7.41　可用度与费用的关系曲线(1)

由表 7.23 以及图 7.41 可知,系统 LRU 的库存总数达到 80 件时,机队可用度达到 0.976 8,此时库存配置系统的总成本为 98.5 万美元。

2. 具有横向供应的多级航材库存配置案例

以某航空公司购买的波音 737 的起落架 LRU 作为研究对象且 LRU 重要程度相同,机队由 10 架飞机组成,年平均飞行小时 FH = 3 000 h,可用度规定最小值 A_{min} = 0.98,维修保障组织结构由 1 个基地和 5 个航站组成,其示意图如图 7.42 所示,LRU 的参数如表 7.24 所示。

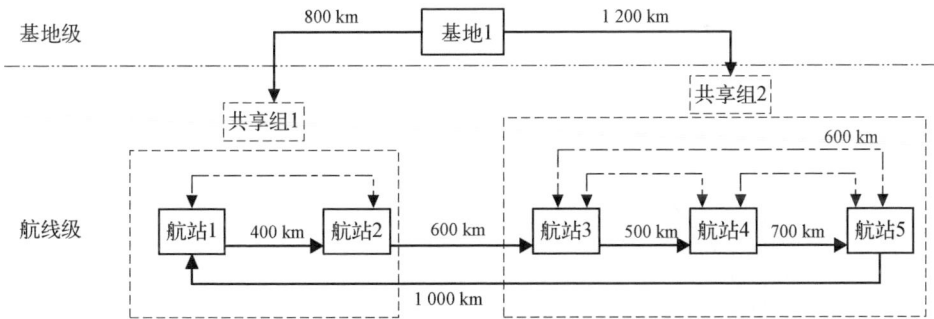

图 7.42　民机起落架 LRU 多级库存配置系统示意图

表 7.24　民机起落架 LRU 关键参数

编号	MTBUR$_i$/h	C_i/10^4 美元	QPA$_i$/件	ρ_i^j	ν_i^j	T_i^s	$P_{i(\min)}$
LRU1	1 500	2.7	2.0	0.4	0.1	0.03	0.97
LRU2	1 000	3.3	2.0	0.5	0.14	0.04	0.96

编号	MTBUR$_i$/h	C_i/10^4 美元	QPA$_i$/件	ρ_i^j	ν_i^j	T_i^s	$P_{i(\min)}$
LRU3	300	1.8	1.0	0.6	0.13	0.06	0.97
LRU4	1 500	2.9	3.0	0.4	0.12	0.05	0.96
LRU5	1 500	3.2	2.0	0.5	0.15	0.06	0.95
LRU6	300	0.5	1.0	0.6	0.14	0.05	0.96

结合已知信息建立以库存系统总成本为优化目标,以可用度与航材保障率为约束条件的民机起落架 LRU 在横向供应情况下的两级航材库存优化模型。通过边际分析法配置各项 LRU 在基地与各航站的库存数量,库存配置情况如表 7.25 所示。

表 7.25　民机起落架 LRU 库存配置

库存系统	LRU$_1$/套	LRU$_2$/套	LRU$_3$/套	LRU$_4$/套	LRU$_5$/套	LRU$_6$/套	C_i/10^4 美元
基　地	5	7	3	5	5	3	74.0
航站 1	2	3	2	2	2	2	32.1
航站 2	2	3	1	2	2	1	29.8
航站 3	2	3	1	2	2	1	29.8
航站 4	2	2	1	2	2	1	26.5
航站 5	2	3	1	2	2	1	29.8

机队可用度与系统库存成本的关系曲线如图 7.43 所示。

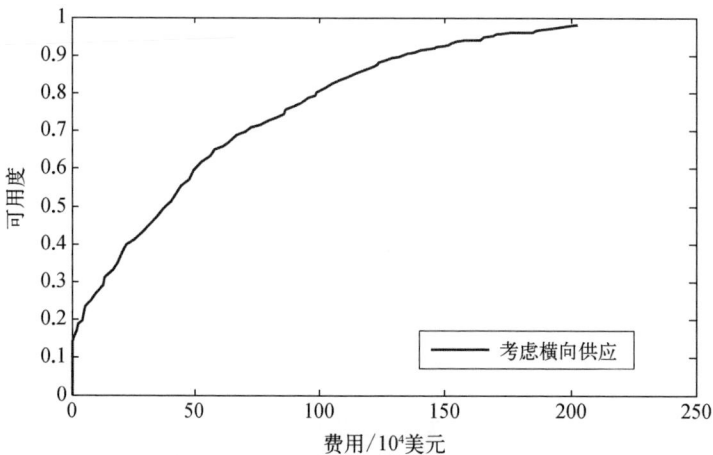

图 7.43　机队可用度与费用的关系曲线(2)

由表 7.25 以及图 7.43 可知,在不考虑维修比例与横向供应的传统配置模型中,系统 LRU 的库存总数达到 84 件时,机队可用度达到 0.980 8,此时库存配置系统的总成本为 222 万美元。

3. 考虑维修比例的多级航材库存配置案例

本书以某航空公司波音 737 客机的 5 个起落架 LRU 作为分析对象,机队由 10 架相同型号的 737 客机组成,年平均飞行小时为 3 000 h,可用度最小值设为 0.99。库存系统由 1 个基地和 5 个航站组成,其中航站 1、2 组成共享组 1,航站 3、4、5 组成共享组 2,且航站间距离 $D_{34} < D_{35} < D_{45}$。库存系统示意如图 7.42 所示,各项 LRU 参数见表 7.26。

表 7.26　LRU 相关参数及属性

编号	$\mathrm{MTBUR}_i/\mathrm{h}$	$C_i/10^4$ 美元	$\mathrm{QPA}_i/$件	λ_i^0	λ_i^j	ν_i^0	ν_i^j	T_i^s	$P_{i(\min)}$
LRU$_1$	1 500	2.7	2.0	0.6	0.4	0.12	0.10	0.03	0.97
LRU$_2$	1 000	3.3	2.0	0.7	0.5	0.16	0.14	0.04	0.96
LRU$_3$	1 500	2.9	1.0	0.8	0.6	0.14	0.13	0.06	0.97
LRU$_4$	300	1.8	3.0	0.6	0.4	0.15	0.12	0.05	0.96
LRU$_5$	300	0.5	2.0	0.7	0.5	0.17	0.15	0.06	0.95

根据维修保障组织结构的信息以及各项 LRU 的基本参数,可以计算得到基地以及各航站的年平均需求量与供应渠道数,并由此可以推导出各航站在不同库存水平下的稳态概率,从而得到基地与各航站的期望短缺数、保障率及可用度。由此可以建立以库存系统总成本为优化目标,以可用度与保障率为约束条件的民机起落架 LRU 在横向供应情况下的两级航材库存优化模型。通过边际分析法配置各项 LRU 在基地与各航站的库存数量,库存配置情况如表 7.27 所示。

表 7.27　考虑横向供应以及维修比例的 LRU 库存配置

库存系统	LRU$_1$/套	LRU$_2$/套	LRU$_3$/套	LRU$_4$/套	LRU$_5$/套	$C_i/10^4$ 美元
基　　地	6	5	4	7	7	60.4
航站 1	1	1	1	2	2	13.5
航站 2	1	1	1	2	1	13.0
航站 3	1	1	1	1	1	11.2
航站 4	1	1	1	1	1	11.2
航站 5	1	1	1	1	1	11.2

由表 7.27 可知,当系统中 LRU 库存总数为 57 件时,可用度达到 0.990 9,此时库存配置系统的总成本为 120.5 万美元。

为了验证考虑维修比例与横向供应的航材库存配置模型的可行性与有效性,分别在考虑维修比例但不允许发生横向转运以及既不考虑维修比例也不允许发生横向供应的传统配置模型两种情况下,利用边际分析法进行航材的库存配置,系统库存配置情况如表 7.28 和表 7.29 所示。

表 7.28　考虑维修比例的非横向供应起落架 LRU 库存配置

库存系统	LRU$_1$/套	LRU$_2$/套	LRU$_3$/套	LRU$_4$/套	LRU$_5$/套	C_i/10^4 美元
基　地	7	7	5	8	7	74.4
航站 1	2	2	2	2	3	22.9
航站 2	2	2	2	2	2	22.4
航站 3	2	2	2	2	3	22.9
航站 4	2	2	2	2	2	22.4
航站 5	2	2	2	2	3	22.9

由表 7.28 可知,在不允许发生横向转运时,系统中 LRU 库存总数需要达到 87 件时,可用度达到 0.990 1,此时库存配置系统的总成本为 187.9 万美元。

表 7.29　不考虑维修比例与横向供应的起落架 LRU 库存配置

库存系统	LRU$_1$/套	LRU$_2$/套	LRU$_3$/套	LRU$_4$/套	LRU$_5$/套	C_i/10^4 美元
基　地	5	5	3	5	5	50.2
航站 1	2	2	2	2	3	22.9
航站 2	2	2	2	2	2	22.4
航站 3	2	2	2	1	3	21.1
航站 4	2	2	2	2	2	22.4
航站 5	2	2	2	2	3	22.9

由表 7.29 可知,在不考虑维修比例与横向供应的传统配置模型中,系统 LRU 的库存总数达到 76 件时,可用度达到 0.990 2,此时的库存配置系统的总成本为 161.9 万美元。

通过采用边际分析法对上述三种情况下的起落架 LRU 库存配置进行研究,可以得到三种情况分别对应的可用度与系统库存成本的关系曲线如图7.44 所示。

由图 7.44 可以看出,考虑维修比例与横向供应的库存配置在满足约束条件的情况下,其可用度稍高于只考虑维修比例的库存配置与不考虑维修比例和横向供应的传统库存配置两种情况,并且其库存系统总成本明显低于其他两种情况,并且可以看出在相同库存成本情况下,横向供应情况下的机队可用度是最高的。

通过对比表 7.27 和表 7.28 的库存配置情况可以看出,同样都考虑两级维修比例,当允许横向供应发生时,航站的库存配置数量明显下降,基地的库存配置数量也有所降低,这主要是因为横向转运使航站间可以进行航材的横向补给,降低了航站与基地的航材需求量;通过对比表 7.28 和表 7.29 可以看出航站的库存配置情况基本相同,但当考虑维修比例时,基地的库存配置数量明显增加,出现这种情况的

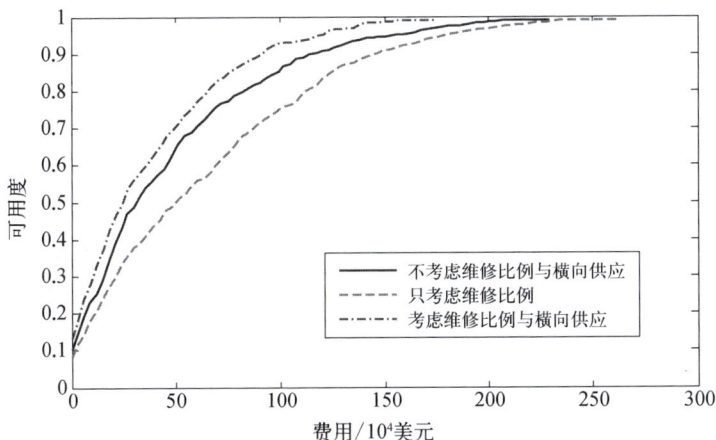

图 7.44　可用度与费用的关系曲线（3）

主要原因是基地的维修比例不为无限大,存在一定的报废量;对比表 7.27 和表7.29
可以看出考虑维修比例与横向供应情况下的系统库存配置总数与航站的库存配置
数量都明显小于传统的库存配置情况,但基地的库存配置数量略高,出现这种情况
的原因与上文类似,维修比例因素导致基地的库存配置数量变大,但允许横向供应
发生,使航站的库存数量明显降低。横向供应模型对成本的节约效果非常明显,可
以为航空公司降低库存成本并且减少由停机延误导致的损失,在此基础上考虑维
修比例,使模型更接近于实际工程。

4. 考虑重要度的多级航材库存配置案例

本节以波音 737 客机的 6 个舱门 LRU 作为分析对象,并且 6 个 LRU 的重要度
不全相同,机队由 10 架相同型号的 737 客机组成,年平均飞行小时为 3 000 h,维修
保障系统费用最大值设为 200 万美元。库存系统由 1 个基地和 5 个航站组成,其
中航站 1、2 组成共享组 1,航站 3、4、5 组成共享组 2。库存系统示意如图 7.42 所
示,各项 LRU 参数如表 7.30 所示。

表 7.30　民机舱门 LRU 相关参数

航材项目	MTBUR_i/h	ESS	$C_i/10^4$ 美元	QPA_i/件	λ_i^j	ν_i^j	T_i^s	$P_{i(\min)}$
LRU_1	40 000	1	2.7	1.0	0.4	0.1	0.17	0.97
LRU_2	44 400	1	3.3	1.0	0.5	0.14	0.18	0.96
LRU_3	30 000	2	2.9	1.0	0.6	0.13	0.17	0.97
LRU_4	30 000	2	1.8	1.0	0.4	0.12	0.17	0.96
LRU_5	30 000	3	0.5	1.0	0.5	0.15	0.20	0.95
LRU_6	40 000	3	1.5	2.0	0.5	0.13	0.17	0.96

　　根据上述各航站的运营信息及各项 LRU 的基本参数,建立以机队可用度为优化目标,以库存系统总成本与保障率为约束条件的民机舱门 LRU 在考虑横向供应与重要度情况下的两级航材库存优化模型。通过边际分析法配置各项 LRU 在基地与各航站的库存数量,LRU 配置总数为 58,可用度达到 0.971 4,库存配置系统总成本为 173 万美元,库存配置情况见表 7.31。

表 7.31　考虑横向供应以及航材重要度的舱门 LRU 库存配置

库存系统	LRU_1/套	LRU_2/套	LRU_3/套	LRU_4/套	LRU_5/套	LRU_6/套	$C_i/10^4$ 美元
基　地	3	3	4	4	3	3	59.7
航站 1	2	2	2	2	2	1	32.8
航站 2	1	2	2	2	1	1	26.8
航站 3	1	1	1	1	1	1	17.9
航站 4	1	1	1	1	1	1	17.9
航站 5	1	1	1	1	1	1	17.9

　　为了验证考虑维修比例与航材重要度的库存配置模型的可行性与有效性,对只考虑横向供应的库存配置进行分析,利用边际分析法进行航材的库存配置,系统库存配置情况如表 7.32 所示。

表 7.32　仅考虑横向供应的舱门 LRU 库存配置

库存系统	LRU_1/套	LRU_2/套	LRU_3/套	LRU_4/套	LRU_5/套	LRU_6/套	$C_i/10^4$ 美元
基　地	4	4	4	4	5	5	77.3
航站 1	1	2	2	2	2	2	32.5
航站 2	1	1	2	2	2	2	29.6
航站 3	1	1	1	1	1	2	20.9
航站 4	1	1	1	1	1	1	17.9
航站 5	1	1	1	1	1	2	20.9

　　由表 7.32 可以看出,当仅考虑横向供应的影响时,LRU 库存配置总数达到 67,并且可用度为 0.970 6,库存系统总成本为 199.1 万美元。

　　在上述两种情况下,均采用边际分析法对民机舱门 LRU 的库存配置问题进行分析。两种情况下可用度与库存系统成本之间的关系如图 7.45 所示,满足率与库存系统成本之间的关系如图 7.46 所示。

　　当在库存配置过程中考虑满足率的影响时,那些对飞机安全运营影响较大的航材会优先进行配置。但在一般的横向供应模型中,不考虑重要度的影响,仅根据费效比的大小进行库存配置。因此,考虑重要度的航材库存配置方法可以有效地指导航材库存优化配置,确保民机在给定费用条件下可以正常运营。

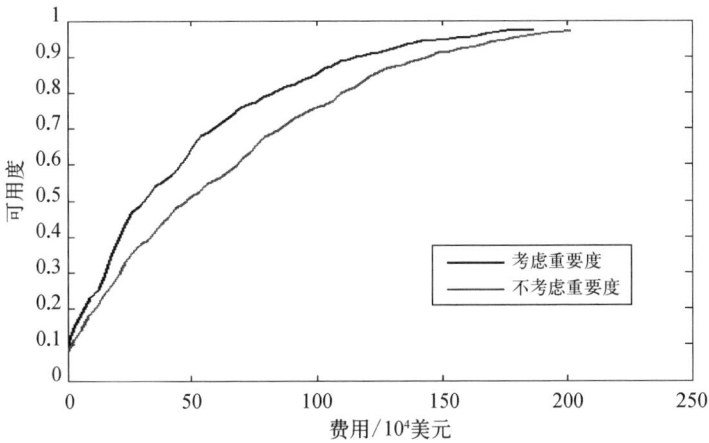

图 7.45　可用度与费用的关系曲线(4)

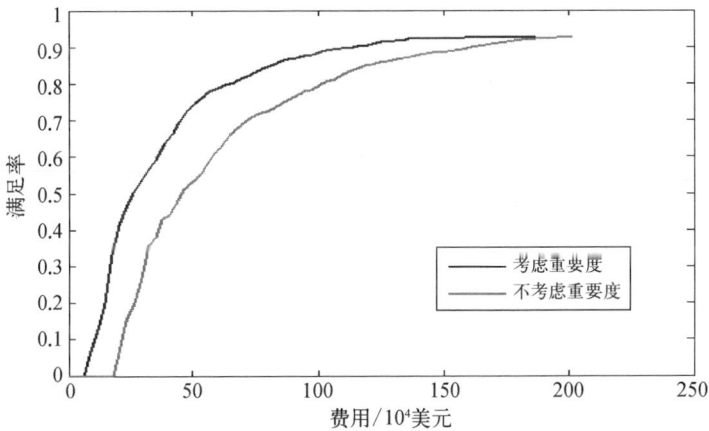

图 7.46　满足率与费用的关系曲线

由图 7.45 和图 7.46 可以看出,在考虑重要度影响的条件下可用度高于不考虑重要度的情况,并且考虑重要度影响下的满足率也高于一般的横向供应模型。当考虑重要度的影响时,可用度在最终库存配置下可以达到0.9714,比传统的横向供应模型高出 2%,但库存系统总费用比传统横向供应模型减少 15.1%。并且考虑重要度与不考虑重要度影响的两种情况下平均满足率均达到了 0.9238。

因此,在给定库存配置费用的条件下,考虑重要影响的库存配置方法可以更有效地对航材进行合理配置,并且在相同满足率的情况下,考虑重要度影响的库存配置模型相比于不考虑重要度影响的传统横向供应模型可以节约更多的成本。

第8章 民机航材供应链管理

■
■
■
■

　　航材供应链管理在民机 ILS 中发挥着重要作用,是民机航材有效保障的基础。民机航材的供应链管理涉及从供应商到客户、从采购到运输的方方面面,对航材供应链进行管理,可以有效降低企业风险、减少飞机的运营成本。因此,本章首先介绍了供应链管理的基本概念与供应链管理基本模型;此外,对民机航材供应链的构成与特征进行剖析,并介绍航材供应链管理的主要技术,最后阐述国产民机的航材供应链管理策略。

8.1 供应链管理概述

　　供应链管理,自其概念诞生以来,受到了学者和企业的广泛关注,已成为现今企业最流行的管理工具之一[188]。供应链管理体现了一种先进的企业管理理念: 以满足客户需求为导向,准确定位企业核心业务,采用集成化的管理模式,实现企业与供应商的双赢。21 世纪以来,供应链已成为大型跨国公司适应全球竞争的一个有效途径,如 GM、APPLE、IBM 等均在供应链的管理与实践中取得了巨大的成就。民机是一个庞大的系统工程,需要整合利用全球资源提供配套服务,波音公司作为航空业跨国巨头是全世界的典范,可以说"没有供应链的成功,就没有波音民机的成功"[189]。波音公司通过科学而严密的管控,实现了供应链的长期高效稳定,为飞机的交付与运营提供了坚实的保障。

8.1.1 供应链基本概念

　　供应链(supply chain)的概念出现于 20 世纪 80 年代,美国学者哈里森(Alan Harrison)将其定义为: 通过购买原料,并将它们转换成为半成品和制成品,最终卖给消费者的功能性网络[190]。早期观点认为供应链仅仅是企业的一个内部过程,是指企业把在外部采购的原材料和零部件,通过生产转换和销售等活动,传递到零售商和用户的过程。传统的供应链概念局限于企业的内部操作,只注重企业自身资源的利用,忽略了与外部供应链成员的联系。近年来,随着世界经济的发展以及各种管理理论的进步,加上信息化带来的效率提升,供应链更加注重与其他企业的联系以及供应链的外部环境。目前较为常见的供应链概念为:供应链是围绕核心企业,通过对信息流、物流、资金流的控制,从采购原材料开始,制成中间产品以及最终产品,最后由销售网络把产品送到消费者手中,将供应商、制造商、分销商、零售商,直到最终用户连成一个整体的功能网链结构模式[191]。供应链围绕核心企业,在最终消费者与供应商之间形成了一种合理链接,这种联系是通过提前计划、过程控制与协调来进行储存、销售、服务等一系列活动形成的,供应链可以使消费者的需求以最快的速度最真实的状态反映给供应商,使生产材料通过生产、销售等环节实现产品价值的快速增值,并以最快的方式重新回到消费者手中,满足外部客户的需求[192]。

供应链是一种网链式的结构,由围绕核心企业的供应商与用户、供应商的供应商,以及用户的用户组成。供应链中一个节点是一个企业,节点和节点之间是一种需求与供应的关系。供应链的实质是深入供应链结构的各个增值环节,通过将顾客所需的正确的产品(right product)在正确的时间(right time),按照正确的数量(right quantity)、正确的质量(right quanlity)以及正确的状态(right status),以正确的价格(right price)送到正确的地点(right place),即"6R",使总成本最小[193]。供应链网络结构图如图8.1所示。

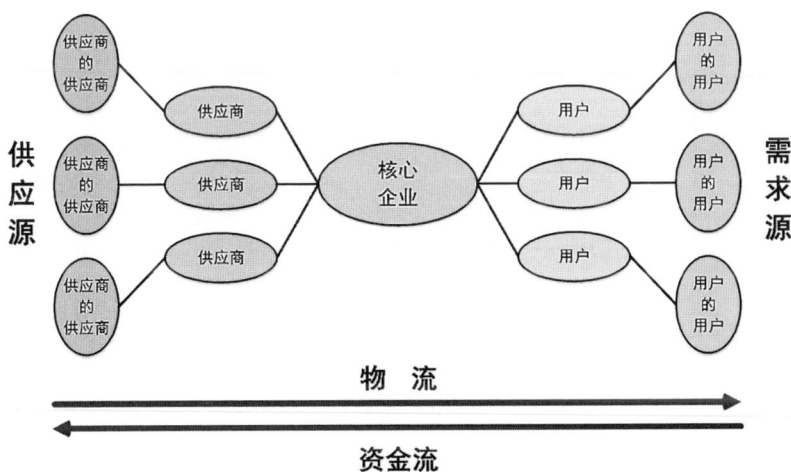

图 8.1　供应链网络结构图

供应链主要具有以下特征[194]:

（1）复杂性。由于供应链节点组成的跨度层次不同,供应链往往由多个不同类型甚至不同国家的企业组成,所以供应链结构比一般的单个企业的结构模式更加复杂。

（2）动态性。供应链因为企业战略和适应市场需求变化的需要,供应链中的节点企业需要动态更新,使得供应链具有明显的动态性特征。

（3）面向用户需求。供应链的形成、存在与重构都是基于一定的市场需求发生的,在供应链的运作过程中,用户的需求拉动是供应链中信息流、产品/服务流、资金流运作的驱动来源。

（4）交叉性。供应链中的节点企业可以既是这个供应链的成员,又是另一个供应链的成员,众多的供应链之间会形成复杂的交叉结构,大大增加了供应链管理协调的难度。

8.1.2　常见的供应链结构模型

常见的供应链,通常基于两种结构模型进行考虑,一种是链状结构,另一种是网状结构[195]。

1. 供应链的链状模型

结合供应链的定义,可以得出一个简单的链状结构模型。产品的最初来源是自然界,最终去向是客户,产品因用户需求而生产,最终被用户消费。产品从原材料到最终交付用户经历了供应商、制造商以及分销商的多级传递,并在传递过程中完成了产品的加工、产品装配等过程。最后,被用户消费掉的产品仍回到自然界,完成物质循环的过程,如图 8.2 所示。

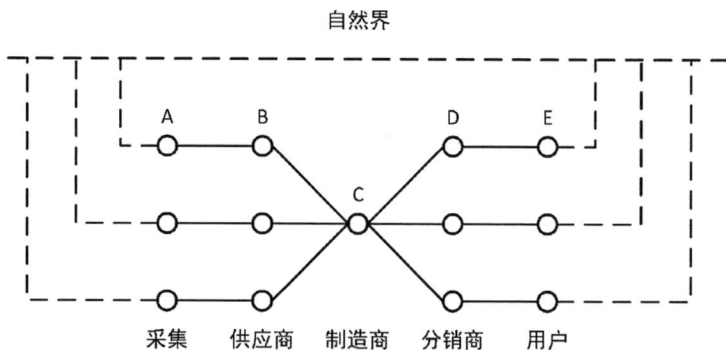

图 8.2　供应链中的物质循环过程

上述过程表明了供应链的基本组成和轮廓概况,进一步将其简化为链状模型。将商家或企业都抽象为一个个的点,称为节点,节点以一定的方式和顺序连接成一串,就构成了一条图形上的供应链,供应链的链状结构模型如图 8.3 所示。

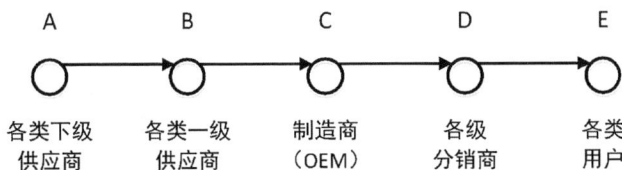

图 8.3　供应链的链状结构模型

2. 供应链的网状模型

事实上,在供应链的链状模型中,C 的供应商可能不止一家,而是有 B_1,B_2,…,B_n 等 n 家,分销商也有可能有 D_1,D_2,…,D_m 等 m 家。而动态考虑,制造商 C 也有可能有 C_1,C_2,…,C_k 等 k 家,因此供应链的链状结构模型就转变为了一个网状架构模型,网状模型更能说明现实世界中产品的复杂供应关系。供应链的网状结构模型如图 8.4 所示。

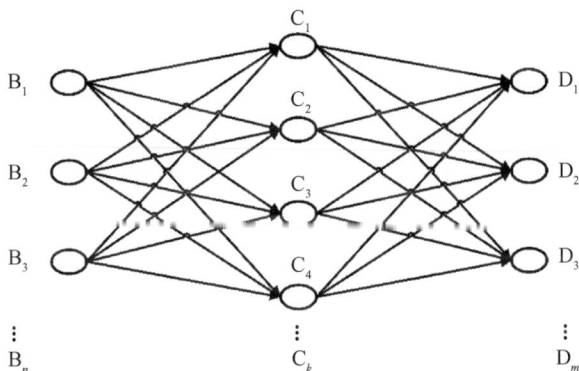

图 8.4　供应链的网状结构模型

在理论上,网状结构可以涵盖世界上所有的企业或厂家,将所有企业都看作模型上面的一个节点,并认为这些节点之间存在联系。这些节点之间的联系通常有强有弱,并且处于一个不断变化的过程中。网状结构对产品供应关系的描述性很强,很适合对供应关系的宏观把握[196]。

8.1.3　供应链管理基本概念

通常认为供应链管理(supply chain management,SCM)的思想起源于 20 世纪 80 年代,在美国制造业受到日本企业的强烈冲击后,美国企业系统性地学习并总结了日本公司的实践经验,总结形成了一种方法论。1982 年,奥利弗(Keith Oliver)与韦伯(Michael Webber)发表了《供应链管理:物流的更新战略》一文,首次提出了供应链管理的概念。在我国《中华人民共和国国家标准：物流术语》中,对供应链管理的定义如下：供应链管理,是利用计算机或逻辑树全面规划供应链中的商流、物流、信息流、资金流等并进行计划、组织、协调与控制[197]。

随着近些年科学技术的不断进步、经济的不断发展、全球化信息网络及全球化市场的形成,这些本质因素不断推动着供应链管理不断发展,在科技创新与全球化的大背景下,使得企业需要必须不断缩短交货周期、提高产品质量、降低成本、改进服务,面对市场变化与需求变更需要做出快速反应。在这样的大背景下,供应链管理发展至今,其思想与供应链一样,经历了从局部到整体,从部分最优到全局最优的变化过程。供应链管理所追求的价值变化如图 8.5 所示。

图 8.5　供应链管理价值演变图

供应链管理是一种围绕核心企业,通过信息流、物流及资金流,将供应商、制造商、分销商等连接成一个功能网链结构的集成管理模式。在供应链管理过程中主要关注五个方面的内容,分别是计划、采购执行、制造、交付与物流,以及退返,如图8.6 所示。

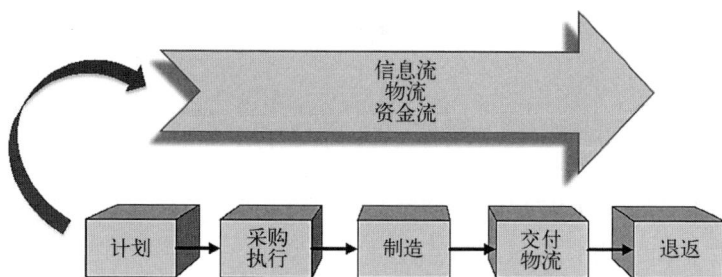

图 8.6　供应链管理流程图

（1）计划。计划是指以生产计划为拉动,以采购计划为依据的供应链执行计划系统。首先,由供应链部门接收来自需求部门的需求计划,如来自航材保障部门提出飞机维修保障的航材需求,接下来由供应链中负责计划管理的团队按照需求计划,结合交付期、合同、供应商关系、库存等因素,形成供应链部门的采购计划。计划部分,主要包含的是供应链管理中的采购计划管理。

（2）采购执行。采购执行是供应链管理的核心内容,是由供应链部门中的采购团队,按照采购计划进行的货源开发、合同谈判、订单发放等采购相关的实际工作。采购部分,通常包含了采购中的供应商选择、合同谈判及订单发放等管理内容。

(3)制造。这一部分是指买方对卖方制造过程的一种参与行为。按照目前供应链的基本理论,买方不仅关注供应商的产品能否按时交付,还会衍生到卖方的生产制造过程中,甚至卖方供应商的供货过程也会成为买方关注的目标。买方通过对制造的全过程管控,可以确保产品能够即时和准确交付。

(4)交付与物流。这部分指的是产品从卖方交给买方的过程。这个过程之所以备受关注,除了需要确保交付的准确性以外,还因为在这个过程中包含了物流管理,在现代的供应链理论中,物流过程可以通过精益化的管理获取最大价值。因此,交付与物流成为现代供应链管理理论中的重要内涵之一。

(5)退返。退返是对采供过程完整性的一种补充,若采购的产品出现瑕疵,可以通过对退返过程的管理,确保问题得以妥善解决。在合同的订立之外,退返过程可以看成是整个采购过程的一个再循环,包含了从制订退返计划到完成退返的整个过程。

在供应链管理中,所有的节点企业都被视为一个整体,彼此环环相扣,不可分割,资金流和物流等要素贯穿于供应链的全过程,各节点企业的利益紧密相连,可谓"一荣俱荣,一损俱损",因此供应链的管理至关重要。与传统的管理方法相比,供应链管理更加注重建立成员之间的合作关系,具有以下特点[198]:

(1)以客户为中心。在供应链管理中,客户服务目标的设定优先于其他任何目标,以顾客满意度为最终目的。供应链管理的本质是满足顾客的需求,通过降低供应链成本,实现对顾客的快速反应,以此提高顾客满意度,获取竞争优势。

(2)跨企业的贸易伙伴关系。在供应链管理中,传统的经营模式已经改变,企业超越了组织机构的界限。通过与供应链中各方进行跨企业、跨部门的密切合作,提高经营效率,追求共同的利益,发展共享利益、共担风险的合作关系,建立企业之间良好、稳定的伙伴关系,实现双赢。

(3)集成化管理。供应链管理需要应用信息技术与网络技术,组织和安排业务流程,实现集成化管理。信息与网络技术已经成为供应链管理的核心要素,信息技术的应用大大提高了事务处理的准确性和速度,精简了人员与作业流程,显著提高了工作效率,没有信息及网络技术的支撑,供应链管理将会丧失其应有的价值。通过应用现代的信息技术,如条码技术、射频识别技术等,供应链中成员不仅能及时有效地获取客户的需求信息,并且能对信息做出及时响应,从而满足客户需求。

(4)物流一体化管理。物流一体化指的是不同企业之间通过物流合作达到提高物流效率、降低物流成本的目的。供应链管理的实质就是通过物流将供应链各节点的企业连接起来,在供应链范围内建立起共同利益的合作伙伴关系。供应链管理通过将从供应商开始到最终客户的物流活动作为一个整体进行统一管理,从整体和全局上监控物流的各项活动,使整个供应链的库存保持最低水平,实现供应链整体物流的最优化。

总体来说,供应链管理可以通过供应链成员之间的信息交换与共享,使物流、资金流在供应链上合理流动。对供应链的有效管控可以降低库存水平,缩短物流周期,降低物流成本,提高物流效率,提高企业的竞争力。

8.1.4 常见的供应链管理方法

随着供应链理论及各种管理理念的不断发展,目前已形成的供应链管理方法主要有两种,分别为快速响应(quick response, QR)以及有效客户反应(efficient consumer response, ECR)。

1. 快速响应

QR 是供应链管理的主要方法之一。它不是单纯的某种技术,而是一种全新的业务模式和由技术支持的业务管理思想[199]。通常来说,供应链管理中各成员的共同目标为: ① 提高客户服务水平,能够在正确的时间、正确的地点用正确的商品响应用户需求;② 降低供应链的总成本,提高供应链中各个成员的盈利能力。而 QR 指的是供应链中的供应商、制造商以及分销商等为了实现共同的目标,建立起战略协作伙伴关系,通过一系列信息技术的运用,对供应链中产品交付时间及订货补货等信息进行信息交换,减少由原材料至成品交付的交货周期并降低整个供应链上的库存水平,进而提升客户服务水平和企业的竞争力。

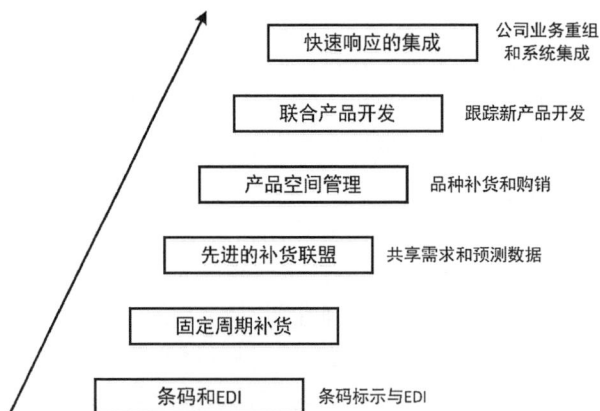

图 8.7　QR 实施步骤

QR 的具体实施过程可以分为三个阶段,六个步骤,每个步骤都需要以前一个步骤为基础。QR 实施的三个阶段具体如下:

（1）对所有的产品采用条码识别。首先,需要对所有产品的消费单元、储运单元或贸易单元用 EAN/UPC、ITF-14 或 UCC/EAN-128 条码进行条码标示。再利用电子数据交换(electronic data interchange,EDI)系统传输订购以及发票报文,按照通用的标准格式,将标准的经济信息,通过通信网络传输,与贸易伙伴进行数据交换以及自动处理。

（2）增强与内部业务处理相关的能力。这一阶段包括固定周期补货、先进的补货联盟、产品空间管理和联合产品开发。QR 的固定周期补货是指通过对产品进行固定周期补货,以满足用户需求,加快产品周转。而先进的补货联盟指的是供应链中成员联合起来分析产品出货数据,制订未来的需求计划和预测信息,在保证有货和减少缺货的情况下降低库存水平。产品空间管理是要按照用户的需求模式规定产品的补货业务和产品种类以及数量等,不断改进配送中心,以适应多频次小批量的运输要求。此外,供应链中成员可以联合起来开发新产品,进而缩短产品由设计研发到最终交付上市的时间。

（3）快速响应的集成。最后,在以上步骤的基础上,可以通过重新设计业务流程,将 QR 决策中的工作和企业的整体业务集成起来,从而支持企业整体战略的发展。

2. 有效客户反应

ECR 是 1993 年由美国食品杂货零售业发展起来的一种供应链管理战略,ECR 是对制造商、批发商以及零售商各自的经济活动进行整合,消除供应链系统中不必要的成本和费用,进而更快更好地满足用户需求并且给用户带来更大效益的供应链管理方法。ECR 具有如下的基本理念:

（1）形成需求拉动和连续同步的供应链。需求拉动和连续同步的供应链的形成有助于对市场信息做出快速反应,能够降低库存成本,缩短交货周期。

（2）消除供应链上的各种浪费。ECR 要求凡是对客户没用附加价值的所有浪费都必须从供应链中排除,从而创造最佳的效益。

（3）不断完善流通组织框架、物流技术和管理质量。ECR 认为供应链内的企业应该广泛开展合作,促进资源整合和产业重组,包括对组织框架、物流技术以及质量管理的整合,从而更有效地获取规模经济和范围经济效益,并以更高效的形式运行。

ECR 以企业之间的信任和合作作为理念,通过引进最新的供应链管理模式,推广供应链管理新技术和成功经验,在满足用户需求和优化供应链两个方面取得突破[200]。ECR 过程主要包含四个核心要素(图 8.8):

（1）高效的产品导入。ECR 加强用户、制造商及供应商之间的合作关系,通过分析和把握用户需求及反馈,进而改进产品设计和销售策略。

（2）高效的空间配置。通过 ECR 方法,可以有效提高产品的分销效率,使库

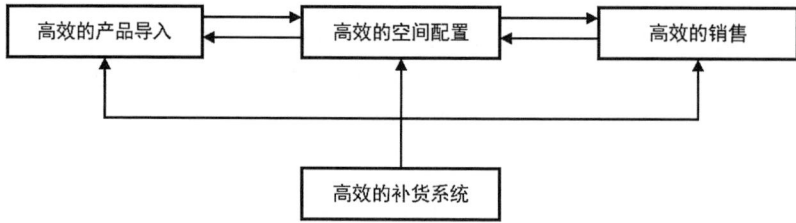

图 8.8　ECR 方法的四个要素

存的使用得到最大限度的优化。

（3）高效的销售。高效的销售可以在很大程度上简化贸易关系,将企业业务重点由采购转移到销售,并使用户也能从中获利。

（4）高效的补货系统。ECR 通过采用 EDI 系统、需求导向的自动连续补货系统和计算机辅助订货系统,使得供应链系统补货的时间和成本最小化。

8.2　航材供应链管理简介

航材是指除航空器机体以外的所有航空器部件和原材料,具体包括飞行器发动机、零航材,以及其他用于飞机维修的航空材料,以保障飞机的飞行安全[201]。据统计,一架商用飞机有 40 万~600 万个零件,每种机型包含不同类型的航材,航空公司需要采购的航材种类多达上万种。而一家大型航空公司的航材供应商更是多达千余家,关键供应商达百余家。航空公司为了保证飞机的正常运营,必须保障航材储备充足并且能够及时供应,约 25% 的流动资金都投入到航材储备。随着全球民航业的迅速发展,航空公司之间的竞争愈演愈烈,各航空公司都在思考如何降低运营成本,并且尝试从企业内外部寻找办法开源节流。而航材供应链管理作为缩短交付周期,提高航材交付率以及降低运营成本的有效途径受到了各方的高度重视。

8.2.1　航材供应链的构成

航材供应链由飞机及制造商(original equipment manufacturer,OEM)、航材供应商、维修商(maintenance, repair & operations,MRO)提供商、航空公司的航材采购部门以及维修保障部门组成。民机的航材保障工作由专门的航材采购与保障部门来执行实施,面向的服务对象以机务维修部门等一线保障单位为主,同时与民机制造商、航材供应商与 MRO 供应商保持密切联系,组织航材的采购、仓储以及航材送修,与各单位、企业组成了一个复杂的航材保障供应链。航材供应链将主制造商、航材供应商、航材维修商、航空公司的航材采购部门及维修保障部门综合为一个整体,通过供应链中各级节点之间的密切协调合作关系,加快航材的周转效率,降低航材保障费用,优化航材保障资源配置,最终实现航材供应商与航空公司之间的互利共赢。

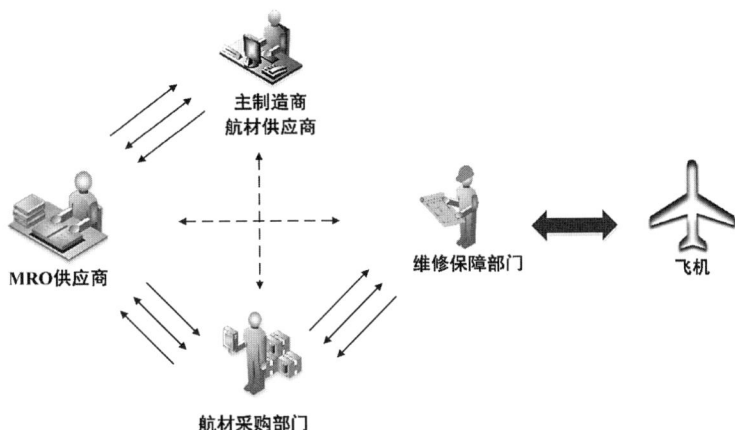

图 8.9　航材供应链保障模式示意图

一般,航材供应链的保障模式是由航空公司或飞机维修企业的航材保障和维修工程部门提出航材的采购需求;之后,由航材的专门采购部门对航材需求进行审核和确认;接下来,航材的采购需求及意向信息会反馈到 OEM 或 MRO 供应商,对航材进行询价;航材供应商给出报价,与采购部门签订协议,对航材采购入库;最后,由维修保障部门利用采购的航材完成相应的飞机维修与保养工作;航材供应链中还存在着航空公司与 MRO 供应商之间的航材送修与重新入库等工作。此外,航材供应链中还存在反向的航材退返以及回购业务[202]。航材供应链中既包含物资流、资金流,也包含复杂的信息流。

根据航材供应链的保障模式,可以确定航材供应链管理的五个主要环节,即:航材计划、航材采购、航材送修、航材库存管理以及航材回购。

1) 航材计划

航材计划是航材库存控制的中心环节,也是航材供应链管理的首要环节。航材计划控制着全部的库存费用和向机务维修部门提供航材保障服务的平衡,在航材供应保障中起着龙头作用。因此,要求航材计划人员对航材供应链中各环节具有较深认识,在航材计划过程中能够制订合理的航材保障率以及合理的航材订购批量,做好航材的库存评估以及库存控制,保持合理的航材储备数量。

2) 航材采购

航材采购是航材供应链管理上的关键环节。采购就是要花最少的钱能够买到最好的商品,既负责采办合适的质量、数量、时间和价格的产品,还要负责对供应商进行管理。航材供应链中的航材采购环节就是要追求采购航材的最大使用价值以及最小的航材保障供应成本,减少航空公司资金投入、减低库存量,管理采购的航材。航材采购环节中应该加强采购管理、不断改进采购战略,扩大供应商基础以及采购渠道,不断优化采购的流程与采购方式,在保证航材供应质量的前提下,最大限度地降低航材成本,保证航空公司经济效益和安全效益的同时提高。

3)航材送修

航材送修是航材供应链管理中的另一个主要环节。航材送修环节是指对飞机故障件进行评估,对有修理价值的零部件,按照质量控制要求选择合适的 MRO 供应商,安排送修并且跟踪在修航材信息,为航材供应提供支持。航材送修一般是指周转件的维修,在航空公司的航材总成本中,周转件送修约占 15%~20%,但是对于大多数周转件,航空公司的自身车间不具备相应的维修能力,必须送外修理,因此降低和控制周转件的送修费用以及选择合适的 MRO 供应商是航材供应链管理中的一项重要内容。

4)航材库存管理

航材库存管理是航材供应链管理中的一个重要组成部分。航材仓储管理既需要保证航材的数量以及资金的准确,同时还要向机务维修部门提供可靠的产品和信息反馈。航材的仓储管理一方面需要加强航材的库存控制管理,在确保航材保障率的前提下,使库存成本最经济,减少航空公司的资金占用。另一方面需要积极开展航材共享以及航材租赁,使航材的资金投资更加灵活,大幅降低航材库存成本以及航材储备风险,提高高价航材的供货能力。

5)航材回购

航空公司在航材采购、送修与运输等过程中,享有根据协议获赔偿或补偿的权利。例如,航空公司与部件供应商签订了客舱娱乐系统的升级改装协议,规定以升级的娱乐系统替换原有部件,完成工作后将出现一批经改装拆换,再也不会使用的但无故障可用航材。若存在协议则可以将大部分器材退回原厂,并获得数目可观的经济补偿。航材回购主要包括两个方面:

(1)回购过期器材。当用户的全新或已用航材因供应商责任的技术问题被适航部门或供应商宣布为过期航材时,供应商应按要求回购这类航材。未用航材按原采购价全价回购,但回购数量不应超过双方同意的首批订货清单中的数量。若此类航材可被再次加工或修理,应免费为客户再加工或修理。如果此类航材属于寿命限制或检测类部件,则补偿价由双方协定。

(2)回购多余器材。供应商同意,自首架机交付起 5 年内任何时候,客户有权按原价退回任何未损坏未使用的由该供应商制造的,并在由双方同意的首批订货航材清单中推荐的航材,还适用于未损坏使用过的航材,但回购价格由双方协商。

8.2.2　航材供应链的特点

从总体上讲,航材供应链与其他行业的供应链存在着极大的共性。与其他行业类似,航材供应链涉及的同样是一个产品的需求产生和采购、销售过程,是一个典型的供应商与用户之间打交道的过程。航材供应链中各节点需要协调配合,才能确保供应链中的信息流、物资流与资金流的正常有序流动。

但是航材供应链也存在着明显的个性特征,主要体现在如下几个方面:

(1)航材供应的法规性。航材供应的法规性是航材供应链有别于其他行业供应链系统的一个重要特征。民用航空产业科技含量极高,并且飞行安全至关重要,因此对于飞机设计和维修保障的精密性和严谨性具有极高的要求,航材的供应和保障也都有严格的管理措施。不论是我国民航局发布的民航管理规章,还是其他国家如美国联邦航空局和欧洲航空安全局对于航材保障的规章规定,都建立了一套完备的民机航材采购、包装、运输、仓储方面的管理程序。民机航材必须严格按照局方的相关规定和程序进行严格审定和监督,并且必须满足相应的适航要求,不满足规定的航材是不被允许销售和使用的。此外,民机的航材供应商也必须取得局方的相关许可,并且需要通过航空企业的供应商评审程序才可以从事相关的航材贸易活动。

(2)航材供应的被动性和不可控性。由于大多数时间航材的采购人员只能接受计划性指令,对于采购数量、种类等只能被动接受,并且在航材询价过程中也只能被动进行,供应商一般不可能满足航空公司的所有采购需求,往往在供货周期、价格等方面会出现差异,存在一定的不可控性。

(3)行业垄断性。航材贸易具有很强的垄断性是航材供应链的另一个重要特征。一方面对于航空公司来说,由于飞机和航材生产制造商始终处于一个强势的地位,尤其一些航材供应商在一定时期内具有专有性,航空公司的选择余地不大,导致出现了行业垄断现象;另一方面是由于我国的航材贸易较多把持在少数供应商手中,此类供应商大多为成熟供应商,在采购中占主导地位,国产民机主制造商以及航空公司谈判能力较弱。这一特点导致航空公司在航材供求市场上讨价还价的余地有限,对于航材价格、交付期限等一些关键贸易条款只能被动接受。但随着航空公司不断规范航材采购制度,与国际化的采购模式接轨,这一现象正在不断改善。

8.2.3　航材供应链与一般供应链对比分析

供应链是围绕核心企业,通过对物资流、信息流及资金流的控制,将供应商、制造商、分销商以及用户连接成一个整体的功能网链结构。供应链中包含所有的节点企业,而在供应链中除了物资的流动外,还有资金及信息的流动。供应链中的信息主要有两种类型,即需求信息和供给信息。需求信息由需求方向供应方流动;而供给信息由需求信息引发,同物资流一起沿着供应链由供应方向需求方流动。一般的供应链结构模型如图 8.1 所示。

而对民航业而言,航材的供应过程就是一个航材的保障过程,目标是以最小的航材保障费用满足基层维修单位的航材需求。航材的供给过程与航材的生产、维修厂商以及航材的使用单位都存在密不可分的关系,航材由航材供应商开始(即航材供应源),沿着采购、生产、运输、仓储等环节,向着航材使用单位移动(即机务维修部门),最终形成一个整体的链式结构。航材按照维修后是否能够重复使用,可以分为周转件和消耗件。周转件是指那些价值较高,且修理后可以重复使用的航材,如大部分机械及电子器件;而消耗件指那些自身价值较低并且没有修理价值或无法修理的航材,如螺钉、垫圈、电门等,这一类航材种类和数量巨大,但故障后不能修复重新使用。因此,针对贵重的周转航材,在航材供应链中还包含一个支链,用于周转件故障后维修处理,再重新供应到航材的使用单位。民机的航材供应链模型如图 8.10 所示。

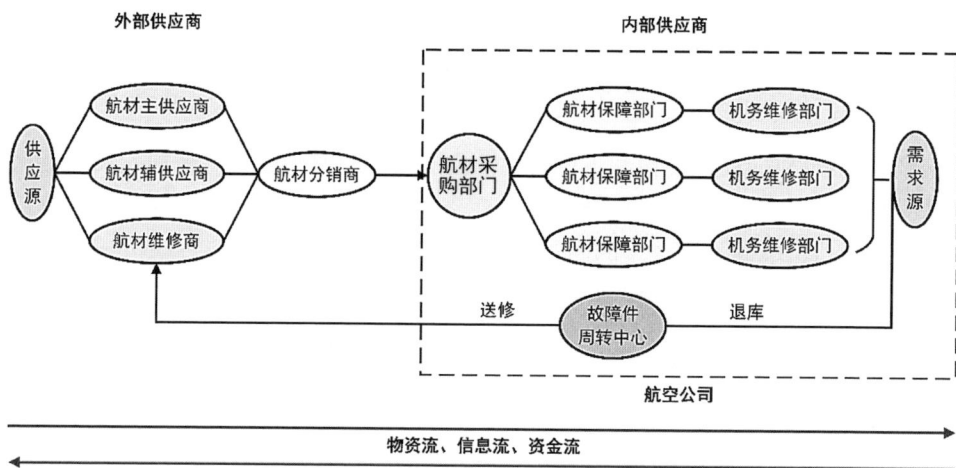

图 8.10 民机航材供应链结构模型

图 8.10 中,方框外的节点是航材供应链的上游企业(即航材供应源),包括航材主供应商、辅供应商及航材维修商、航材分销商等,可以看作航材的外部供应商。而从航材的供应保障角度来看,方框内的航空公司是航材供应链的核心企业,包括航材采购部门、航材保障部门、机务维修部门以及故障件周转中心等。航材采购部门可以看作一个总部级的流通型物流中心,向各个航材保障部门接收需求并配送航材;而航材保障部门直接面对"终端用户",是一个存储型的物流中心。航材保障部门既是机务部门的供应商也是采购部门的用户,而机务维修部门则是航材保障部门的最终用户,因此航材采购部门和航材保障部门同属于航空公司的内部供

应商。航材的供应链管理就是在航材保障过程中计划、组织和控制从最初原材料
到最终航材及其使用或送修的整个业务流程,并对流程中所涉及的从航材供应商
到航材使用单位的所有实体及其关系进行管理[203]。

　　在航材供应链管理中,航材供应
商的管理是极为重要的一环。一般的
供应链中供应商可按照其竞争大小和
增值作用分为战略性供应商、有影响
力的供应商、技术性供应商和普通供
应商,如图 8.11 所示。

　　其中,战略性供应商的产品和服
务增值率高、竞争力强,对采购方的产
品和运营会产生较大影响,能够满足
需求的这一类供应商数量较少,并且

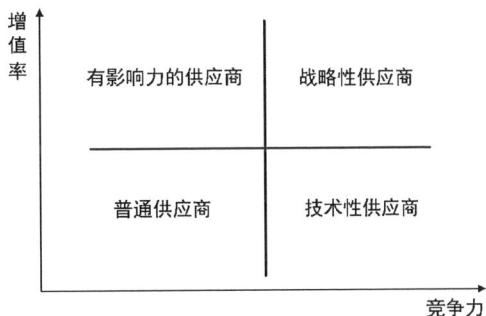

图 8.11　一般供应链的供应商分类

供应商转换成本很高,最适宜建立长期的合作伙伴关系。有影响力的供应商是指
供应商的产品和服务具有较高的增值率;或是供应商处于行业的垄断地位,具有较
高的准入门槛;或是由于地理、政治因素处于关键位置。技术性供应商的产品和服
务增值率低,但某方面的技术具有专有性或特殊性,因此这一类供应商也具有较高
的难以替代性。而普通供应商的产品和服务增值率低,产品质量和技术标准化程
度较高,这一类供应商数量较多、转换成本较低[204]。

　　而在民机航材供应链中,供应商分为如下几类: ① 航材主供应商,一般是指飞
机主制造商,如 Boeing、Airbus 等飞机制造商,提供绝大部分重要航材。② 航材辅
供应商,指的是经过认证的部件生产商,可以分为技术性航材供应商和普通航材供
应商,技术性航材供应商指在研发生产或维修技术等领域具有优势的航材供应商,
如 Thales、Collins 等 OEM;而普通航材供应商是指那些提供不重要或技术含量不高
的航材的供应商。③ 航材维修商,通常是指周转航材的维修服务商,提供周转件
的维修服务。④ 航材分销商,一般是指以自身名义购入航材,再转卖给航空公司
的航材经销商。上述这些供应商都是航材供应保障过程中不可或缺的环节,缺少
任何一类都会影响航材供应链的完整性。在航材供应商管理过程中,应该根据不
同航材供应商的性质特点,扬长避短,降低航材保障成本、提高航材供应效率。

8.3　航材供应链管理主要技术

　　供应链管理不仅是一种管理工具,更是一种管理理念,信息技术是供应链管理
的中枢神经,物流技术是供应链管理的血脉,企业协作是供应链管理的运作机制。
信息技术的发展,有效推动了供应链管理的发展与创新。基于现代信息技术的支

撑,实现了供应链中各节点的信息共享,使得航材供应链中的薄弱环节不断改进,对供应链实现优化与重组,不断提高企业运作效率、缩短订货周期,降低企业库存水平与运营成本,建立快速反应策略,在不断变化的市场环境中获得竞争优势。

信息技术的应用对航材供应链管理具有多方面的影响,例如:改善供应链企业间的联系,建立新型的客户关系;及时了解用户与市场需求;有效整合各地的仓储设备,形成虚拟仓库;形成及时决策能力;改变产品与服务的形式和流通方式;形成全球化管理和基于用户需求的批作业能力。航材供应链管理可以不断发展并取得丰硕成果,在很大程度上得益于下列技术的进步[51]:

(1) 集装箱技术、机械装卸技术、分拣技术等;

(2) 电子计算技术;

(3) 自动仓储技术;

(4) 电子商务技术;

(5) 准时制(just in time,JIT)和零库存技术;

(6) 地理信息技术;

(7) 全球定位技术;

(8) 物联网技术;

(9) 网络技术;

等等。

由于篇幅的限制,下面仅就条码技术、射频识别技术、全球定位技术以及基于Web 的网络管理技术进行简要介绍。

8.3.1 条码技术

信息的收集和交换对供应链管理来说至关重要,条码技术作为一种自动识别技术可以快速、准确、可靠地收集信息,实现入库、仓储、销售的自动化管理。企业运用条码技术,并借助先进的扫描技术、EDI 技术及销售时点信息系统(point of sale,POS)等,可以实现产品的跟踪与实时数据获取,从而做出有效、快速反应,可以减少不确定性、消除缓冲库存并提高服务水平。条码技术是实现 QR、ECR 等供应链管理策略的前提与基础。

条码是由一组规则排列的条、空及对应字符组成的,用于表示一定信息的标示[193]。条码技术最早出现于 20 世纪 20 年代,诞生之初主要是一维条码技术,常见的有 EAN - 8 国际商品条码、邮政编码、图书码 ISBN 和 ISSN 等。但由于一维条码本身所能携带的信息有限,只能对产品完成标示功能但不能进行详细的描述。此外,一维条码对数据库的依赖较大,在没有数据库或不能联网的地点受限更多,效率低下基本无法使用。

为了克服一维条码技术上的局限性,又开发出了二维条码技术,即在二维方向

上都可以表示信息的条码。与一维条码相比,二维条码技术拥有更多优点:

（1）二维条码通常是一维条码密度的几十倍甚至几百倍,可以实现对产品的更多描述;

（2）二维条码中引入了错误纠正机制,比一维条码更加安全可靠;

（3）二维条码可以将语言文字信息转换成字节流,再将字节流用二维条码表示,可以实现多种语言文字的表示,也可以表示图像数据;

（4）二维条码可以人工加密,具备防伪功能,可以增强数据的安全性。

目前供应链管理以及物流过程中常用的条码有 PDF417、Maxi Code、QR Code、Code49 等。图 8.12 是条码在集装箱上的应用实例。

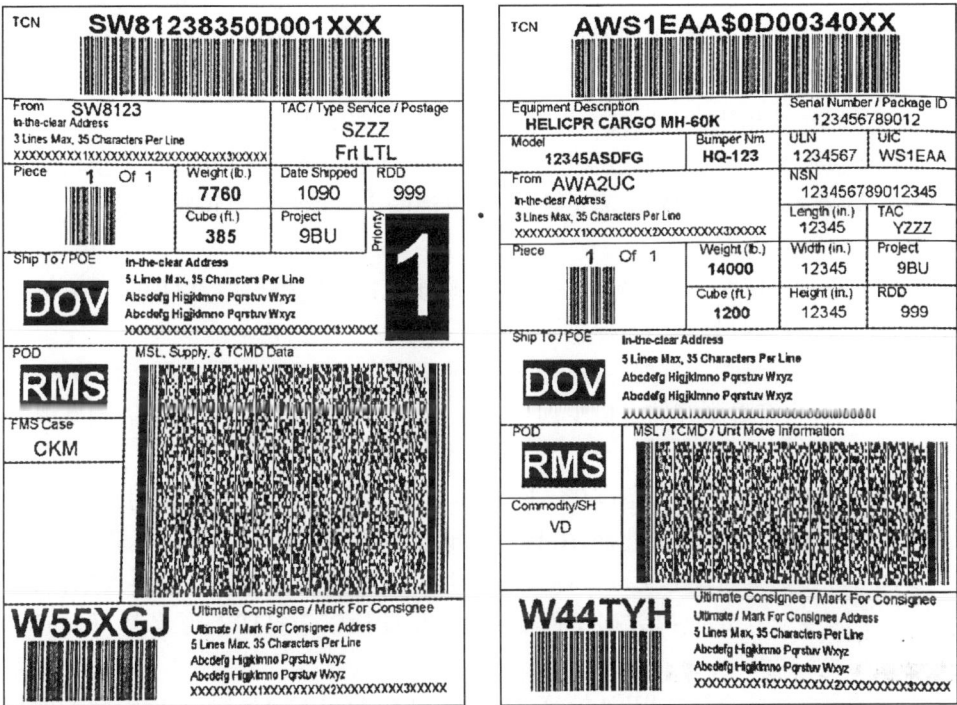

图 8.12　集装箱上的条码示意图

条码技术的应用解决了产品数据录入和数据采集的"瓶颈"问题,为供应链管理提供了有力的技术支撑,使得航材产品从生产厂家到运输、交付的整个物流过程都可以通过物流条码来实现数据的共享,使信息的传递更加方便、准确、快捷,提高整个航材物流系统的经济效益。

8.3.2　射频识别技术

通信技术的不断发展也极大地提高了供应链管理水平。射频识别（RFID）技术是一种典型的通信技术,又称为"电子标签",其诞生于第二次世界大战期间,是传统条码技术的继承者。

RFID 被定义为通过射频信号识别目标对象并获取数据信息的一种非接触式自动识别技术,而 RFID 系统是由射频标签、识读器、计算机网络和应用程序及数据库组成的自动识别和数据采集系统[205]。RFID 可以通过无线电信号识别特定的目标并读取相应数据,无须特定目标与识别系统之间建立机械或光学接触。RFID 的自动识别工作不需要人工的干预,可以在各种恶劣环境下工作,操作方便快捷。

一套完整的 RFID 系统是由读写器、应答器、天线、中间件与应用软件系统组成。每一个 RFID 标签包含一个称为产品电子编码(electronic product code,EPC)的识别码,采用无线电的通信方式,由阅读器读取标签数据后,再由系统数据库或其他软件系统进行处理,实现对航材产品的跟踪功能。RFID 目前主要有被动式、半被动式及主动式等形式。

与条码技术相比,RFID 技术拥有众多优点,主要如下:

(1)读取方便快捷。通过采用 RFID 技术,数据的读取无须光源,甚至可以透过包装完成读取;有效识别距离更长,自带电池的主动标签有效识别距离长达 30 m 以上。

(2)识别速度快。射频标签一旦进入磁场范围,阅读器就可以即时获取标签信息,并且可以同时处理多个标签,实现批量识别。

(3)数据容量大。数据容量较大的二维条形码(PDF417)最多只能存储 2 725 个数字,若包含字母则存储量更少;但 RFID 标签可以根据用户需要扩展到数万个字节。

(4)使用寿命长、应用范围广。RFID 采用无线电通信方式,可以用于粉尘、油污等高污染和放射性环境;此外,RFID 的封闭式包装大大扩展了其使用寿命。

(5)标签数据可动态更改。通过编程器可以直接向电子标签里写入数据,赋予 RFID 标签交互式便携数据文件的功能,并且相较于打印条形码其写入时间更短。

(6)更好的安全性。RFID 标签可以嵌入或附着在不同类型、不同形状的航材产品上,并且可以为标签数据的读写设置密码保护,具有更高的安全性。

(7)动态实时通信。RFID 标签可以以每秒 50~100 次的频率与阅读器进行通信,因此只要标签载体出现在阅读器的有效识别范围内,就可以对其位置进行动态追踪和监控。

RFID 在供应链管理中的重要作用主要体现在物流管理中,采用 RFID 技术跟踪在运物流除了需要给在运的物品附加电子标签,还需要强大的网络系统,必须在关键节点安装射频识别询问系统(即阅读器),这些关键节点包括产品出发地、中途转运点、装载港、卸载港以及目的地等。当使用 RFID 跟踪在运物流时,首先由发货地的自动化信息系统为电子标签装入数据,数据包括运输航材产品的在运可见化和箱内可见化所需要的全部信息,如种类、件数、发货人、发货地、发货时间、收货人、收货地等。同时由发货地的自动化信息系统将电子标签中的信息传输给区域在运可视性服务器,拟制出标签文件,而区域在运可视性服务器用户,如发货人、承运人、收货人等可以索取该文件。当装有电子标签的航材产品离开发货地,并经过装有阅读器的地点时,阅读器会以无线方式远距离快速记录和报告航材到达和离开的具体情况;并将这些信息连续传送给所有区域在运性服务器,区域服务器更新标签信息;这些更新的信息将被传输到相关的广域网络系统,作为途中可见性资源,服务器用户可以获取数据,实现在运物资的可见化控制,具体流程如图 8.13所示。

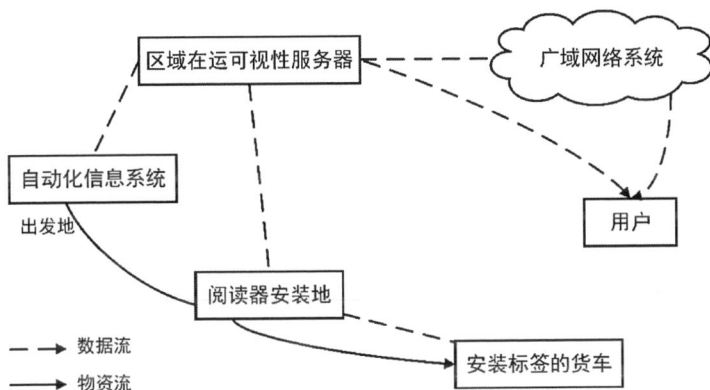

图 8.13　RFID 在运物流可见化工作流程

8.3.3　全球定位系统技术

由于供应链管理中各个环节都处于松散或是运动的状态,其信息和方向常常随实际活动在空间和时间上发生转移,极大地影响了信息的可得性、实时性与精确性。全球卫星定位系统技术的应用,很好地克服了这一问题。

全球定位系统(global positioning system,GPS)是由美国建设和控制的一组由卫星组成的、可 24 小时提供高精度的全球范围定位和导航信息的系统。GPS 最初是因军事目的而建立的,始建于 1958 年并于 1964 年投入使用,为美军的陆、海、空三大领域提供实时全天候和全球导航服务,并于 1994 年实现全球覆盖率 98%。

GPS 主要由 GPS 卫星系统、GPS 地面监控系统和 GPS 用户设备三部分组成。

1) GPS 卫星系统

GPS 卫星系统由 24 颗卫星组成,其中 21 颗是工作卫星,3 颗是备用卫星,位于

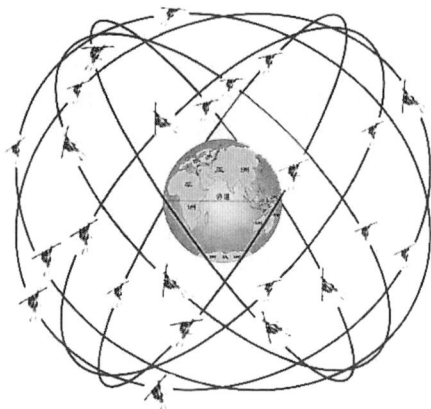

图 8.14　GPS 卫星系统示意图

距地球表面 20 200 km 的上空。GPS 星座的 24 颗卫星全部均匀分布在 6 个轨道面平上，每个轨道平面上有 4 颗卫星。卫星轨道平面相对于地球赤道面的轨道倾角为 55°，各轨道面的升交点的赤经相差 60°，一个轨道面上的卫星比相邻轨道面上的相应卫星升交角距超前 30°。这种布局的目的可以保证在全球范围内任意时刻与任意地点都至少可以观测到 4 颗 GPS 卫星。据数据表明，GPS 系统在 100~500 km 范围内的精度为 10~7 m，而 1 000 km 范围则为 10~9 m。

2）GPS 地面监控系统

GPS 地面监控系统部分由 1 个主控站、4 个地面天线站和 6 个监测站组成。GPS 系统主控站位于美国科罗拉多州的谢里佛尔空军基地，是整个地面监控系统的管理中心和技术中心，此外还有一个位于马里兰州盖茨堡的备用主控站。GPS 系统的监测站目前有 6 个，主要作用是采集当地环境数据和 GPS 卫星数据，然后发送给主控站。

3）GPS 用户设备

GPS 用户设备主要是指 GPS 接收机，从 GPS 卫星接收信号并利用传输来的信息计算出用户的三维位置。

GPS 系统对航材供应链中的物流和信息流的全方位结合具有重要的意义，主要功能如下：

（1）实时监控功能。通过采用 GPS 可在任何时刻查询航材产品所在的地理位置（经纬度、速度等信息），并可以在电子地图中直观地显示出来。

（2）动态调度功能。有了 GPS，调度人员可以在任意时刻通过调度中心发出文字调度指令，并得到确认信息。操作人员可以根据在途信息的反馈，进行运输工具的待命计划管理，减少等待时间，加快周转效率。

（3）数据存储分析功能。借助 GPS 可实现路线规划与路线优化，提前规划运输路线、运行区域、何时应该到达何处等，并将信息记录数据库。

GPS 具有全天候、全球覆盖、三维高精度定点定时定速、快速高效、移动定位等特点，是供应链管理的重要技术支撑。目前，知名的全球定位系统除了美国的 GPS 系统外，还有俄罗斯的格洛纳斯系统（GLONASS）以及中国的北斗导航系统。其中，北斗导航系统近些年发展非常迅速，已正式向全球提供卫星无线电导航业务（radio navigation satellite system，RNSS）服务，2020 年将全面建设完成。北斗导航系统可在全球范围内全天候、全天时为各类用户提供高精度、高可靠的定位、导航与授时服务。

8.3.4　基于 Web 的网络管理技术

供应链是一种网链式结构,具有一定的复杂性和动态性。供应链中节点企业信息系统的结构各异,为实现供应链中信息流的畅通无阻,就需要供应链信息管理系统具有异构兼容、集成化信息管理的特点。而基于 Web 的管理(Web based management,WBM)模式是实现供应链信息集成管理的一种有效技术手段。

基于 Web 的供应链信息系统的信息处理在服务器端,在客户端只需要运行统一的浏览器软件,供应链中各节点企业就可以很方便地实时共享信息。基于 Web 的信息管理系统采用 B/S(browser/server)架构。浏览器部分主要包括库存管理、运输管理、订单管理、物料管理以及销售管理等。通过供应链网上的实时动态信息,向 Web 服务器提出数据的录入、查询、修改、统计等请求,Web 服务器在接收请求后,交由后台的公共网关接口(common gateway interface,CGI)程序进行数据处理。CGI 负责对数据库进行连接、读写、访问与控制,之后数据库将结果再通过 CGI 返回到服务器进而发送到用户浏览器中。基于 Internet/Intranet 的网络接口将供应链中其他的节点企业连接起来,供应商、用户的信息系统也都采用基于 Web 的体系结构。这种系统结构可以实现供应链信息网上的实时动态输入与查询,做到异构兼容。

在供应链信息管理系统中,企业一般通过高速数据专用线连接到 Internet 骨干网中,再通过路由器与自己的 Intranet 相连,由 Intranet 内的主机与服务器为内部部门提供信息存取服务。计算机(个人电脑、服务器或工作站)可以既是 Internet 的节点又是 Intranet 的节点,它们之间的范围由服务范围和防火墙来界定。基于 Internet/Intranet 的供应链信息集成化管理系统的网络结构模型如图 8.15 所示。

根据图 8.15,可以在供应链管理中建立三个层次的管理信息系统:

(1)外部信息交换。首先应建立一个 Web 服务器,通过 Internet 一方面完成对企业分销商、合作伙伴及重要客户的信息收集、沟通与控制;另一方面实现企业的电子贸易,包括售前、售后和金融交易等。这一层的主要工作都是由企业外部的 Internet 信息交换来完成的。

(2)内部信息交换。信息管理系统的核心是企业的 Intranet,这是由于企业的事务处理、信息共享与协同计算都是建立在 Intranet 之上,与外部的信息交换也是以 Intranet 的信息为基础。信息处理系统主要是用于完成数据处理、状态统计及趋势分析等工作,主要涉及的是企业内部部门的业务流程。

(3)信息系统的集成。在集成的供应链管理环境下,需要通过设计规定系统之间信息交换的数据接口,从而实现企业内部信息处理系统之间的信息交换。通过 Internet 的标准化技术,可以更方便、低成本地集成各类信息系统,实现数据库无缝连接,使企业通过供应链管理软件将内外部环境集成一个统一整体。

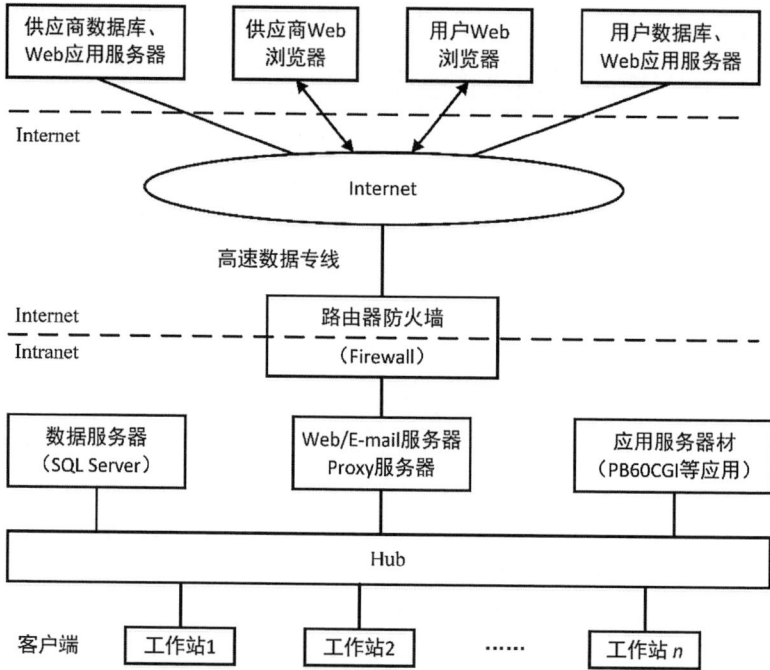

图 8.15　基于 Internet/Intranet 的供应链信息集成化管理系统网络结构模型

总体来说,基于 Web 的供应链信息管理技术具有如下优点:

(1) 节约交易成本。基于 Internet 整合供应链可以大大降低供应链中各环节的交易成本,缩短交易周期。

(2) 降低库存水平。基于 Internet,供应商可以随时掌握库存信息,实现及时补充,因此用户无须维持较高的库存水平。

(3) 降低采购成本、促进供应商管理。因为供应商可以便捷地获取库存和采购信息,可以提高管理水平,降低成本。

(4) 减少周转周期。随着供应链自动化,可以大大提高预测精度,缩短航材的周转时间,提高用户满意度。

(5) 增加营收与利润。通过供应链中组织边界的延伸,有助于增加收入,维持和增长市场份额。

8.4　国产民机航材供应链管理策略

8.4.1　国外民机航材供应链管理现状

大型民机是一项极为复杂的系统工程,是对现代高新技术的高度集成,其技术含量、集成度、复杂性之高远远超过一般制造行业和产品,是一个国家工业、科技水平和综合实力的集中体现。大型民用客机被称为现代工业之花,被誉为工业皇冠上的明珠。除了国家实力的体现,大型民用客机产业也是国家经济增长的一大动力之一,对上下游产业的带动能力以及对相关产业的辐射范围,远远超过一般制造行业和产品。

目前全球民用客机制造商主要有四家,分别是美国波音公司、欧洲空中客车公司、加拿大庞巴迪公司和巴西航空工业公司。而大型民用客机的制造与研发,经过多年的发展实际上已经形成波音与空客双寡头的垄断局面。在中国的民航市场中,波音公司与空客公司生产的大型民用客机几乎占据了我国 100 座以上民机的全部市场份额。波音公司及空客公司通过实施复杂的航材供应链管理,与航材供应商建立了互利互惠的战略合作伙伴关系,为全球的飞机运营商提供全方位的航材服务,在干线飞机市场获得了巨大的成功。

1)波音公司

波音公司根据其全球范围内 B737、B747、B777 等机型的机队分布规模以及航材支援政策与环境信息,在西雅图建立了航材中央分送中心储存 50 余万种航材,在洛杉矶、亚特兰大、新加坡、北京、伦敦、迪拜和阿姆斯特丹等地设立航材分中心向全世界的客户提供 24×7×365 小时服务。波音公司还通过整合全球航材支援网络、简化供应链、预测航材需求等,持续降低航材支援时间,提高航材保障水平,将停机待修和加急订单从 70% 左右降低到 10% 以下,保障了所需航材的敏捷支持,保障波音飞机全球范围正常安全运营。

Aviall 公司是波音全资子公司,是世界最大的航空零件及售后运营供应商,波音通过 Aviall 提供了航材供应链管理和后勤服务,为全球 235 家供应商配送航材,并为全球 40 个运营支持中心提供近 200 万项零件,99% 的订单达到零错误。波音公司还启动全球飞机库存网(Global Airline Inventory Network,GAIN)计划,存储所有地区航材的详细信息,能够实现航材的共享及对客户航材需求的快速响应支持。据统计,每年全球的航空公司通过 GAIN 的服务在航材上能减少 17 亿美元的成本。此外,波音公司还在其门户平台 My Boeing Fleet 进行航材分析和需求跟踪,能够实现航材的在线搜索、获取报价、订购与跟踪,使波音客户能够轻松地管理采购流程。通过这种方式能够缩短航材搜索时间,直接访问波音包罗万象的航材信息和订购系统,实现客户快速下单、修改现有订单、检查航材可用性,并实时跟踪订单状态,以此节省大量的时间,有助于缩短维修周期。

2)空客公司

空客公司在汉堡设有占地 3 万平方米的航材中心,除存放自身的航材备件之外,同时还存储了一定数量的供应商航材。空客公司还在法兰克福、新加坡、迪拜等地设有卫星航材库,并在美国阿什本建立了 6 000 余平方米的大型航材库,存放5 900 余件不同型号的航材,为美国、加拿大和拉丁美洲客户提供航材支持和支援服务。除此之外,空客也在上海浦东建立了航材卫星库,主要用于存放 A330 等双通道宽体客机的航材备件,上海卫星库不仅服务于中国东航和其他的中国空客用户,而且面向全球所有空客用户,空客航材库与运营商分布如图 8.16 所示。2010年后空客公司加大网上平台建设,整合全球航材供应网络,并与全球多家航材公司达成合作协议,目前空客公司全球航材供应网络总库存件号已超过 120 000 件,为在全球运营的空客 A320、A330、A350 等机队提供了有力的航材保障。

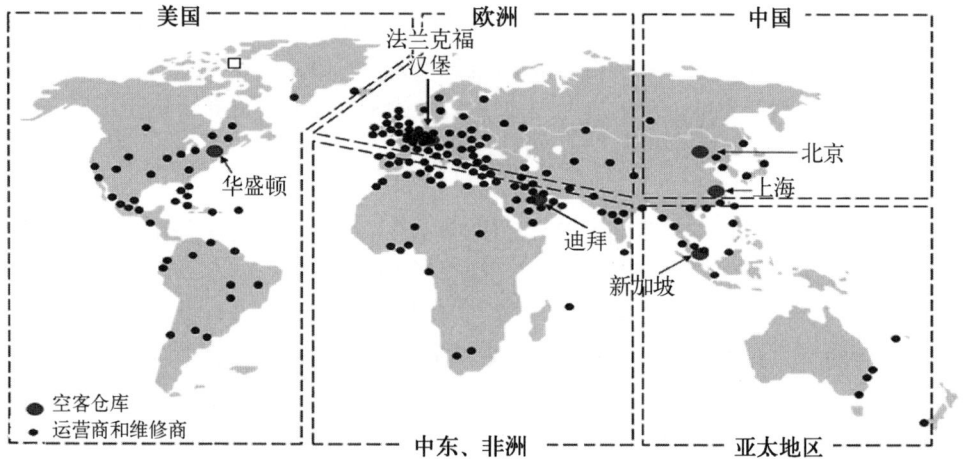

图 8.16　空客航材库与运营商分布图

空客公司的航材供应保障服务已经延伸至网络空间,空客推出其数字化平台"智慧天空"(Skywise),整合运营商、MRO 和供应商拥有的数据,利用全面的数据进行运营分析并提供决策参考。客户可通过数字化平台查找丰富的航材信息,包括价格、供应情况、库存地点和客户化的供货时间。同时,客户在平台中还可以查询可互换的航材信息,可以查询空客供应链上的订单状况、发货情况、客户支援和联系人的信息。空客公司善于运用多种 IT 技术,如 Airman 系统、RFID 技术及 iPad 等,大胆地将其运用于工程技术支援与供应链管理中,大大提高业务效率。空客还与供应商和管理机构建立起伙伴关系网络,空客通过其遍布全球的客户服务网络以及先进的供应链管理理念为空客飞机运营商提供了强有力的保障。此外,空客公司也通过与有经验的MRO 扩大合作,为空客全球客户提供有竞争力、高质量的维修服务。空客公司一方面不断扩展其在供应链上下游的业务范畴,另一方面也将业务延伸到飞机运营数据分析和基于数据分析联通更多的飞机运营商和维修企业的商务模式。

8.4.2　国产民机航材供应链管理现状

随着中国经济的迅猛发展,我国民用航空市场不断发展壮大,中国作为世界最

大的新兴民航市场之一,对民用客机的需求非常旺盛。波音公司在其最新发布的
Commercial Market Outlook 2018—2037 中预测中国民用航空市场在未来 20 年间将
需要 7 690 架新客机,总价值将高达 1.2 万亿美元,并预计中国还将需要价值 1.5 万
亿美元的航空服务,涵盖民机维修工程以及飞行运营,以支持机队规模的不断扩
张。为此,我国党中央、国务院早在《国家中长期科学和技术发展规划纲要(2006—
2020)》中便做出了重大战略决策,要全力发展国产民机行业与大型客机项目。
2008 年 5 月,温家宝总理发表了《让中国的大飞机翱翔蓝天》的讲话,指出"中国人
要用自己的双手和智慧制造有国际竞争力的大飞机"。2015 年 3 月,习近平总书
记在对民航工作的重要批示中指出"民航业是重要的战略产业",将民航业对国家
经济社会发展的作用提到了更高的定位,并在"十三五"规划中将"加快大型飞机
研制"列入国家战略工程项目,力求把握市场机遇。这标志着中国航空工业吹响了
进军的号角,力求打破我国大型民机市场由波音公司与空客公司垄断的局面。

1) 西飞民机公司

西飞民机公司是中航工业集团下属的民用飞机制造企业,西飞民机公司拥有
唯一的国产民用飞机海外在役机群。目前西飞民机公司的 MA60/600 飞机已经交
付国内外客户超过 100 余架,目前运营在印度尼西亚、老挝、菲律宾、刚果、津巴布
韦、喀麦隆、玻利维亚等十余个国家,遍布东南亚、非洲与拉丁美洲地区。最新的
MA700 飞机也即将完成首飞,有望销往海外替代已逐渐老龄化的 MA60/600 机群。
随着新舟 60/600 飞机用户数量、全球机队规模和运营范围的不断扩大,西飞民机
公司经过多年的努力和投入建立了一套相对完善的运行支援与供应链管理体系,
建立了国内首个达到国际先进水平的快响客服体系,为航线运营的新舟 60/600 飞
机提供全面、快速的服务和支援。西飞民机公司还在西安阎良建立中央航材库,储
备了数千万元的航材,并在分地区设立多个卫星库,具备向客户提供 AOG 支援、紧
急订货和航材支持的服务能力。

虽然西飞民机公司拥有多年的海外机队运营支持与供应链管理经验,但新舟
系列飞机在运营过程中仍然暴露出了航材供应不及时,较多产生计划外停场,绝大
部分飞机处于低利用率状态,未能进入盈利区间。总体来看,西飞民机公司的航材
保障与供应链管理水平还存在着较大的提升空间。西飞民机公司作为国产民机在
海外市场拓展的先行者,义无反顾、责无旁贷地负有创建国产民机品牌,增强国产
民机市场竞争力,提高供应链管理水平,降低飞机运营成本,拓展国产民机在全球
市场占有率的历史责任。

2) 中国商飞

中国商用飞机有限责任公司(简称中国商飞)是实施国家大型飞机重大专项
中大型客机项目的主体。中国商飞在成立伊始,就按照国际先进民机制造商经验,
实行"主制造商-供应商"发展模式,聚焦产业发展的两端,形成了一个总部加设计

研发中心、总装制造中心、客户服务中心三大中心的组织架构。中国商飞目前以 C919 国产大型客机研制为主要任务,同时是中俄联合研制远程宽体客机 CR929 的中方负责单位。此外,中国商飞还从中航工业集团手中接手了 ARJ21 项目,成为统筹干线与支线客机发展、实现我国民机产业化的主要载体。

目前,中国商飞已交付 ARJ21 飞机 20 架,ARJ21 飞机进入批生产阶段,未来预计还将有百余架将交付国内航空公司客户。此外,C919 干线客机目前已经有 5 架机处于适航取证阶段,预计不久的将来就可以取得适航证书开始交付客户,C919 客机的意向订单已有 800 余架。但当前已完成交付的 AR21 飞机数量总体较少,仅交付成都航空 16 架,初步形成了一定的机队规模。但目前 ARJ21 的航材保障与供应链管理体系仅初步形成,机队航材供应大部分工作都由中国商飞直接负责,尚未形成成熟的管理模式,未来还有很长的道路要走。

民机主制造商对航材供应链的管控能力对其项目成功与商业成功具有重要的影响,但在全球化的市场竞争中,国产民机的航材供应链管理还面临着一些关键挑战,主要为:

(1) 不断上升的成本/不断下降的利润。不断下降的产品价格,以及由原材料成本上升而不断增加的生产成本共同导致了利润的不断缩水;同时法律法规要求的提高导致了环境成本的上升,这将进一步形成对价格的压力并影响利润。

(2) 不断上升的客户期望。购买标准由传统的产品功能向总体拥有成本和产品生命周期管理转移,客户期望主制造商不仅能够提供基本服务,还能提供产品智能服务。

(3) 快速同质化的产品。全球化使客户可以按照需求选择定制产品。但竞争程度和同质化程度无情地向生产线施压,迫使制造商进行产品创新,并创造出持续的保持产品差异化的特征。

8.4.3 国产民机航材供应服务模式

随着全球民航业的迅速扩张以及市场竞争的不断加剧,运营商对民机的后勤保障要求越来越高。同时,竞争和成本压力以及越来越强势的客户,迫使民机主制造商开始更多地关注产品以外的领域以推动业务增长。世界范围内的主要民机主制造商都在大力实现转型,由单纯的航空制造商转变为向客户提供综合产品和服务的供应商,由传统的客户支援向为客户提供运营解决方案的方向发展。但与国外主流 OEM 相比,国产民机行业总体起步较晚,国产民机主制造商在运营支持体系建设以及航材供应链管理等领域的经验较为欠缺。

国产民机航材供应链管理获得成功的关键,是应首先考虑客户需求,提高供应链管理的弹性,完善端到端的供应链风险管理。在供应链管理过程中应优先考虑:
① 改善客户接入和供应链计划的准确性,即实现端到端的供应链合作与优化,进

行实时的需求和供给计划,减少供应链反应时间;② 提高上游和下游供应链的弹性,即进行全球网络设计调整,改善供应链上游与下游的弹性,对产品和流程开展复杂性管理以及后期定制;③ 关注总体供应链成本控制,即对非核心职能外包,进行区域配置力求最优的供应链,并对总体供应链成本流程优化,同时利用低成本国家的优势;④ 实施端到端的风险管理,即进行需求与供给的风险优化与供应商管理,对营运资本和资产优化,并优化关键合作伙伴的供应链风险。

　　国产民机的航材供应基本服务模式如图 8.17 所示。这是一个参与者众多且极其复杂的服务网络,每一方在这个网络中都有自己的角色,有时在业务创新过程中角色会相互结合或转移。

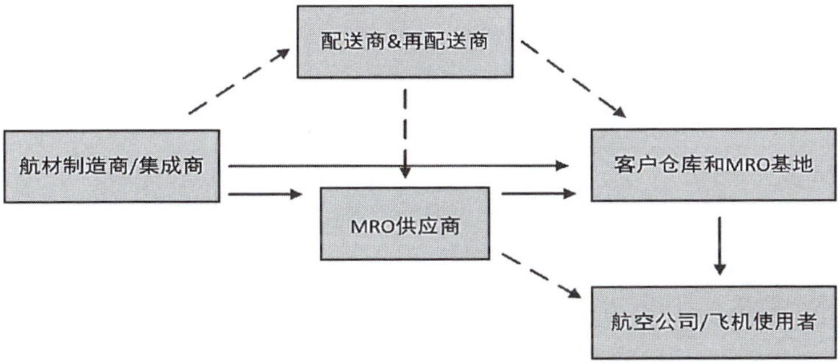

图 8.17　航材供应基本服务模式示意图

　　在基本服务模式中,OEM 与已认可的航材制造商负责产品与航材的研发管理,以及定义航材必要的服务与保修政策,并对所有维修种类定义维修计划。而配送商则负责定义服务水平并对低报废风险的高移动件限制库存。MRO 供应商有独立于 MRO、依赖于 OEM 以及隶属于用户三种类别,是基于飞机性能而非维修的特殊服务提供者,负责诊断和管理消耗、应用/再定义维修计划,以及定义客户服务并决定航材库存水平和地点。客户仓库与 MRO 基地主要负责提供航材与维修能力,而航空公司或飞机的使用者负责对维修飞机的有效性管理与飞行小时管理。国产民机主制造商首先应确定需要提供的基本服务模式,并在此基础上扩展服务,如下单中心、寄售模式等。

　　扩展的合同框架建立在基本服务的基础上,中心点是主制造商的客户服务部门。客服部门提供下单中心以及航材门户网站等服务,接受订单并从分销商手中购买航材,但客服部门没有库存也没有物料,也就是客户通过 OEM 客服下单无合同购买航材,通过这种方式降低客户的采购流程成本。主制造商通过强有力的供应商管理(合同+监测),保证有竞争力的航材价格,并保证航材的性能与可用性。在这种模式下,主制造商会从经销商那里获取特许使用费,而航材价格一般是在经销商原有价格表上加价后的价格。虽然特许使用费降低了经销商的利润水平,但是经销商可凭借额外的收入以及主制造商强大的供应商管理能力,在供应链中提供有竞争力的价格及优质业绩表现。在扩展的合同框架模式中,主制造商可以通过服务产生利润,但也承担较多责任与义务,因为主制造商提供航材,就对航材负有责任。若与供应商有签订合同,就有可能将责任转嫁给供应商,若没有合同主制造商就要承担更多责任。扩展的合同框架服务模式示意图如图 8.18 所示。

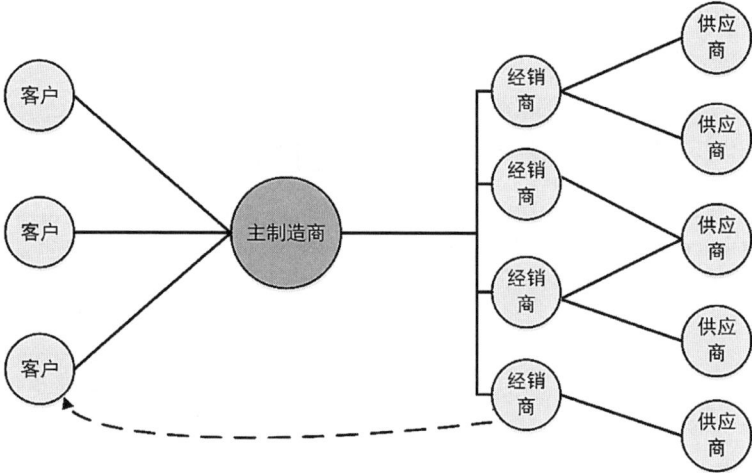

图 8.18 扩展的合同框架服务模式示意图

除上述服务模式之外,还可选择在基本的航材供应服务模式基础上扩展航材寄售。航材寄售是指客户储存了一定的航材,即库存地点在航空公司,但这些航材都归主制造商的客服部门所有,客户只在使用航材的时候付费,但客户需对航材的储存以及相关的保险负责。客服部门负责航材库存水平的管理和寄售航材的补充,在合适的库存水平下提供存货清单,并为客户实现存货计划。客服部门一般在自己的仓库保有尽可能低的安全库存,而在客户仓库有较高的安全库存水平。在航材寄售模式下,航材价格包括了经销商原有价格表的加价、持有库存的管理费用,以及只为客户提供航材的附加成本。但客户可以专注于其核心业务,降低管理托付库存的运营成本。航材寄售服务模式示意图如图 8.19 所示。

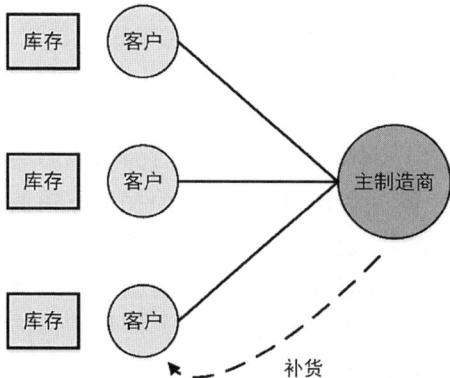

图 8.19 航材寄售服务模式示意图

此外,国产民机主制造商还可以发展按飞行小时服务(flight hour services,FHS)的服务模式。在 FHS 模式下,客户通过主制造商进行合同租赁,减少用于航材的资金。当一个航材坏了,客户需要将其送到 OEM 的客服部门,并拿一个可用的航材回来,而 OEM 客服部门会将航材送到中央池中,并送去维修。在 FHS 模式下,客服部门需要根据机队的历史维修记录与故障报告等数据为客户提供可靠的航材共享清单,并负责提供所有航材;其次负责对客户交换回的航材进行测试、维修与翻新,无法完成的修理则转包到 MRO 供应商进行检修;此外,客服部门还需要提供 AOG 紧急支援,并提供库存、运输以及索赔等服务,保证航材共享需求。FHS 模式中由于主制造商负责航材的质量以及维修,因此可以获得较高利润,而客户有单一的航材供应联络点,可以大大降低其运营成本。但主制造商也承担较多风险,主制造商有责任提供航材准时交付,并需为客户提供状态良好的航材,且承担所有的维修责任。FHS 服务模式示意图如图 8.20 所示。

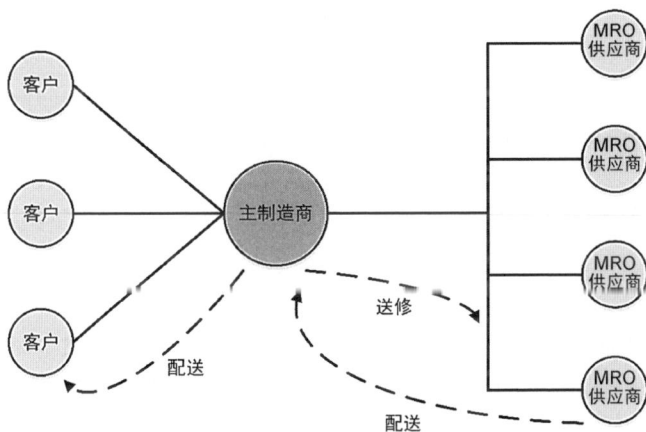

图 8.20 FHS 服务模式示意图

民机主制造商还可以在航材供应链管理中引入更多增值服务,如建立集中采购平台,充分利用价值链上的资源。主制造商为客户提供集成的 IT 服务,并将电子化的订单提供给合作伙伴,而客户通过主制造商的集中采购平台进行合同与非合同购买,节省采购成本。此外,民机主制造商还可以在供应链管理中加强航材采购计划以及物流服务。客户将航材采购计划和预测部分交由主制造商负责,主制造商通过数据监控客户的库存水平,从而开展航材预测、计划与物流,并代表客户向航材分销商下单进行补货。更多增值服务示意图如图 8.21 所示。

8.4.4 国产民机航材供应链管理展望

21 世纪以来,随着经济全球化与区域经济一体化进程加速,区际及国际航空

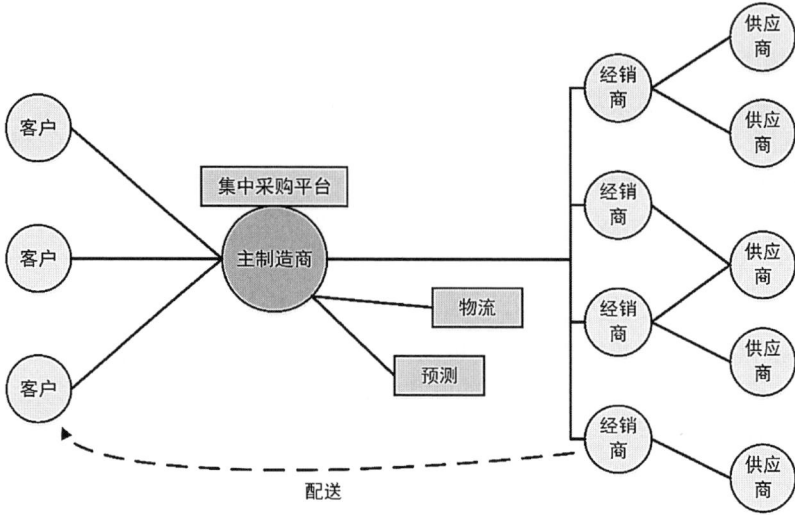

图 8.21　更多增值服务示意图

客货流量迅速增长,航空运输在各个国家间的远程运输联系尤其在客运中的作用日益显著,逐渐成为社会交流的重要载体。波音、空客等公司民机已遍布全球,形成了覆盖全球的航材供应链管理体系与支援网络,为飞机运营提供了快速高效的航材保障。当前民机主制造商已进入全球化的运营阶段,外包、重组 MRO 服务,整合供应链已成为国际市场竞争中的主要发展趋势。航材供应链管理的关键趋势主要表现为如下几个方面:

(1) 推动主制造商的全球化运营。目前的业务趋势是推动主制造商在采购、制造、销售和售后服务上的全球化运营。许多制造商已经开放了服务中心和工厂等,在全球范围内进行扩张。

(2) 整合与协同。更快速的客户响应要求和客户需求的不断变更推动了供应链中各个成员的整合与合作,运营计划流程需要紧密地与售后服务和维修规划相结合。

(3) 外包。库存管理功能的外包不断增加,在努力降低运营成本的情况下进一步压缩库存成本。维修业务也出现更多外包,由于机身维修是劳动密集型的维修工作,所以把维修工作外包到劳动力成本较低的国家和地区能够大幅降低维修成本,西欧与北美国家较多将维修业务外包至东欧与亚洲国家。

(4) 航材供应链 MRO 服务的重新组合。虽然北美与欧洲的劳动力成本很高,但多数的 MRO 服务处于这一地区,而由于外包的增加,其他地区出现了众多小型 MRO 供应商,产生了越来越多的非中心化的复杂 MRO 供应链结构。

波音公司与空客公司在国际民航客机市场布局经营多年,尤其是大型客机市场早已处于垄断局面,国产民机想要从中获取市场份额存在着一定难度。但为了提升产品竞争力与市场占有率,国产民机必须参与到全球化的市场竞争中来,不断学习国外民机主制造商先进的管理经验,提升国产民机的航材供应链管理与航材支援体系建设水平。当前,西飞民机公司的 MA60/600 系列飞机已交付亚洲、非洲、欧洲、南美洲等国内外 20 家用户,累计交付超过 100 架;而中国商飞的 ARJ21 飞机也有 20 架机交付国内客户,未来国产支线客机有望进一步走出国门,拓展海外市场参与国际竞争。而接下来随着 MA700、C919 客机甚至 CR929 客机的技术与适航条件成熟,国产民机将在国际民航客机市场竞争中扮演更加重要的角色。国产民机应以国内市场为根基,首先开拓亚太地区市场,不断优化提高运营支持体系与航材供应链管理水平,并进一步借助政策支持逐步向"一带一路"沿线国家市场拓展,进而参与全球市场竞争。

　　2015 年 3 月 28 日,国家发展改革委、外交部、商务部联合发布了《推动共建丝绸之路经济带和 21 世纪海上丝绸之路的愿景与行动》,"一带一路"概念成熟并开始逐渐带动整个区域的经济发展,"一带一路"包括东南亚、南亚、西亚、中亚、中东欧、蒙古和俄罗斯等 60 多个国家和地区[206]。基础设施互联互通是降低贸易成本、增强国际联系的基本条件,也是"一带一路"构建的优先和重点领域。根据英国航空运输信息发布机构 OAG(Official Aviation Guide)提供的航空数据显示,中国与"一带一路"沿线国家的航空客、货运具有紧密的联系(图 8.22),其中国际客运联系集中在泰国、俄罗斯和新加坡等国,而国际货运联系主要集中在俄罗斯。"一带一路"沿线区域多为欠发达的国家和地区,经济水平和基础设施建设虽然目前相对落后,但未来的航空市场发展需求较大。然而,目前"一带一路"沿线区域的民机航材供应链管理及支援保障存在着较多不利因素,例如,沿线国家较多基础设施落后,保障能力堪忧;部分国家贸易壁垒较高;部分地区存在政局不稳定,安全形势严峻;存在着官僚主义以及腐败问题带来的隐形成本隐患;等等。此外,"一带一路"沿线区域国家较多,各国的民航规章、关税、双边关系、海关申报、清关、物流限制、

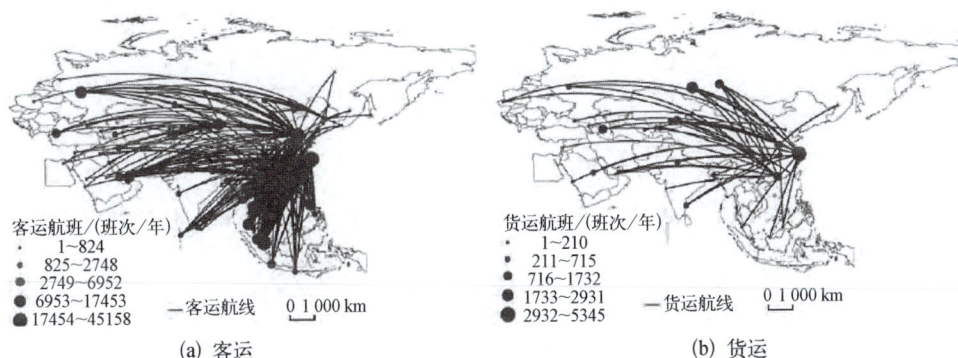

(a) 客运　　　　　　　　　　　　　　(b) 货运

图 8.22　中国与"一带一路"国家航空运输联系示意图

环保等政策差异较大,这使得民机的航材保障与供应链管理较为复杂;并且"一带一路"沿线涵盖地理范围较广,各国家地区之间的气候、环境等存在较大差异,不同气候条件和环境条件对于航材的运输、储存成本也存在较大影响。上述问题不只针对"一带一路"沿线国家,也是国产民机走出国门参与全球市场竞争必须克服的难题。

西飞民机公司的 MA60/600 系列飞机目前运营在印度尼西亚、老挝、菲律宾等十余个国家,交付客户总量超过 100 架。作为国产民机海外市场扩展的先行者,西飞民机公司负有提升国产民机品牌价值、增强市场竞争力、拓展国产民机在全球市场占有率的历史责任。因此,西飞民机公司针对"一带一路"倡议下的航材敏捷供应与保障技术,联合西北工业大学、中国航空技术国际控股有限公司等单位一同开展了一系列探索性研究,力求突破"一带一路"倡议下国产民机航材保障与供应链管理瓶颈,从而全面提升"一带一路"沿线区域国产民机航材支援与保障水平,为未来国产民机在"一带一路"沿线的航材支援保障与供应链管理提供技术储备。搭建航材支援网络是实现航材管理的基础,航材供应网络的建立需要考虑仓库位置,航材的运输方式、运输频率与运输周期,库存数量以及地理位置等众多因素,此外还要考虑"一带一路"沿线的环境与关税政策等影响。西飞民机公司联合西北工业大学等单位对"一带一路"沿线民机航材供应网络构建问题开展了一系列研究,结合智能优化算法建立"一带一路"沿线航材支援网络的选址模型,并取得了一定成果。此外,西飞民机公司还与西北工业大学一起对航材需求预测、航材库存配置、运输路径规划以及航材共享模式,如寄售/代理模式、全包支援(total care)模式、飞行小时服务(flight hour service, FHS)、虚拟管理库存(virtual managed inventory, VMI)、联合管理库存(joint managed inventory, JMI)等技术进行了分析研究,力求提高国产民机航材供应链管理水平,减少航材供应的响应时间与民机运营成本,为国产民机走出国门、开拓国际市场提供技术支撑。

第 9 章　数字化民机航材支援网络

■
■
■
■

本章分别从航材共享技术、快响机制、数字化航材支援网络在"一带一路"航材支援中的应用、航材支援和 RFID 技术五方面阐述构建数字化民机航材支援网络。

9.1　航材共享技术

在产品高度同质化的今天,客户服务已不再仅仅是服务型企业关心的事,已经成为制造商建立信誉、扩展市场、增加效益的有效途径,它的健全与否直接关系到客户飞机的运营安全、出勤率与维护成本。如何通过服务为客户创造价值,如何通过创新服务模式使企业获得持续竞争优势,已经成为新舟飞机发展所追求的主要目标之一。

9.1.1　新舟飞机航材保障模式

目前,新舟 60 飞机用户的航材保障形式主要包括三种形式:自主保障;自主保障+部分依赖西飞民机公司;完全依赖西飞民机公司。

1）自主保障

像幸福航用户,由于用户机队规模较大、航线数量多、运营状况相对较好,且用户具备一定的能力,采用的是自主保障的形式。用户除了在飞机交付时采购初始推荐航材外,还能够根据机队运营需要进行年度持续储备,基本上能够解决航线运营过程中的绝大多数航材需求。只是在紧急缺件情况下,才会向西飞民机公司申请 AOG 或者紧急订货。

2）自主保障+部分依赖西飞民机公司

大多数的新舟 60 飞机用户都采取的是自主保障+依赖西飞民

机公司的形式,即在飞机交付之时采购一定数量的初始推荐航材,对于费用较大、使用率较低的航材通过向西飞民机公司紧急采购或租赁的方式获得。

3）完全依赖西飞民机公司

如刚果航空公司、喀麦隆航空公司、厄立特里亚航空公司,由于其机队规模小、运营管理水平较低,且经济能力有限,在飞机交付时就没有采购初始推荐航材,且在后续的运营中也没有采购持续推荐航材,导致在实际的运营中只能采用向西飞民机公司进行 AOG 订货的形式,一方面费用较高,另一方面在航材保障方面给我们造成了一定的困难。由于难以进行预先准备,并且交通不便,对飞机的正常运营造成了一定的影响。

总体来说,新舟 60 飞机的航材保障模式基本上属于常规的保障模式,基本满足了用户的航材需求,但是随着机群的扩大以及用户资金状况的不确定性增强,单纯依靠目前的常规保障很难继续保障新舟飞机的持续扩张和正常运营,必须寻求和探索新的航材保障和支援模式,以更好地支持新舟飞机的持续发展。

9.1.2　目前国际上航材保障模式的发展和变化

1）目前国内航材投资的现状

目前,国内的航空公司当中,无论是三大集团,还是新兴的民营航空公司,航材投资基本都是单一化的。特别是主流航空公司中,如海航,无一例外地采取了自主保障的航材投资模式。自主保障模式的航材投资主要有首批订货、日常补充订货、送修等方式。

2）目前国外航材投资模式研究进展

国外航材投资模式研究起步较早,20 世纪二三十年代,波音、麦道这些飞机制造商或其雏形已存在,特别是二战使得航空工业得到极大的发展。战后新式喷气飞机逐步进入空军服役,飞机的设计有了很大进步,同型号飞机数百架的机队规模也很常见。

3）国内航材投资模式研究进展

国内各航空公司在航材评估算法方面研究比较深入,如改进威布尔分布、BARLOW 优化算法、多通道服务系统等,但对航材投资模式的研究较晚,一般还处于接触了解阶段,通常都是国外大公司主动找国内公司谈合作,提出一些方案,让国内公司选择。

4）国外的航材共享模式研究

飞机制造商出于竞争需要,也开始策划全球共享航材库,波音公司就计划在787 新机型上推销其计划,打算让全球购买 787 飞机的航空公司都加入这个大库,可为航空公司节省一定航材成本。

9.1.3　各类航材保障模式的优缺点

1) 航材自主管理

主要工作：计划采购、索赔维修、仓储运输。

优点：机队规模超过 20～30 架的经济规模时，从工程管理和财务管理的角度来看航材自主管理是可以接受的，能够及时地保障自身的航材需求。

缺点：维持库存的财务投资很大，贷款成本、仓储和运输方面也会产生费用，库存航材折旧，同时工程管理、保险和安全保障也要有较大支出。还会有隐性的消耗，如丢失、报废和失效等。

2) 航材租赁

与 OEM 和其他航空公司签订有限的重要件的租赁合同，或从不同的供应商租用件。只购买必要的航材，在出现紧急情况时租用航材。

优点：航空公司可以自主控制部件的技术标准，降低库存投资。

缺点：需要支付较高的租赁费，不能保证租赁航材技术标准的统一，在支持运营时要承担风险，即不能保证在紧急时能及时得到航材。

3) 航材共享

航材共享解决方案是 20 世纪末以来由欧美大型航空公司发展而来的新型航材管理模式。航材共享是由多个不同的航空公司共同协作，由统一的管理者管理形成规模效应，以最大限度地减少库存。参加航材共享的客户能够在要求的时间、要求的地点，获得要求的航材，以支持航空公司的运营。

9.1.4　新舟系列飞机航材保障对策

1) 强化基础保障，加大投入，建立区域性分库

针对目前的客户和机群状况，第一，西飞民机公司必须加强和细化航材支援的基础工作，提高服务水平用以增强竞争力。第二，需要进一步加大投入，在主要客户集中的地区设立区域性的航材分库。通过航材分库评估该地区航空公司的要求，将一些航材放在中心保税仓库。当航空公司需要订购取货后，再计算关税。波音公司和空客公司在北京都设有这样的支援中心，某些时候，航空公司在紧急情况下通过航材分库订货比从分销商订货更快，价格有可能还优惠。第三，加大与生产线的资源共享力度，减少库存压力。生产线也是一个可利用资源。当航空公司发生 AOG，而全球没有现货的时候，生产线也可临时提供航材支援。这要视飞机交付进度而定，如果即将交付，从生产线上拿件基本上不可能，但如果交付期还比较宽裕，而航空公司也是比较重要的客户，西飞民机公司也会提供生产线的航材。

2) 联合用户、修理商，建立航材共享机制

运作模式：对于参加航材共享的航空公司来说，一般不再保留对共享航材的

储备,全部交由共享库的管理者来负责,这样可以极大降低航材储备量,节约管理成本。对于管理者而言,为了保证各航空公司对航材的正常需求,一般会在各航空公司的仓库里存放适量的航材,以备航空公司紧急之需,航空公司可以首先选择管理者存放的航材进行一比一的置换,管理者负责故障件送修。航材共享机制运作模式如图9.1所示。

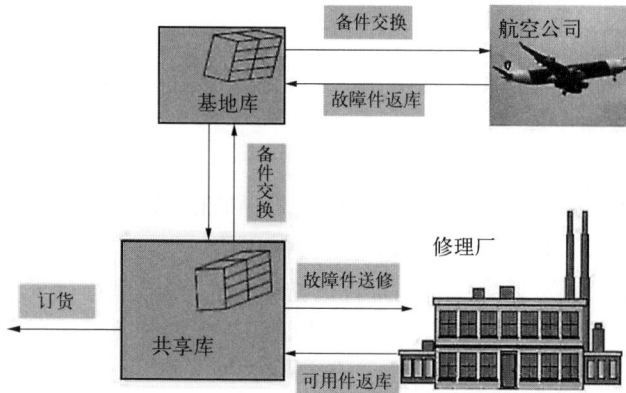

图 9.1　航材共享机制运作模式

在航材共享模式下,航空公司可以享受到共享航材保障的相关服务,通过按飞行小时、起降次数、件号或租赁费等租赁方式付费,根据国内外的研究表明,选择航材共享方式来实现航材保障的航空公司,其航材保障成本比自身保障航材的方式大约要低20%,这无疑是一种行之有效的控制成本的方法。

3) 建立信息共享和网络平台,提高信息的透明度和工作效率

无论是哪一种航材保障模式,在当前的情况下,必须要开发一种航材信息管理系统,利用网络平台迅捷有序地开展航材推荐、订货管理、AOG 支持、修理跟踪、供应商管理和电子商务。

通过该平台,开发用户间航材信息共享和资源调剂的网络虚拟交易平台,形成航材保障主渠道之外的有效应急支援辅渠道。

另外,还可以利用这一系统协调不同地区资源分配,通过建立航材超库存期处理的预警机制与生产线资源的整合利用,实现资源的整体平衡和优化。

9.1.5　结论

目前在国内运营的大型航空公司,包括国内的航材保障公司,都在积极探索航材共享的管理模式,以寻求航材资源利用的最大化,避免航空公司的资金及航材资源的积压和浪费,同时为航空公司的航材管理部门追求最大化的利益。

随着新舟系列飞机的不断交付运营,新舟飞机用户所特有的机队规模小、地域

分散、用户资金实力和管理能力薄弱的用户群特征,使得航材保障压力日渐增大,航材共享的航材管理方法是保障航空公司的正常运营,缓解西飞民机公司的航材保障压力的最佳方式。

9.2　快响机制

对标国际客户服务标准与标杆航空制造企业,制定满足国内外客户需求、达到国际先进水平、可持续性发展的目标,满足民机初始适航和持续适航要求的客户服务标准。按照 MD‑FS‑AEG006《航空器制造厂家运行支持体系建设规范》规划民机客服体系核心业务构架,如图 9.2 所示,客户服务体系核心业务架构以工程技术支援、航材支援、用户培训、技术出版物、运行支援、维修工程六大业务为支撑,通过快速响应中心基于服务工程数据的超出客户预期的快速响应客户需求。将跨地域的客户服务需求、供应商、维修商和适航局方服务协同及客户服务集成到一个平台,实现信息的集成共享,建立一站式超出客户预期的快速响应客户服务体系,形成全过程、全寿命周期的服务保障能力,实现资源共享和集中调度,实现服务任务的集中监控,从目前的劳动密集型服务模式蜕变为信息密集型、知识密集型服务模式。

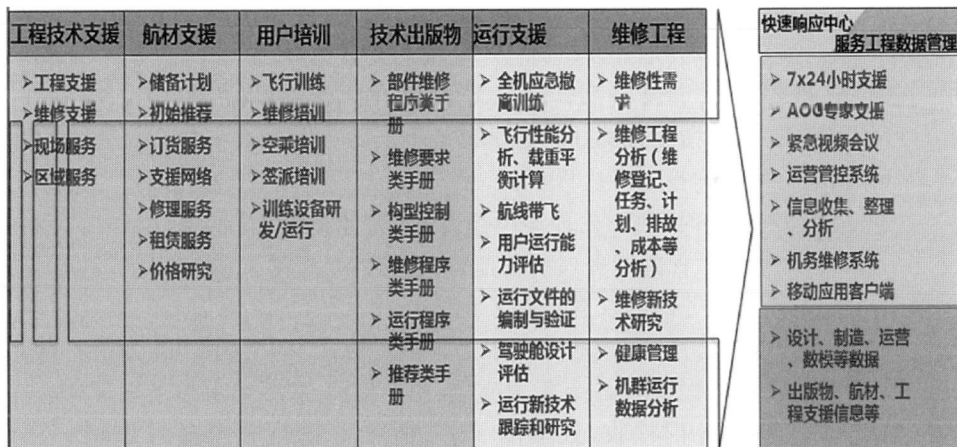

图 9.2　客户服务体系核心业务架构

构建超出客户预期的快速响应客户服务体系的关键标准,快响中心运行总体框架如图 9.3 所示。其具体指标如下:

(1)一站式专业服务能够在国际标准时间内响应客户服务请求,包括飞机停场(aircraft on the ground,AOG)服务请求;

(2)对各类服务请求的分类处理、处理进度的跟踪和监管;

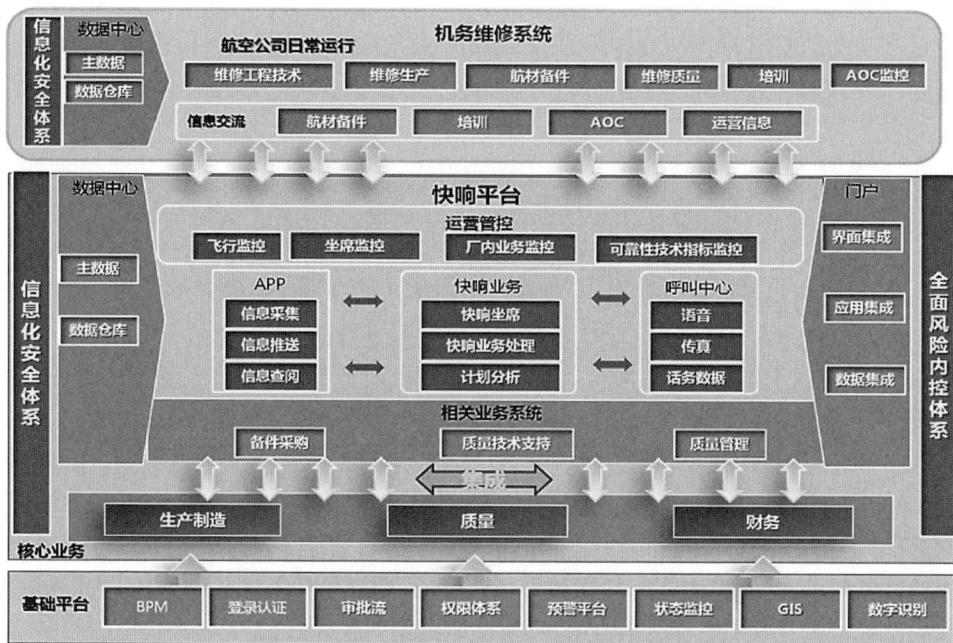

图 9.3　快响中心运行总体框架

（3）支持应急支援异地办公,具备 AOG 快速支援能力;

（4）对 95% 以上常规业务都有设计合理严密的工作流程对应;

（5）对突发、意外情况有良好的处理能力;

（6）快响首次准确答复率达 90%;

（7）需要 7×24 小时接收／处理客户各类服务需求的能力。

结合新舟飞机运营保障服务过程的监控,将跨地域的客户服务需求、供应商、维修商、和适航局方服务协同及客户服务集成到一个平台,实现信息的集成共享,建立一站式客户服务体系,客户服务请求处理流程如图 9.4 所示。通过业务组件化的端对端组装,将工程技术支援、航材支援、用户培训、服务请求与飞机日常运营监控集成起来,7×24 小时接收／处理客户各类服务需求,优化配置西飞民机公司各类资源,协调调动客户各类资源(人员、工具、设备、航材),形成资源共享。面向客户实现统一的技术支援,形成一套完整的包括研发设计、总装制造、客户服务、适航局方以及系统供应商在内的客户服务体系,真正实现"以客户为中心"。

9.3　数字化航材支援网络在"一带一路"航材支援中的应用

随着"一带一路"及"中国制造 2025"战略推行,国产民机将走出国门,助力区

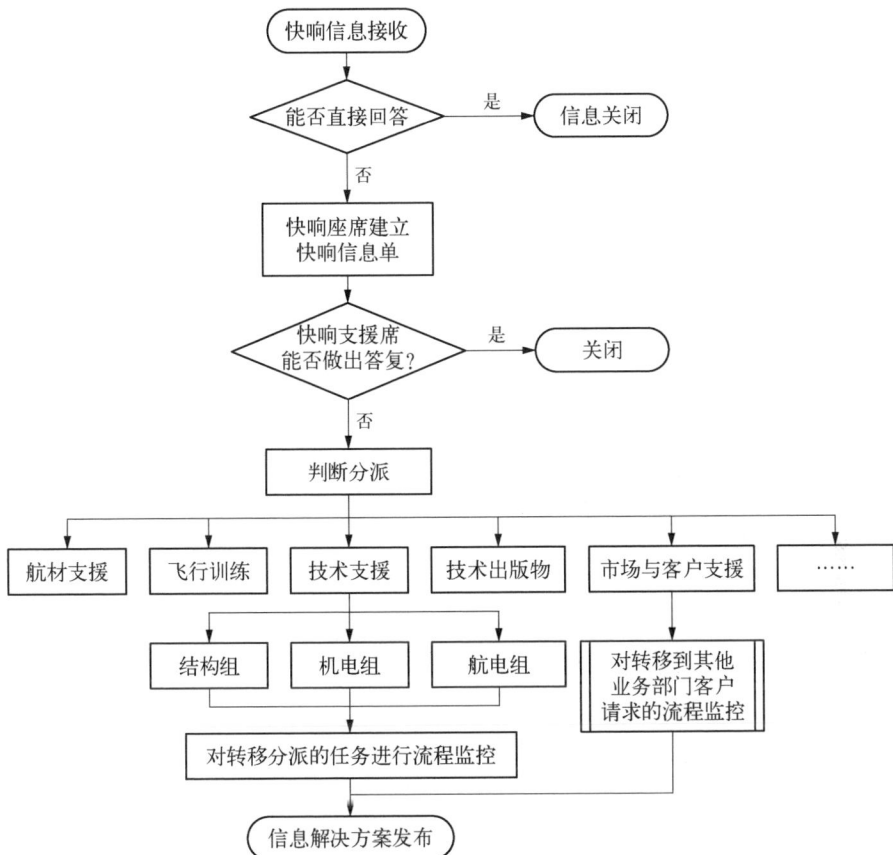

图 9.4　客户服务请求处理流程

域经济发展。这一背景下,为实现沿线民机高效安全地运营,纵深发展运营支援体系是必要手段,航材敏捷支持保障技术对开拓市场具有重要意义。波音、空客等公司民机已遍布全球,形成了覆盖全球的航材支援网络,为民机营运提供了快速高效的航材支援,有效提高维修效率和可用性,降低 AOG 和运营成本。国内在民机航材支援方面缺乏经验,相关技术明显薄弱。

1) 研究目标和任务

本项目旨在基于"一带一路"倡议的大背景下,研究面向"一带一路"沿线国家提供国产民机航材保障与敏捷支持的技术与方法,研究开发"一带一路"沿线航材库选址技术以及国产民机航材共享与敏捷支持技术,构建"一带一路"沿线国产民机航材支援网络,提升"一带一路"沿线区域国产民机航材支援与保障水平,建立国产民机航材敏捷支持验证平台,为国产民机在"一带一路"沿线的航材支援与保障提供技术储备。其研究目标和任务包括:

（1）"一带一路"沿线区域航材支援政策及环境研究,明确"一带一路"沿线国家航材支援政策与环境的特点以及与我国的异同性;

（2）开展国产民机航材数据库构建技术,集成各地区航材中心库与分库航材信息;

（3）对民机航材支援网络选址技术研究进行研究,为构建"一带一路"沿线国产民机航材支援网络提供方法与技术;

（4）开展国产民机航材共享及敏捷支持技术研究,分析"一带一路"沿线区域航材共享模式,以达到航材敏捷支持的目的;

（5）研制"一带一路"倡议下国产民机航材敏捷支持验证平台。

2）主要研究内容

本项目的主要研究内容就是在"一带一路"倡议下,开展航材支援政策及环境研究,探究国产民机航材数据库构建技术,对民机航材支援网络选址技术进行研究,进而开展国产民机航材全生命周期共享及敏捷供应技术研究,开发"一带一路"倡议下国产民机航材供应管理及共享平台,完善国产民机航材管理体系。

（1）"一带一路"沿线区域航材支援政策及环境研究,包括"一带一路"沿线区域航材支援政策、环境调研分析,以及"一带一路"沿线区域航材支援政策、环境与我国异同性分析;

（2）国产民机航材数据库构建技术,包括研究大数据及共享网络的航材数据库构建技术,整合中心库、分库等航材资源,研究内容包括:国产民机航材数据库需求分析,国产民机航材数据库架构研究,以及国产民机航材数据库开发技术;

（3）民机航材支援网络选址技术研究,研究权衡"一带一路"倡议下民机航材支援网络选址影响因素,构造选址决策模型研究民机航材支援网络节点选址策略,搭建民机航材支援网络,内容包括:"一带一路"倡议下民机航材支援网络选址影响因素研究,"一带一路"倡议下民机航材支援网络选址影响因素权衡研究,"一带一路"倡议下民机航材支援网络节点选址模型及智能优化方法研究,以及典型国产民机航材支援网络选址验证分析;

（4）国产民机航材共享及敏捷供应技术研究,探究"一带一路"沿线航材共享技术,实现包括库存、销售等航材信息共享;结合沿线环境和资源,研究航材敏捷供应技术;将典型国产民机作为案例,验证完善航材保障技术。主要研究内容为:"一带一路"倡议下沿线区域航材共享技术研究,"一带一路"倡议下沿线区域航材共享方式权衡研究,"一带一路"倡议下沿线区域航材敏捷支持技术研究,以及典型国产民机航材共享及敏捷支持案例分析;

（5）"一带一路"倡议下国产民机航材敏捷供应验证平台研制,研制开发国产民机的航材敏捷供应验证平台,主要内容包括:"一带一路"倡议下国产民机航材敏捷支持验证平台应用场,"一带一路"倡议下国产民机航材敏捷支持验证平台架构,以及"一带一路"倡议下国产民机航材敏捷支持验证平台功能模块开发。

3) 研究技术路线

本项目以"一带一路"沿线区域的国产民机航材支援保障为背景,结合国产民机特点,进行"一带一路"倡议下民机航材敏捷支持与保障技术研究,并建立民机航材敏捷支持验证平台。以提高国产民机在"一带一路"沿线的维修效率和机队可用度,降低 AOG 和运营成本,提升国产民机竞争力。

本项目首先进行"一带一路"沿线区域航材支援政策与环境研究,分析沿线国家航材支援相关的政策与环境状况以及与我国的异同性,之后进行民机航材支援网络选址技术研究,掌握"一带一路"沿线航材库选址技术,构建国产民机航材支援网络。其次,研究国产民机航材数据库构建技术,整合中心库、分库等航材资源。在构建"一带一路"沿线航材支援网络以及航材数据库的基础上,开展国产民机航材共享及敏捷支持技术研究,分析"一带一路"沿线区域航材共享模式,达到航材敏捷支持的目的,最后研制"一带一路"倡议下国产民机航材敏捷支持验证平台,搭建符合"一带一路"沿线区域国家的数字化航材支援网络。

9.4　航材支援

目前新舟飞机航材支援主要包含飞机售前支援、售中支援和售后支援,主要支援内容包括航材储备研究、航材价格研究、市场销售方案制订、航材推荐、合同谈判与管理、航材库房管理、最低库存研究、库存报账、航材计划、航材调拨、航材包装、物流发运、海关报关报检、航材销售预算、航材维修管理、维修机构的评估与选择、发运及修理费用结算等方面。

(1) 售前支援:合同条款、纪要、备忘录的编写、商谈等工作;初始航材、持续航材的推荐、商谈、确定等工作;客户信息管理、业务协商、走访计划安排等工作;现场航材支援问题的处理与协调等工作。

(2) 技术研究:航材信息的收集、整理及转化等工作;统计分析运营数据等工作;研究航材定义分类方法,制定航材管理要求等工作;研究航材推荐数学模型,制定计算方法和实施策略等工作;研究航材管理文件、航材工作流程文件、航材支持技术资料的编制方法和要求等工作。

(3) 航材计划:研究航材数据库管理的实施方法等工作;年度储备计划、初始航材计划、零星订货计划、服务通告计划的编制、下达、跟踪及督办管理等工作。

(4) 订货支援:研究订单管理标准,制定订单管理程序、工作手册等工作;航材报价、资源落实、技术问题协调、订单执行情况跟踪、督办组织供应等工作。

（5）仓储管理：航材全寿命跟踪管理（包括质量文件的存档管理、销售凭证的管理、文件的电子化录入）等工作；出入库及库存器材检验等工作；库存资金的统计、分析，账目及资金的跟踪管理等工作；库房设备管理等工作；航空运输规范包装标准的研究等工作；航材物流研究、管理等工作。

（6）AOG 支援：编制 AOG 服务管理程序等工作；提供 7×24 小时 AOG 航材订货服务、紧急航材订货服务及需求信息反馈处理等工作；AOG 订单串批手续的办理、资源组织和器材供应等工作。

（7）航材价格：研究、分析用户航材运营成本，制定航材价格及销售价格策略等工作；编制、发布航材价格目录等工作。

（8）航材修理：修理合同的管理，修理报价，修理订单签订，送修情况跟踪，修理结算、付款，商保期内的索赔等工作；故障件信息管理、统计等工作；用户、供应商、修理商管理，联络协调，资质审查、评定，质量走访等工作。

航空运输是高科技、高投入、高风险、低盈利率的行业，因此减少航空器运营中的成本，成为公司盈利的重要渠道之一。由于需要保证航空公司的正常运营，维持相互间约定的航材保障率，主制造商一般会多备航材，由此使航材成为企业最大的资金消耗和资产类型之一。在满足客户需求的前提下减少库存的成本，需要使用科学的库存理论给予支持，如"零库存"理论、VMI 理论、联合库存理论、多级库存与优化理论等，并在国内诸多公司内都得到了实际运用。而要严格控制库存数量，无论使用何种理论都需要对需求、安全库存、订货点等关键要素进行预测，国际上经过几十年的学术研究，已经出现众多理论，因此找到一种适合航材管理预测方法至关重要。国内各大航空院校对航材的预测理论也已经做了相当多的研究，主要体现在几个方面：① 从数理统计角度对航材预测方法进行了研究，得出了航材需求量及其保障率预测模型；② 从航空维修理论着手，借助系统工程与计算机辅助相关原理，以可靠性为中心，得出了航材需求预测的基本模型；③ 从航空公司的角度出发，对周转件的预测模型及库存理论进行了深入探讨；④ 利用学术和实践相结合的优势，对制造商提供给航空公司的首批航材的业务工作进行了理论研究，得出了科学制定首批航材计划和实际应用的理论参考。

9.5　RFID 技术

9.5.1　RFID 应用系统的组成

RFID 是通过射频信号识别目标对象并获取数据信息的一种非接触式自动识

别技术,RFID 应用系统一般由阅读器、应答器和天线等部分组成。RFID 基本原理如图 9.5 所示,在 RFID 系统中,读写器和电子标签(应答器)通过各自的天线构建两者之间非接触的信息传输信道,特征频率范围内的无线电波经过编码,在读写器和电子标签之间实现信息的传输。最简单的 RFID 应用系统只有单个阅读器,它一次只对一个应答器进行操作,如公交车的票务操作系统。而比较复杂的应用系统中一个阅读器需要同时对多个应答器进行操作,更复杂的应用系统还需要解决多阅读器的网络连接等问题。

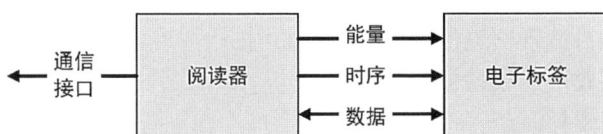

图 9.5　RFID 基本原理图

RFID 系统中的电子标签为集成电路芯片,标签的工作需要由阅读器产生的射频载波来提供能量。阅读器和电子标签之间的信息交换通常采用询问-应答的方式进行,电子标签和阅读器之间可以实现双向数据交换。根据射频耦合方式的不同,RFID 系统可以分为电感耦合(磁耦合)和反向散射耦合(电磁场耦合)方式两大类[207]。

1) 阅读器

RFID 系统的阅读器,也被称为读写器、基站等,阅读器不仅具有读取功能,也具有写入功能。RFID 系统的阅读器通常具有以下功能:① 以射频方式向电子标签传输能量;② 从电子标签中读取数据以及向射频标签中写入数据;③ 完成对读取数据的信息处理并实现数据的应用操作;④ 若有需要,可以和高层系统处理交换信息。

2) 电子标签

根据标签内部是否有电源,可以将 RFID 电子标签分为有源和无源两种类型。无线电子标签有一个内部电源,受到阅读器的电波作用时将被启动,但作用范围较短,通信距离多为几十厘米至数米;有源型电子标签具有一个自带电源,作用范围较大,通信距离可达十几米,但受到电源的使用寿命影响。

3) RFID 天线

天线是无线通信系统中用来发射和接收电磁波的装置,将传输线上传播的导行波转换成电磁波或将电磁波转换为导行波。按工作性质可以分为发射天线和接收天线。RFID 系统中的天线均为无源天线,这种天线通常没有放大器,在接收与发送时都具有相同的特性。RFID 系统的天线具有多种形式,其中微带贴片天线、线圈天线、偶极子天线是主要的三种形式。一般来说,微带贴片天线工作在高频范围,而价格低廉的线圈天线则工作在中低频范围。

9.5.2 RFID 技术应用航材信息管理的意义

虽然近年来民机的航材支援与管理取得了长足的进步,但航材种类日趋多样化,航材支援任务繁重且信息量急速膨胀,导致传统民机航材支援和管理的手段与技术难以满足当前的实际需求。现阶段的航材管理存在如下几个方面的问题:

(1)维修保障低效耗时;

(2)航材编目流程烦琐低效、整理时间冗长;

(3)航材存放次序较易被打乱;

(4)航材查阅耗时长;

(5)航材的盘点操作不科学;

(6)对失效航材的管理滞后。

传统的民机维修保障模式是一个人工密集的工作过程,比如机组人员检查灭火器的有效期,需要一个一个查看记录,十分耗时烦琐。此外,由于民机航材种类繁多,传统的航材管理方式依赖人工对航材分类、排序,十分低效费时。而一些人工操作的随意性与错误,容易造成航材存放无序、查找困难等问题。随着民机机型的不断增多,航材种类大幅增加,航材的查阅、盘点及信息记录已经变成一项十分庞大的工程。尤其是管理人员对一些航材的储存信息掌握不准确,导致过期航材与有效航材混杂,造成额外的管理负荷。此外,在航材的全寿命周期中其储存、装机、维修、再装机等过程会产生大量数据,此类信息的采集与管理有助于对航材可靠性、维修性等性能的反馈评估,也是航材需求预测与库存配置优化的重要数据来源。

RFID 作为新一代信息识别与跟踪技术,可为民机航材支援与信息管理带来根本性的改变,基于 RFID 技术的航材全寿命周期信息管理示意图如图 9.6 所示。通过在航材上预置电子标签,就可以记录下航材从出厂直至报废的全寿命周期数据,而管理和技术人员通过 RFID 技术可以在任何关键节点或任务过程中自动读取航材的全部信息,包括生产日期、零件编号、供应商编号、入库时间、出库时间、装机架次、拆卸时间、维修时间、再装机时间等,追踪航材出厂、运输、储存、装机、送修直至报废的全过程,这些信息不仅可以记录在公司的数据库中,也可以方便维修技术的随时访问以及新数据写入。在民机交付以及后续运营阶段,RFID 技术的运用将为主制造商以及航空公司对航材的追踪与管理提供极大便利,有效削减人力时间与管理成本。除此之外,通过对航材工作周期以及维修服务历史的记录与追踪,基于运行数据的反馈,有助于预测它们何时需要更换,提供及时有效的航材支援,也有助于及时调整航材库存配置,降低库存成本,提

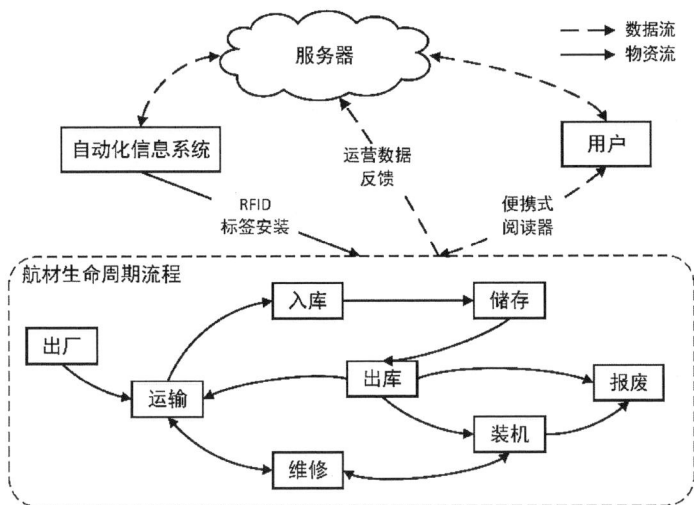

图 9.6　基于 RFID 技术的航材全寿命周期信息管理示意图

高管理效率。

　　RFID 技术在国际上已经得到了广泛应用,国外一些公司在民机维修保障与航材管理中对 RFID 技术进行了大量应用与尝试,取得了较多进展。汉莎航空通过 RFID 技术通过在航材上安装 RFID 标签,跟踪航材的拆卸、修理与重新装机过程,不仅削减了烦琐耗时的人工操作,同时大大简化了航材的周转流程,显著缩短了航材周转时间。机务人员采用便携式 RFID 阅读器和平板电脑在飞机上直接读取每一个航材的标签,并输入已执行和还需要执行的步骤信息,标签中不仅储存航材 ID,还包含航材的生产记录,如航材序列号和制造商名称等[208]。

　　德国汉莎航空同样使用了 RFID 技术,提高客舱工作的工作效率。汉莎航空通过 RFID 技术实现了航班座位的切换,工作人员无须人工查看座位底部的打印序号再输入计算机,只需手持 RFID 阅读器,便可实现信息的轻松记录。此外,汉莎航空也在救生衣以及灭火器等客舱设备上安装了电子标签,工作人员只需手持阅读器在客舱中走动一个来回,就可以自动记录设备的使用情况、有效期限等信息,无须再进行人工检查。

9.5.3　基于 RFID 技术的航材全寿命周期信息管理流程

　　通过 RFID 技术的应用,配合专业的信息管理系统,不仅能减轻主制造商以及航空公司航材管理负担,简化工作流程,还可以为航材支援以及飞机维修提供航材全寿命周期的具体历史信息,提高航材管理的效率与准确性,增强企业的市场竞争力。

基于 RFID 技术的航材全寿命周期信息管理应用系统获取信息的方式是通过手持式阅读器或者终端管理器实现的。手持式阅读器是工作人员进行现场信息采集与通信的硬件或是发送信息与信息写入标签的数据库,进而为航材全寿命周期信息管理提供实时数据。最终实现航材全寿命周期的追踪以及实现信息的实时采集、查询、增减、修改等操作。

1)入库

航材入库信息管理流程如图 9.7 所示,新航材入库前,要根据航材类型和相关信息进行编号,写入 RFID 标签数据。对于由 MRO 修理返回的航材,则录入其重新入库时间以及相应 MRO 信息。入库时,航材信息管理系统发出入库指令,然后工作人员手持终端与储位自动识别模块进行航材信息的匹配,准确无误后,由管理员发出入库确认信息,完成入库,从而实现航材的可视化与动态管理。

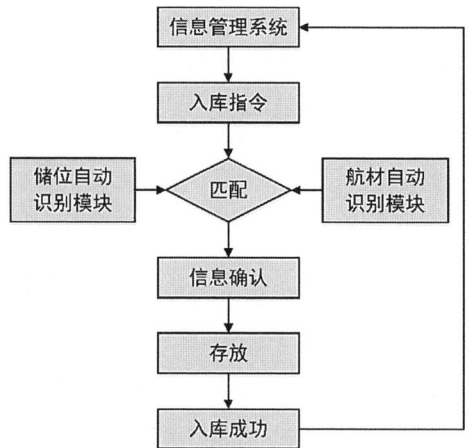

图 9.7　航材入库信息管理流程图

2)补货

航材补货信息管理流程如图 9.8 所示,航材库存不是一直不变的,经常需要根据机队运营需求进行调整,有些航材要移入库存,有些要移出库存。工作人员通过手持终端在 RFID 系统中下载相应的调整指令,如添加移入储位的航材号与数量信息、删减原标签数据、修改存储数据等。

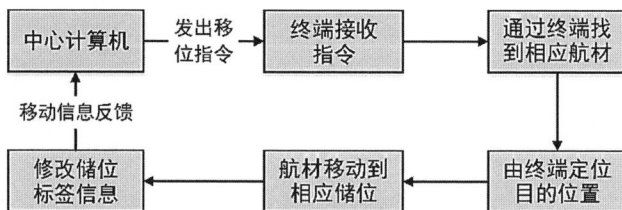

图 9.8　航材补货信息管理流程图

3)出库

航材出库信息管理流程如图 9.9 所示,当航材出库时,出库口的 RFID 阅读器把读取到的航材信息实时反馈到信息管理中心,系统采集并记录航材的出库时间信息以及管理人员信息。对于出库后送修 MRO 的航材,则需追踪其运输以及在 MRO 的修理信息。

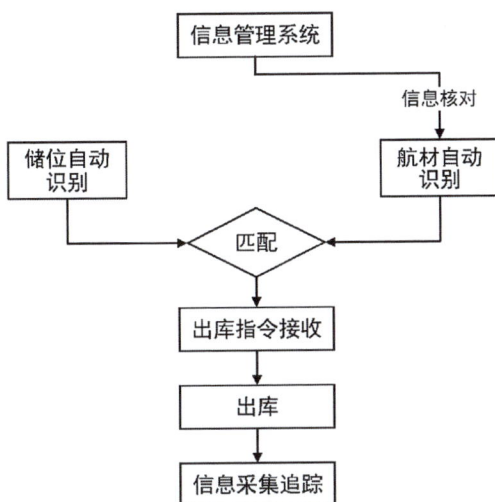

图 9.9　航材出库信息管理流程图

4）信息查询与采集

航材信息查询与采集流程如图 9.10 所示，基于 RFID 技术的应用，由航材编目信息，工作人员可在数据库中根据航材编号查询到对应航材全寿命周期的历史数据。在库存货架上以及运输车辆上均安装有固定式的读写器，对特定区域进行扫描，即可获取储存以及运输信息。对于出库后的航材，机务人员通过便携式终端进行扫描，即可写入以及采集航材的拆/装机时间以及装机工作甚至报废信息等数据。

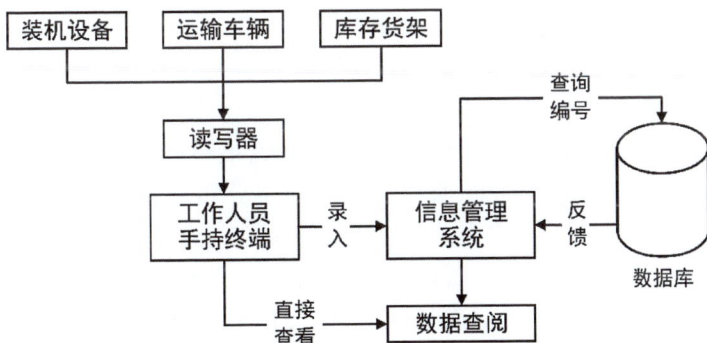

图 9.10　航材信息查询与采集流程图

第10章 新舟系列飞机航材工程与管理案例分析

　　"安全对于航空公司而言是一切的基础,没有安全就没有一切。"在目前的航空领域中,如果没有有效的航材保障,飞机就会成为一种"摆设"。从航空公司的生产经营过程看,航材管理处在生产循环最基础的位置,航材库存则是航空公司运输生产过程的首要环节。从成本管理的角度来看,加强航材的库存管理对控制营运成本具有十分重要的作用。据民航局有关部门统计,航材消耗占公司总成本的15%,占航空公司80%左右的库存成本,11%左右的流动资金。国内某大型国有航空公司2014年底流动资产总额为806亿元人民币,而航空器材周转件的库存量一直保持在100亿元人民币左右,即占流动资产的12%左右;为了保证正常的运营,新舟60飞机客户均储备了一定数量的初始航材,用以维护、修理飞机和发动机,以使飞机能够正常安全飞行。因此,初始航材储备占比量大,占用的资金较多,对航空公司流动资金及运营产生一定压力;初始航材储备量小,占用资金少,对于航空公司资金和经营压力小,但对于飞机制造商来说,航材保障压力大,航材库存储备多。所以初始航材储备的多与少,直接关系到航空公司与飞机主制造商航材的处置,即客户对多余的航材需让主制造商进行回购,而主制造商需要对长期不用库存航材进行处置,怎样能找到一个既满足于主制造商又满足客户的双赢局面,是西飞民机航材技术工作多年研究的重点。以下分享新舟60飞机初始航材回购以及冗余库存处置案例。

10.1 航材回购

　　以新舟客户与制造商双赢为出发点,以保障新舟飞机客户运营安全为前提,同时体现西飞民机公司对于初始航材推荐最优化的信心,西飞民机公司在向新舟客户推荐初始航材时,对于飞机交付后到运营 3 年以内可能使用率在80%以上的航材都会纳入初始航材清单中,同时针对每一项航材的使用用途及使用时间都会与客户沟通,最终为了消除客户对于初始备件造成经济运行压力的担忧,西飞民机公司与新舟客户在签订初始备件采购合同时,合同中会明确客户初始备件的回购价格、条件等条款,以确保新舟客户在运营 3 年以后未使用初始备件的合理最优处置。

截至 2019 年底,购买初始备件的新舟飞机客户共 33 家,平均每架飞机初始件采购量为新舟 60 飞机价格的 8%左右,仅有 2 家新舟 60 飞机客户提出了初始备件回购,其中:

(1) 西飞民机公司对国内一家新舟客户初始备件采取了回购措施,回购的初始备件金额占客户购买初始备件金额的 4%,回购备件中 80%以上为新舟 60 飞机MMEL 项目中 NG 类(故障后不允许飞行)和 A 类项目(故障后,可保留故障飞行 1个飞行日),其余 15%为橡胶类标准件。

(2) 西飞民机公司针对国外一家新舟客户的初始备件回购需求,考虑到航材国际物流和海关费用问题,经与客户沟通,最终给客户提供一定额度的航材额度,用于抵消新舟客户航材回购费用。

10.2　航材处置

当然,客户未使用部分初始航材可以回购,同理,西飞民机公司用于保障客户正常运营所储备的航材也可以定期进行航材库存处置,目前,西飞民机公司对于冗余航材库存的处置主要有以下几种方式:

(1) 回流生产线/维修生产线:由西飞民机公司部门定期对库存进行分析,对于冗余部分库存进行分类,对于可周转的航材清单,组织工程设计、质量及制造部门对可回流生产线航材进行综合评估,报公司型号总师系统决策后,办理回流生产线相关手续(含库存费用核减),截至 2019 年底,西飞民机公司已完成 1 次航材库存回流生产线案例。

(2) 航材打包折价销售:对于冗余部分库存分类后,航材部门组织财务部门、采购部门对打包折价销售航材进行综合评估,经报公司财务总监决策后,办理冗余航材打包折价销售工作,截至 2019 年底,西飞民机公司已完成 3 次冗余航材打包折价销售案例。

(3) 航材报废:冗余部分库存分类后,对于既不能回流生产线,也不能进行打包折价销售,且不能继续使用的冗余库存航材,组织公司工程设计、财务部门对冗余库存报废进行综合评估,报公司财务总监决策后,启动冗余航材报废,可通过对校园飞机培训或模拟机培训等单位进行销售,截至 2019 年底,西飞民机公司已完成 2 次冗余航材报废案例。

10.3　航材打包成本分析

航线维护是最低级别也是最基础的维修活动,也可以说是日常维护和勤务,主要包括检查和补加滑油及检查轮胎气压等工作。航空公司航线维护一般都采用航前检查、短停(过站)检查、航后检查和周检。航线维修的任务是完成航线工作单中规定的检查工作,并及时排除飞机所发生的故障与偏差,提高航班的正点率。

根据西飞民机公司航材价格数据,MA60 飞机航线维修所需航材成本约为428.62 美元/FH,详细成本分析如下所述。

1) 滑油、液压油、润滑脂等材料成本为 9.90 美元/FH

(1) MOBIL Jet OIL II 滑油的消耗情况。

① ACM 滑油更换:间隔 400 FH,每次单机约 2 L,即 0.005 L/FH;

② 发动机滑油补充:根据每个飞行日结束之后的补充数据,约为0.3 L/FH;

③ 螺旋桨桨缸补充滑油:间隔 400 FH,每次单机 1 L,即 0.002 5 L/FH。

合计约 0.307 5 L/FH,滑油单价为 20 美元/L,即 0.307 5×20＝6.15 美元/FH。

(2) 液压油的消耗:根据了解,通常 400 FH 维护,需要补充液压油 10 L,单价:70 美元/L,折算为:1.75 美元/FH。

(3) 润滑脂的消耗很少,可粗略地按 1.00 美元/FH 计算。

上述三项消耗材料合计为:9.90 美元/FH。

其他发生的费用,还包括车辆、电源、气源等。

2) 机轮、轮胎、刹车片修理成本 82.95 美元/FH

(1) 机轮修理及大修成本。

新舟 60 飞机机轮组件分为主机轮和前机轮,型号分别为 LS125－1000 和 FJL－104,每架飞机配套数分别为 4 件、2 件,其平均寿命均为 3 000 FC(此处:按 1 FC≈1 FH 计算)。

① 假设在 3 000 FH 之内,每个机轮均发生了一次报废换新。该情况应是最为恶劣的情形,即成本最高。根据目前新舟 60 飞机计算,一架飞机前、主机轮成本约为 9.03 美元/FH。

② 假设在 3 000 FH 之内,每个机轮都发生了一次返厂修理,修理成本按照其正常报价的 30%计算,该情形应属较为严重,成本较高。根据目前新舟 60 飞机计算,一架飞机前、主机轮成本约为 2.71 美元/FH。

③ 假设在 3 000 FH 之内,只有一半的机轮需要返厂修理,修理费用也按照其

正常报价的 30% 计算,则该情形属于近乎可以接受的程度。根据目前新舟 60 飞机计算,一架飞机前、主机轮成本约为 1.36 美元/FH。

（2）轮胎成本。

轮胎分为前轮胎和主轮胎,型号分别为 7.5 - 10,35×11.75 - 14(890×300),配套数分别为 2 和 4,主轮胎的更换频率可按 250 FH 计算,而前轮胎则按 500 FH 计算。一架机前、主机轮轮胎更换成本约 8.8 美元/FH。

（3）刹车片修理成本。

新舟 60 飞机碳刹车片分为单面静盘、双面静盘和动盘组件,型号分别为 LS125A - 3007、LS125A - 3008 和 LS125A - 3020,单机配套数均为 4、2、4。根据履历本要求,刹车盘使用期限为 1 500FL/2Y。另外,还要计入碳盘刹车装置,型号 LS125A - 3000,使用期限为 5 000 FC。

3）起落架修理及大修成本 24.37 美元/FH

着陆装置分为前起落架、主起落架,配套数均为 1、2。根据要求,9 600 FH 进行恢复(30 000 FH 进行更换,飞机寿命为 60 000 FH,因此在寿命周期内大修 6 次,进行一次更换)。大修按照目录价格的 30% 收取,按全寿命计算,一架机起落架修理及大修成本约为 24.37 美元/FH。

4）螺旋桨修理成本 36.47 美元/FH

（1）螺旋桨的返厂修理。

根据 UTAS 公司 2019 年价格目录,一架机螺旋桨修理成本约为 34.20 美元/FH。

（2）动平衡测试与调整、桨叶修补。

根据新舟 60 飞机的维修数据积累,3 000 FH 建议做一次动平衡测试与调整,螺旋桨桨叶应进行一次修补。因机场条件不同适当调整该间隔时间。每次 2 人往返差旅及人工费用约 6 800 美元,一架机螺旋桨动平衡测试与调整费用约 2.27 美元/FH。

5）发动机送修成本 74.20 美元/FH

根据加普惠公司 2019 年价格目录,发动机在 3 500 FC 进行修理,一架机发动机修理成本约为 74.20 美元/FH。

6）APU 的修理成本 50.5 美元/FH

根据霍尼韦尔公司 2019 年价格目录,新舟 60 飞机付辅助动力装置 APU 在 14 000 FH 进行修理,一架机 APU 修理成本约为 50.5 美元/FH。

7）周转件修理成本 150.23 美元/FH

根据目前新舟 60 飞机维修数据分析,结合客户周转件修理费用,目前,MA60 周转件的修理成本约为 150.23 美元/FH。

10.4　担保/索赔

西飞民机公司对飞机或采购航材在商保期内,因质量问题发生故障(由西飞民机公司现场服务代表确认)的故障件提供免费修理服务。对于因客户使用不当或其他人为因素而造成的故障件,西飞民机公司提供有偿修理服务。

故障件返修周期为 45 天(从西飞民机公司收到故障件之日起开始计算,至送修件发出之日止)。逾期不能修复,西飞民机公司向客户提供周转件。故障件不能修复时双方另行协商解决办法。

客户负责故障件送修时产生的包装、运保等相关费用,西飞民机公司负责将送修件返回客户所产生的上述费用。

所有故障件均应文件齐全,外场飞机故障件返修通知单内容填写准确、清晰、详细,数据正确无误,装箱单内容填写完整、规范。对于因故障描述单、装箱单内容不准确造成故障件漏修、错修等问题,西飞民机公司不承担任何责任。

参考文献

[1] 吴静敏.民用飞机全寿命维修成本控制与分析关键问题研究 [D].南京：南京航空航天大学,2006.

[2] 罗冬凯.ARJ21：中国民机适航取证的先行者[J].大飞机, 2013,(2)：28-35.

[3] 董宇航.浅谈国产大飞机 C919 对民用航空工业发展的影响 [J].中国高新科技,2017,1(11)：14-16.

[4] 孙蕾,左洪福,刘伟,等.基于 VARI-METRIC 的民机关键 LRU 多级库存优化配置模型[J].南京航空航天大学学报, 2013,45(4)：532-537.

[5] Bosnjakovic M. Multicriteria inventory model for spare parts[J]. Tehnicki Vjesnik-Technical Gazette, 2010, 17(4)：499-504.

[6] Lowas A F, Ciarallo F W. Reliability and operations：Keys to lumpy aircraft spare parts demands[J]. Journal of Air Transport Management, 2016, 50：30-40.

[7] 冯蕴雯,路成,薛小锋,等.基于重要度的民机备件单级初始 库存优化配置[J].华南理工大学学报(自然科学版),2018, 46(9)：140-148.

[8] 邹葆华.国内通航航材管理现状及建议[J].航空维修与工 程,2017,(1)：87-88.

[9] Wang Y B, Zhao J M, Jia X S, et al. Spare parts allocation optimization in a multi-echelon support system based on multi-objective particle swarm optimization method[J]. Eksploatacja I Niezawodnosc-Maintenance and Reliability, 2014, 16(1)：29-36.

[10] 晏青,吕骏,刘伟.基于维修性工程研究方法的航材工程应用 [J].民用飞机设计与研究,2015,(1)：99-104.

[11] 廖焯成.航空公司航材供应保障系统的评估[J].航空维修与工程,2018,(9):83-85.

[12] 李永凯.民机维修资源多级库存配置方案研究及应用[J].西安:西北工业大学,2018.

[13] Liu Y C, Feng Y W, Xue X F, et al. Research on multi-echelon inventory system for civil aircraft spare parts with lateral transshipments and importance degree[C]. Shanghai: The 12th International Conference on Reliability, Maintainability, and Safety, 2018.

[14] 阎艺,吴文娟.浅谈 ATA SPEC 2000 标准及其应用[J].航空标准化与质量,2013,(1):38-41.

[15] ASD/AIA. International Procedure Specification for Logistic Support Analysis (LSA): S3000L[S]. Europe, 2014.

[16] 庚桂平.S3000L《后勤保障分析国际程序规范》介绍[J].航空标准化与质量,2013,(3):49-53.

[17] ASD/AIA. International Specification for Material Management: S2000M[S]. Europe, 2017.

[18] 庚桂平.S2000M 规范介绍[J].航空标准化及质量,2013,(2):3-6.

[19] 冯蕴雯,路成,薛小锋,等.S5000F 介绍及在民用飞机运行可靠性分析反馈中的应用[J].航空工程进展,2020,11(2):111-123.

[20] 庚桂平.民用飞机制造商客户服务标准体系介绍[J].航空标准化及质量,2014,(2):6-9.

[21] 周永务,王圣东.库存控制理论与方法[M].北京:科学出版社,2009.

[22] 喻拿仑.基于某货运航空公司的航材管理研究[D].南京:南京航空航天大学,2017.

[23] 仲小波.RFID 技术在航空维修和航材管理中的应用[D].南京:南京航空航天大学,2011.

[24] Rad T, Shanmugarajan N, Wahab M I M. Classification of critical spares for aircraft maintenance[C]. Tianjin: International Conference on Service Systems and Service Management, 2011.

[25] 马应欣,张作刚.基于 AHP 和模糊方法的库存航材 ABC 分类模型[J].物流技术,2008,27(2):130-133.

[26] 候甲凯.航空公司航材周转件需求预测研究[D].广汉:中国民用航空飞行学院,2015.

[27] Bacchetti A, Plebani F, Saccani N, et al. Spare parts classification and inventory management: A case study[C]. Budapest: International Symposium

on Inventories，2010.

［28］ 虞文胜.聚类分析在航材分类上的应用［J］.价值工程，2011，20（30）：309.

［29］ Huiskonen J. Maintenance spare parts logistics：Special characteristics and strategic choices［J］. International Journal of Production Economics，2011，71（1－3）：125－133.

［30］ 张作刚，胡新涛，刘望.主成分聚类分析在航材分类中的应用［J］.兵工自动化，2012，31（11）：25－28.

［31］ 张作刚，刘星彭，彭建鹏，等.基于支持向量机的多准则航材 ABC 分类法［J］.价值工程，2010，22：248－249.

［32］ 梁若曦.基于平均修复时间的商用飞机航线可更换单元规划方法研究［J］.科技创新导报，2017，14（8）：6－7.

［33］ Crow L H. Methods for reducing the cost to maintain a fleet of repairable systems［C］. Tampa：Reliability and Maintainability Symposium，2003.

［34］ 胡启先，王卓健，鱼欢.基于核心零部件聚类的飞机现场可更换单元划分［J］.航空学报，2019，40（11）：223－245.

［35］ Thomas L C. A survey of maintenance and replacement models for maintainability and reliability of multi-item systems ［J］. Reliability Engineering，1986，16（4）：297－309.

［36］ 吕川.维修性设计分析与验证［M］.北京：国防工业出版社，2012.

［37］ 张策.面向 RMS 的 LRU 规划设计［D］.北京：北京航空航天大学，2006.

［38］ Parada Puig J E，Basten R J I. Defining line replaceable units ［J］. European Journal of Operational Research，2015，247（1）：310－320.

［39］ 吕少杰，柳杨，魏靖彪，等.基于 ExtendSim 的直升机外场可更换部件需求仿真系统设计［J］.指挥控制与仿真，2019，41（5）：95－98.

［40］ 李名.面向拆卸的产品模块化设计方法研究［D］.武汉：武汉科技大学，2015.

［41］ Wei W，Liu A，Lu S C Y，et al. A multi-principle module identification method for product platform design ［J］. Journal of Zhejiang University-Science A，2015，16（1）：1－10.

［42］ Zhang N，Yang Y，Zheng Y J. A module partition method base on complex network theory ［C］. Bali：IEEE International Conference on Industrial Engineering and Engineering Management，2016.

［43］ U. S. Department of Defense. Defense and program-unique specifications format and content：MIL－STD－961E （1）［S］. Washington：U. S. Department of Defense，2008：130－135.

[44] 盛海潇.基于性能(PBL)的航空备件保障方法研究[D].南京：南京航空航天大学,2013.

[45] Newby M. Monitoring and maintenance of spares and one shot devices[J]. Reliability Engineering and System Safety, 2008, 93(4): 588 - 594.

[46] Kurt M, Kharoufeh J P. Optimally maintaining a Markovian deteriorating system with limited imperfect repairs[J]. European Journal of Operational Research, 2010, 205(2): 368 - 380.

[47] Akcalt E, Davis M, Hamlin R D, et al. A decision support system for spare parts management in a wafer fabrication facility[J]. IEEE Transactions on Semiconductor Manufacturing, 2001, 14(1): 76 - 78.

[48] 夏秀峰,董彦军.基于改进马尔科夫模型的航空备件需求预测[J].兵工自动化,2013,32(11): 39 - 41,48.

[49] 李大伟,张志华,刘天华.基于 Bayes 方法的初始备件调整方法研究[J].系统工程理论与实践,2013,33(11): 2967 - 2971.

[50] 董骁雄,陈云翔,项华春,等.基于 SST 和 Bayes 的初始备件需求确定方法[J].北京航空航天大学学报,2018,44(2): 316 - 321.

[51] 任敏,陈全庆,沈震,等.备件供应学[M].北京：国防工业出版社,2013.

[52] Willemain T R, Smart C N, Schwarz H F. A new approach to forecasting intermittent demand for service parts inventories[J]. International Journal of Forecasting, 2004, 20: 375 - 387.

[53] 刘晓春,黄爱军,马芳,等.基于指数平滑技术的装备维修备件需求预测[J].装备环境工程,2012,11(6): 109 - 112.

[54] Croston J D. Forecasting and stock control for intermittent demands[J]. Journal of the Operational Research Society, 1972, 23(3): 289 - 303.

[55] Johnston F R, Boylan J E. Forecasting for items with intermittent demand[J]. Journal of the Operational Research Society, 1996, 47(1): 113 - 121.

[56] 张大鹏,任聪,张戎,等.基于时间序列分析的易消耗性备件需求预测研究[J].物流技术,2009,28(5): 58 - 61.

[57] Ghobbar A A, Friend C H. Evaluation of forecasting methods for intermittent parts demand in the field of aviation: A predictive model[J]. Computers and Operations Research, 2013, 30(14): 2097 - 2114.

[58] 杨杰,张斌,华中生.间断需求预测方法综述[J].预测,2005,24(5): 70 - 75.

[59] 孙伟奇,周斌,史玉敏,等.基于 LS - SVM 的新机备件需求预测[J].兵工自动化,2018,37(7): 71 - 73.

[60] 牛余宝,王晓坤,赵艳华.基于支持向量机的飞机备件消耗预测研究[J].长

春大学学报,2012,22(6):631-633.

[61] Hua Z S, Zhang B. A hybrid support vector machines and logistic regression approach for forecasting intermittent demand of spare parts[J]. Applied Mathematics and Computation, 2006, 181(2): 1035-1048.

[62] 杨仕美,郭建胜,董兴陆,等.基于 LSSVM 和信息熵的航材备件组合预测方法[J].火力与指挥控制,2012,37(9):154-157.

[63] 钟颖,汪秉文.基于遗传算法的 BP 神经网络时间序列预测模型[J].系统工程与电子技术,2002,22(4):78-92.

[64] van der Auweraer S, Boute R N, Syntetos A A. Forecasting spare part demand with installed base information: A review [J]. International Journal of Forecasting, 2019, 35(1): 181-196.

[65] 孙蕾.民用飞机多级库存配置方法与管理研究[D].南京:南京航空航天大学,2013.

[66] Guo F, Diao J, Zhao Q H, et al. A double-level combination approach for demand forecasting of repairable airplane spare parts based on turnover data[J]. Computers and Industrial Engineering, 2017, 110: 92-108.

[67] Levner E, Perlman Y, Cheng T C E, et al. A network approach to modeling the multi-echelon spare-part inventory system with backorders and interval-valued demand[J]. International Journal of Production Economics, 2011, 132(1): 43-51.

[68] Boylan J E, Syntetos A A. Spare parts management: A review of forecasting research and extensions[J]. IMA Journal of Management Mathematics, 2010, 21(3): 227-237.

[69] Kennedy W J, Patterson L W, Fredendall L D. An overview of recent literature on spare parts inventories[J]. International Journal of Production Economics, 2002, 76(2): 201-215.

[70] Gu J Y, Zhang G Q, Li K W. Efficient aircraft spare parts inventory management under demand uncertainty [J]. Journal of Air Transport Management, 2015, 42: 101-109.

[71] van Horenbeek A, Scarf P A, Cavalcante C A V, et al. The effect of maintenance quality on spare parts inventory for a fleet of assets[J]. IEEE Transactions on Reliability, 2013, 62(3): 596-607.

[72] Togwe T, Eveleigh T J, Tanju B. An additive manufacturing spare parts inventory model for an aviation use case [J]. Engineering Management Journal, 2019, 31(1): 69-80.

[73]　王乃超,康锐.基于备件保障概率的多级库存优化模型[J].航空学报,2009,30(6):1043-1047.

[74]　王乃超,康锐.多约束条件下备件库存优化模型及分解算法[J].兵工学报,2009,30(2):247-251.

[75]　孙蕾,左洪福.基于 METRIC 的民机初始备件数量确定及配置模型[J].中国机械工程,2013,24(23):3200-3204,3210.

[76]　冯蕴雯,李永凯,薛小锋,等.考虑不完全维修的民机可修件多级库存规划[J].西北工业大学学报,2017,35(5):827-833.

[77]　Liu Y C, Feng Y W, Xue X F, et al. Joint optimization of level of repair analysis and civil aircraft inventory system based on PSO algorithm [J]. Materials Science and Engineering, 2019, 538: 012061.

[78]　冯蕴雯,刘奎剑,薛小锋,等.基于 Markov 过程的冗余系统备件与冗余度联合优化[J].系统工程与电子技术,2019,41(4):921-930.

[79]　周亮,李庆民,彭英武,等.动态保障结构下多级多层备件配置优化建模[J].航空学报,2017,38(11):150-162.

[80]　周亮,彭英武,李庆民,等.串件拼修策略下不完全修复件时变可用度评估建模[J].系统工程与电子技术,2017,39(5):1065-1071.

[81]　张峰.一种基于二维条码的飞机备件管理方案的研究[J].电子设计工程,2010,18(8):93-96.

[82]　Morteza R B, Morteza J, Mehdi B. Effects of imperfect products on lot sizing with work in process inventory[J]. Applied Mathematics and Computation, 2011, 217(21):8328-8336.

[83]　Cui L, Zhang Z H, Gao N, et al. Radio frequency identification and sensing techniques and their applications — A review of the state-of-the-art [J]. Sensors, 2019, 19(18): 4012.

[84]　赵政武.基于物联网技术的航空复合材料在制品跟踪管理系统[D].南京:南京航空航天大学,2012.

[85]　Pavlidis T, Swartz J, Wang Y P. Fundamentals of bar code information theory [J]. IEEE Computer Magazine, 1990, 23 (4):74-86.

[86]　刘菊英.条码技术的产生与应用[J].条码与信息系统,2006,(4):36-38.

[87]　张佳.条码技术在库存管理中的应用研究[D].昆明:昆明理工大学,2012.

[88]　Autoscan Technology. RFID 高效仓储管理的必需[J].现代制造,2004,(4):38-39.

[89]　廖燕.供应链管理中 RFID 应用价值评估与采纳扩散研究[D].武汉:华中科技大学,2009.

［90］ Kim M C, Kim C O, Hong S R, et al. Forward-backward analysis of RFID-enabled supply chain using fuzzy cognitive map and genetic algorithm ［J］. Expert Systems with Applications, 2008, 35(3): 1166 - 1176.

［91］ 马玉娟,吴旻.供应链环境下基于 RFID 和 Multi - Agent 的仓储管理系统研究［J］.物流科技,2009,(2): 83 - 85.

［92］ Chow H K H, Choy K L, Lee W B, et al. Design of a RFID case-based resource management system for warehouse operations ［J］. Expert Systems with Applications, 2006, 30(4): 561 - 576.

［93］ 刘艳芳.GPS 在物流方面的研究与应用［D］.长春:长春理工大学,2007.

［94］ 赵彦青.北斗卫星导航系统定位算法研究和 GDOP 分析［D］.哈尔滨:哈尔滨工程大学,2013.

［95］ 宣皓澄.基于 GPRS 和 GPS 的物流定位系统［D］.杭州:浙江工业大学,2008.

［96］ 徐臻.基于 Web Services 技术的供应链网络管理［D］.天津:天津大学,2003.

［97］ 周逢灿.基于 WEB 的售后服务管理系统研究［D］.沈阳:东北大学,2009.

［98］ 吴学良,边振海.浅谈 MSG 维修思想与工程实践［J］.航空维修与工程,2004,(1): 28 - 30.

［99］ 贾宝惠,于灵杰,蔺越国,等.基于 AHP - SPA 方法的民机修理级别确定综合分析模型［J］.航空学报,2017,38(11)· 178 - 186.

［100］ 冯蕴雯,刘雨昌,薛小锋,等.基于横向供应与维修比例的民机备件配置优化技术研究［J］.西北工业大学学报,2018,36(6): 1059 - 1068.

［101］ 冯蕴雯,路成,薛小锋,等.考虑维修比例的民机备件多级库存配置研究［J］.西北工业大学学报,2018,36(3): 582 - 589.

［102］ 龚庆祥.飞机设计手册第 20 分册［M］.北京:航空工业出版社,1999.

［103］ 陈俊章.飞机设计手册第 8 分册［M］.北京:航空工业出版社,1999.

［104］ 王昂.飞机设计手册第 21 分册［M］.北京:航空工业出版社,2000.

［105］ 王昂.飞机设计手册第 22 分册［M］.北京:航空工业出版社,2001.

［106］ Rodrigues L R, Gomes P J P. Spare parts list recommendations for multiple-component redundant systems using a modified Pareto ant colony optimization approach［J］. IEEE Transactions on Industrial Informatics, 2018, 14(3): 1107 - 1114.

［107］ 赵经成,祝华远,王文秀.航空装备技术保障运筹分析［M］.北京:国防工业出版社,2010.

［108］ 郭峰,强海滨.航材统计预测与决策［M］.北京:国防工业出版社,2017.

［109］ 孙友强.时间序列数据挖掘中的维数约简与预测方法研究［D］.合肥:中国

科学技术大学,2014.

[110] 闫明月.时间序列相似性与预测算法研究及其应用[D].北京:北京交通大学,2014.

[111] 杨海民,潘志松,白玮.时间序列预测方法综述[J].计算机科学,2019,46(1):21-28.

[112] de Livera A M. Exponentially weighted methods for multiple seasonal time series[J]. International Journal of Forecasting, 2010, 26(4): 655-657.

[113] Mi J W, Fan L B, Duan X C, et al. Short-term power load forecasting method based on improved exponential smoothing grey model [J]. Mathematical Problems in Engineering, 2018, (1): 1-11.

[114] 冯金巧,杨兆升,张林,等.一种自适应指数平滑动态预测模型[J].吉林大学学报,2007,37(6):1284-1287.

[115] Billah B, King M L, Snyder R D, et al. Exponential smoothing model selection for forecasting[J]. International Journal of Forecasting, 2006, 22(2): 239-247.

[116] Wu L F, Liu S F, Yang Y J. Grey double exponential smoothing model and its application on pig price forecasting in China[J]. Applied Soft Computing, 2016, 39: 117-123.

[117] 黎锁平,刘坤会.平滑系数自适应的二次指数平滑模型及其应用[J].系统工程理论与实践,2004,24(2):95-99.

[118] 夏贵进,张曦,张居梅,等.基于三次指数平滑法的光纤损耗预测研究[J].光通信技术,2014,38(1):35-37.

[119] Hyndman R J, King M L, Pitrun I, et al. Local linear forecasts using cubic smoothing splines[J]. Australian and New Zealand Journal of Statistics, 2005, 47(1): 87-99.

[120] Gan M, Cheng Y, Liu K, et al. Seasonal and trend time series forecasting based on a quasi-linear autoregressive model[J]. Applied Soft Computing, 2014, 24: 13-18.

[121] Liu X L, Cai Z W, Chen R. Functional coefficient seasonal time series models with an application of Hawaii tourism data[J]. Computational Statistics, 2015, 30(3): 719-744.

[122] 刘思峰,谢乃明,方志耕.灰色系统理论及其应用[M].北京:科学出版社,2013.

[123] Deng J L. Control problems of grey systems[J]. Systems and Control Letters, 1982, 1(5): 288-294.

[124]　仇芝.灰色组合模型研究与应用[D].南京：南京航空航天大学,2006.

[125]　陈业华,邱菀华.灰色灾变预测模型及其应用[J].北京航空航天大学学报,1998,24(1)：79－82.

[126]　Lu C, Feng Y W, Fei C W, et al. Probabilistic analysis method of turbine blisk with multi-failure modes by two-way fluid-thermal-solid coupling [J]. Proceedings of the Institution of Mechanical Engineers, Part C: Journal of Mechanical Engineering Science, 2018, 232(16): 2873－2886.

[127]　Krige D G. A statistical approach to some basic mine valuation problems on the Witwatersrand [J]. Journal of the South African Institute of Mining and Metallurgy, 1951, 52(6): 119－139.

[128]　Matheron G. The intrinsic random functions and their applications [J]. Advances in Applied Probability, 1973, 5(3): 439－468.

[129]　Lu C, Feng Y W, Liem R P, et al. Improved Kriging with extremum response surface method for structural dynamic reliability and sensitivity analyses[J]. Aerospace Science and Technology, 2018, 76: 164－175.

[130]　费成巍,艾延廷,王蕾,等.基于支持向量机的航空发动机整机振动故障诊断技术研究[J].沈阳：沈阳航空工业学院学报,2010,27(2)：29－32,19.

[131]　Ding W D, Yuan J Q. Spike sorting based on multi-class support vector machine with super position resolution [J]. Medical and Biological Engineering and Computing, 2008, 46(5): 139－145.

[132]　任远,白广忱.针对近似建模的前馈神经网络训练算法[J].工程设计学报,2009,16(2)：122－128.

[133]　高阳,白广忱,于霖冲.基于 RBF 神经网络的涡轮盘疲劳可靠性分析[J],机械设计,2009,26(5)：8－11.

[134]　刘吉定,罗进,严国义.概率论与数理统计及其应用[M].北京：科学出版社,2017.

[135]　刘贵基,张慧.概率论与数理统计[M].第 2 版.北京：经济科学出版社,2018.

[136]　张卓奎,陈慧婵.随机过程及其应用[M].西安：西安电子科技大学出版社,2012.

[137]　曾勇,董丽华,马建峰.排队现象的建模、解析与模拟[M].西安：西安电子科技大学出版社,2011.

[138]　Sherbrooke C C. Optimal inventory modeling of systems: Multi-echelon techniques[M]. Boston: Kluwer Academic Publishers, 2004.

[139]　薛陶.基于飞机修理级别约束的备件库存优化方法研究[D].西安：西北工

业大学,2014.

[140] Drenick R F. The failure law of complex equipment[J]. Journal of the Society for Industrial and Applied Mathematics, 1960, 8(4): 680 – 690.

[141] 施仁杰.马尔科夫链基础及其应用[M].西安:西安电子科技大学出版社,1992.

[142] 盛骤,谢式千,潘承毅.概率论与数理统计[M].北京:高等教育出版社,2001.

[143] 李裕奇,刘赪,王沁.随机过程[M].第3版.北京:国防工业出版社,2016.

[144] 唐加山.排队论及其应用[M].北京:科学出版社,2016.

[145] 孙微,李世勇.经济学视角下的随机服务系统[M].北京:电子工业出版社,2017.

[146] 周玮民.随机服务系统的理论与实务[M].北京:科学出版社,2016.

[147] Erlang A K. The theory of probability and telephone conversations[J]. Nyt Tidsskrift for Matematik B, 1909, 20: 33 – 39.

[148] Kendall D G. Stochastic process occurring in the theory of queues and their analysis by the method of imbedded Markov chain[J]. Annals of Mathematical Statistics, 1953, 24(3): 338 – 354.

[149] 孙玛丽.基于PDM的民机备件计划关键技术研究[D].南京:南京航空航天大学,2009.

[150] Feeney J G, Sherbrooke C C. The (s − 1,s) inventory policy under compound Poisson demand: A theory of recoverable item stockage[R]. AD: 650431.

[151] Sherbrooke C C. Generalization of a queueing theorem of palm to finite populations[J]. Management Science, 1966, 12: 907 – 908.

[152] Crawford G B. Palm's theorem for nonstationary processes [R]. Rand Corporation, R – 2750 – RC, Santa Monica, CA, 1981.

[153] 刘喜春,王磊,许永平,等.战时可修复备件供应保障优化模型[J].系统工程与电子技术,2010,32 (12): 2595 – 2598,2651.

[154] 杨宇航,赵建民,李志忠.备件管理系统仿真研究[J].系统仿真学报,2004, 16(5): 981 – 986,991.

[155] Jorg L, Dieter K T. The effects of inventory control and denied boarding on customer satisfaction: The case of capacity-based airline revenue management [J]. Tourism Management, 2008, 29(1): 32 – 43.

[156] 陶小创,郭霖瀚,肖波平,等.基于备件保障概率分配的备件需求量预测模型[J].兵工学报,2012,33(8): 975 – 979.

[157] 顾文亚,孟祥瑞,陈允杰.运筹学——数学规划[M].镇江:江苏大学出版

社,2015.

[158] 邢文训,谢金星.现代优化计算方法[M].北京:清华大学出版社,2005.

[159] 郁磊,史峰,王辉,等.智能算法 30 个案例分析[M].北京:北京航空航天大学出版社,2015.

[160] Zhang X Y, Gao L, Wen L, et al. A hybrid algorithm based on tabu search and large neighbourhood search for car sequencing problem[J]. Journal of Central South University, 2018, 25(2): 315 – 330.

[161] 肖蕾,张志峰.基于遗传算法的航空装备备件送修调度优化[J].解放军理工大学学报(自然科学版),2012,13(4):455 – 459.

[162] Ilgin M A, Tunali S. Joint optimization of spare parts inventory and maintenance policies using genetic algorithms[J]. International Journal of Advanced Manufacturing Technology, 2007, 34(5 – 6): 594 – 604.

[163] Zhang Y, Xu Z C, Guo J. Shipborne spare parts support scheme based on multi-group and multi-objective particle swarm optimization[J]. Journal of System Simulation, 2014, 24(10): 2423 – 2429.

[164] 刘君.基于贝塞尔理论和 PSO 算法的备件模糊 EOQ 库存模型研究[D].武汉:华中科技大学,2009.

[165] 廖若伶.双渠道零售商的分布式库存控制研究[D].成都:西南交通大学,2016.

[166] CAA. CAP 549 – Master minimum equipment lists(MMEL)and minimum equipment lists(MEL)[M]. UK: CAA, 2010.

[167] AIRBUS. A319 /A320 /A321 Master Minimum Equipment List[S]. France, 2006.

[168] BOEING. B737 /600 /700 /900 Master Minimum Equipment List[S]. America, 2006.

[169] Lawrence D M. Techniques of Value Analysis and Engineering[M]. New York: McGraw-Hill, 1972.

[170] Gruneberg S, Hughes W P, Ancell D. Risk under performance-based contracting in the UK construction sector[J]. Construction Management and Economics, 2007, 25(7): 691 – 699.

[171] 吴龙涛,王铁宁,可荣博,等.基于(T, S)策略的装备可修复备件两级库存配置建模[J].兵工学报,2018,39(8):1632 – 1638.

[172] Basten R J I, Arts J J. Fleet readiness: Stocking spare parts and high-tech assets[J]. IISE Transactions, 2017, 49(4): 429 – 441.

[173] Costantino F, Di G G, Tronci M. Multi-echelon, multi-indenture spare parts

inventory control subject to system availability and budget constraints [J]. Reliability Engineering and System Safety, 2013, 119: 95 – 101.

[174] Costantino F, Di G G, Patriarca R, et al. Spare parts management for irregular demand items[J]. Omega-International Journal of Management Science, 2018, 81: 57 – 66.

[175] Ruan M Z, Li H, Fu J. System optimization-oriented spare parts dynamic configuration model for multi-echelon multi-indenture system[J]. Journal of Systems Engineering and Electronics, 2017, 28(5): 923 – 933.

[176] Loo H L, Ek P C, Suyna T, et al. Multi-objective simulation based evolutionary algorithm for an aircraft spare parts allocation problem [J]. European Journal of Operational Research, 2008, 189(2): 476 – 491.

[177] 薛陶,冯蕴雯,秦强.考虑报废的 K/N 冷备份冗余系统可修复备件库存优化[J].华南理工大学学报(自然科学版),2014,42(1): 41 – 46.

[178] de Smidt-Destombes K S, van der Heijden M C, van Harten A. On the availability of a k-out-of-N system given limited spares and repair capacity under a condition based maintenance strategy[J]. Reliability engineering & System safety, 2004, 83(3): 287 – 300.

[179] Sleptchenko A, van der Heijden M. Joint optimization of redundancy level and spare part inventories[J]. Reliability Engineering & System Safety, 2016, 153: 64 – 74.

[180] de Smidt-Destombes K S, van Elst N P, Barros A I, et al. A spare parts model with cold-standby redundancy on system level[J]. Computers & Operations Research, 2011, 38(7): 985 – 991.

[181] 王睿,李庆民,阮旻智,等.基于作战单元任务成功性的可修复备件优化[J].北京航空航天大学学报,2012, (8): 1040 – 1045.

[182] Kaplan A J. Incorporating redundancy considerations into stockage models[R]. DTIC Document, 1987.

[183] Kutanoglu E, Mahajan M. An inventory sharing and allocation method for a multi-location service parts logistics network with time-based service levels[J]. European Journal of Operational Research, 2009, 194(3): 728 – 742.

[184] Costantino F, Di Gravio G, Tronci M. Multi-echelon, multi-indenture spare parts inventory control subject to system availability and budget constraints[J]. Reliability Engineering & System Safety, 2013, 119: 95 – 101.

[185] Çekyay B, Özekici S. Reliability, MTTF and steady-state availability analysis of systems with exponential lifetimes[J]. Applied Mathematical Modelling,

2015, 39(1): 284 - 296.

[186] Zanoni S, Zavanella L. Model and analysis of integrated production-inventory system: The case of steel production[J]. International Journal of Production Economics, 2005, 93: 197 - 205.

[187] Resing J, Adan I, Eenige V M. Fitting discrete distributions on the first two moments [J]. Probability in the Engineering and Informational Sciences, 1995, 9(4): 623 - 632.

[188] 包丽.大型民用飞机制造业供应链发展研究[D].北京:对外经济贸易大学,2015.

[189] 彭卫东.学习波音民机公司供应链管理有感[N].中国航空报,2016 - 05 - 07(002).

[190] Alan H, Remko H, Heather S. Logistics management and strategy-competing through the supply chain[M]. Upper Saddle River: Prentice Hall, 2010.

[191] 马士华,林勇.供应链管理[M].北京:机械工业出版社,2018.

[192] 陈靓.基于供应链的A航空公司航材库存管理优化研究[D].西安:西北大学,2016.

[193] Khan S A R, Yu Z. Domestic and Global Logistics[M]. Cham: Springer International Publishing, 2019.

[194] 姜方桃,张敏.供应链管理[M].北京:科学出版社,2016.

[195] Muhammad F, Abraham Z, Matthias T, et al. Circular supply chain management: A definition and structured literature review [J]. Journal of Cleaner Production, 2019, 228: 882 - 900.

[196] 郭佳文.基于生命共同体理念的复杂产品系统供应商管理研究[D].上海:华东师范大学,2018.

[197] 全国物流标准化技术委员会,全国物流信息管理标准化技术委员会.中华人民共和国国家标准:物流术语:GB/T 18354—2001[S]. 北京:中国国家标准化管理委员会,2001.

[198] 陈功玉.供应链管理[M].武汉:武汉大学出版社,2011.

[199] Godinho Filho M, Marchesini A G, Riezebos J, et al. The application of quick response manufacturing practices in Brazil, Europe, and the USA: An exploratory study[J]. International Journal of Production Economics, 2017, 193: 437 - 448.

[200] Kurnia S, Belts J M, Johnston R B. Understanding the diffusion of efficient consumer response: An Australian survey study[J]. Australasian Journal of Information Systems, 2002, 9(2): 113 - 122.

[201] 中国民用航空总局.咨询通告:合格的航材:AC - 121 - 58[Z].北京:中国民用航空总局,2005.

[202] 李梦蛟.基于 eCRM 的航空器材供应链的研究与实现[D].上海:华东师范大学,2007.

[203] 曹明.供应链环境下航材供应商选择的研究[D].天津:中国民航大学,2011.

[204] Wildemann H, Hojak F. Main differences and commonalities between the aircraft and the automotive industry [M]. Berlin: Springer Integration Publishing, 2017.

[205] Khattab A, Jeddi Z, Amini E, et al. Introduction to RFID [M]. Berlin: Springer International Publishing, 2016.

[206] 王娇娥,王涵,焦敬娟."一带一路"与中国对外航空联系[J].地理科学进展,2015,34(5): 554 - 562.

[207] 韩宇超.面向航空物流的 RFID 标签估计与防碰撞算法研究[D].天津:中国民航大学,2018.

[208] Legner C, Thiesse F. RFID-based facility maintenance at Frankfurt airport[J]. IEEE Pervasive Computing, 2006, 5(1): 34 - 39.

缩略语

■
■
■
■

英文缩写	英 文 全 称	中 文
AHP	analytic hierarchy process	层次分析
AIA	Aerospace Industries Association	美国航空工业学会
AMM	Aircraft Maintenance Manual	飞机维修手册
AOG	aircraft on ground	飞机停场
ASD	Aerospace and Defense Industries Association of Europe	欧洲航宇与防务工业协会
ATA	Air Transport Association of America	美国航空运输协会
EBO	expected back order	期望短缺数
EBOM	enginering bill of materials	工程物料清单
EFR	expected fill rate	期望满足率
EOQ	economic order quantity	经济订货批量
ESS	essentiality code	重要度代码
FH	flight hour	年飞行小时
GSE	ground support equipment	地面支持设备
ILS	integrated logistic support	综合后勤保障
IPC	illustrated parts catalog	图解目录清单
LT	lead time	订货提前期
METRIC	multi-echelon technology for recoverable item control	多级库存优化技术
MMEL	master minimum equipment list	主最低设备清单
MTBF	mean time between failure	平均故障间隔时间
MTBR	mean time between removals	平均拆换间隔时间
MTBUR	mean time between unplanned removals	平均非计划拆换间隔时间
RFID	radio frequency identification	射频识别

英文缩写	英文全称	中文
RSPL	recommended spare parts list	航材推荐清单
RTAT	repair turnaround time	修理周转时间
SBOM	service bill of materials	服务物料清单
SPC	spare part code	航材代码
SRU	shop repairable units	内场可更换单元
TSI-AHP	two-step iterative analytic hierarchy process	双步迭代层次分析法
UML	unified modeling language	统一建模语言